U0790657

教育部高等学校高职高专测绘类专业教学指导委员会“十二五”规划教材

矿　山　测　量

主　编　吴贵才　冯大福
副主编　干晓锐　杨会玲　梁振华
主　审　薄志毅

黄河水利出版社
·郑州·

内 容 提 要

本书为教育部高等学校高职高专测绘类专业教学指导委员会“十二五”规划教材，主要内容包括矿山建设和生产的全部测量工作，介绍了矿山地质勘探工程测量、建井工程测量、矿井联系测量、井下平面控制测量、矿井高程测量、巷道及回采工作面测量、贯通测量、贯通测量方案的选择与误差预计和露天矿测量的具体工作。

本书可作为普通高等职业教育矿山测量专业以及其他相关专业的教材，也可供相关专业工程技术人员和自学者阅读参考。

图书在版编目(CIP)数据

矿山测量/吴贵才，冯大福主编. —郑州：黄河水利出版社，2012.8

教育部高等学校高职高专测绘类专业教学指导委员会“十二五”规划教材

ISBN 978-7-5509-0256-5

Ⅰ.①矿… Ⅱ.①吴… ②冯… Ⅲ.①矿山测量-高等职业教育-教材 Ⅳ.①TD17

中国版本图书馆 CIP 数据核字(2012)第 096884 号

出 版 社：黄河水利出版社

地址：河南省郑州市顺河路黄委会综合楼14层　　邮政编码：450003

发行单位：黄河水利出版社

发行部电话：0371-66026940、66020550、66028024、66022620(传真)

E-mail: hhslcbs@126.com

承印单位：河南地质彩色印刷厂

开本：787 mm×1092 mm　1/16

印张：16.25

字数：400 千字　　印数：1—4 000

版次：2012 年 8 月第 1 版　　印次：2012 年 8 月第 1 次印刷

定价：38.00 元

序　一

职业教育是为我国国民经济建设和发展作出重要贡献的教育类型。近 20 年来,我国高职高专教育得到了迅速发展,可以说现在已经占据了我国高等教育的半壁江山。特别是近几年来,被定位于“以就业为导向”的职业教育,为国家第二、第三产业的发展培养出了大批技能型高端人才,为国家的经济建设和社会发展,以及为我国建成世界第二大经济实体国家发挥着积极的作用,并作出了重要贡献。其中,我国测绘类高职高专教育及其人才培养同样取得了巨大的进展。为了不断推动测绘类高职高专人才培养工作的建设、改革和发展,2004 年教育部委托国家测绘局组建和管理高等学校高职高专测绘类专业教学指导委员会,并作为一个分委员会隶属教育部高等学校测绘学科教学指导委员会。分委员会成立后即开展了高职高专测绘类专业设置的研制,继而规划、组织了“十五”规划教材的编写,并经过教材审定委员会严格审定后,经协商确定,该套教材统一由黄河水利出版社出版。“十五”规划教材的按期出版和投入使用,满足了高职高专测绘类专业的教学需求,起到了有力的教学保障作用,收到了良好的效果。

2006 年教育部提出,高等学校高职高专专业教学指导委员会(包括测绘类专业)独立设置开展工作,并由教育部高教司直接管理。在此期间,教学指导委员会按照教育部的要求开展了“高职高专测绘类专业规范”和“高职高专测绘类专业教学基本要求”的研制和上报工作。为了适应当前国内外测绘技术的新进展和经济社会发展对高职高专人才培养的新要求,高等学校高职高专测绘类专业教学指导委员会重新规划并组织“十二五”规划教材的编写和出版。新一批成套的规划教材是按照教育部的要求,依据“高职高专测绘类专业规范”和“高职高专测绘类专业教学基本要求”的规定编写而成的,此套教材仍然按照第一批规划教材出版协议,由黄河水利出版社统一出版。希望本套教材能在高职高专测绘类专业的人才培养中发挥更好的作用。借此机会,再次对黄河水利出版社长期给予高职高专测绘类专业人才培养工作的支持表示衷心的感谢!

虽然有“十五”规划教材的基础,也有了 20 年来高职高专测绘类专业人才培养的成绩和经验,但是在高职高专人才培养中仍存在地区和行业的差异,以及其自身的特点。既是规划教材,我们希望有测绘类专业的高职高专院校能在教学中使用这套教材,并在使用中发现问题,提出意见,以便今后教材的修订和不断完善。

教育部高等学校测绘学科教学指导委员会主任委员

中国工程院院士

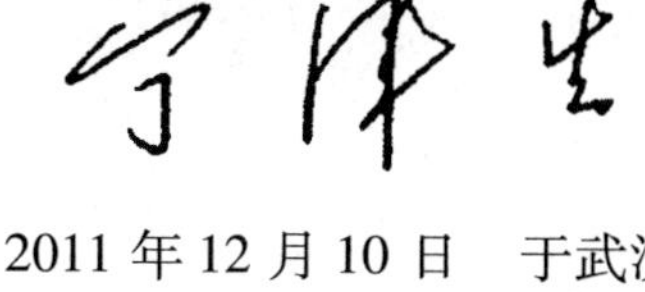

2011 年 12 月 10 日　于武汉

序　二

近年来，我国高等职业教育蓬勃发展，测绘高等职业教育也随之大发展。目前，已有120余所高职院校设立了测绘类专业，每年有数万名在校生就读，有上万名测绘类专业的高职高专毕业生走向测绘与地理信息生产一线岗位，以及为相关行业部门提供测绘与地理信息保障的服务岗位。测绘类专业应用性技能型高端人才的培养，显现出招生、就业两旺的良好发展态势。

人才培养的教育教学工作，需要有教材的基础支持。早在2004年，教育部高等学校测绘学科教学指导委员会主任委员、中国测绘学会教育委员会主任委员、中国工程院院士宁津生倡导并亲自规划和组织，由教育部高等学校测绘学科教学指导委员会组织落实编写全国第一套测绘类专业高职高专规划教材。教材编写得到了各院校教学一线老师们的积极响应和支持。教材编写出版的整个过程，得到了宁津生院士等老专家的全程关心、支持和帮助。在初稿完成后，由宁津生院士任主任委员、陶本藻教授和王依教授任副主任委员组成的教材编写审定委员会，对初稿进行了一一审查，并提出了修改意见，经主编修改再次审查通过后，经过审定委员会同意后出版。宁津生院士亲自和黄河水利出版社进行了商议，并达成协议，由黄河水利出版社给予支持和帮助，并承担出版任务。经过共同努力，教材按期出版和投入使用。该套在中原大地母亲河边出生的教材成为了我国高职高专测绘类专业整体规划设计的第一套教材，为高职高专测绘类专业人才培养发挥了基础性作用，改写了测绘高职高专教育没有成套教材的历史。该套教材受到了各院校的热烈欢迎，并得到了广泛的使用，其中的不少种教材由教育部批准成为了国家级"十一五"规划教材。

近年来，测绘新技术的应用发展迅速，测绘生产技术平台不断提升，需要迅速将测绘新技术引进课堂、引进教材；在教育部的大力推动下，对应用性技能型高端人才培养从实践到教育理论都进行了广泛而深刻的探索，并得到了新的经验。以系统化职业能力构建为本位，以与之相适应的理论知识为基础，走校企合作的道路，用工学结合的模式，以系统化的工作过程和项目为载体，追求实现人才培养的"知行合一"的目标，这样的教育思想得到了广泛的认可，并在人才培养中得到应用。培养出来的高职人才以其对就业岗位较强的切入能力、较好的适应能力和较高的职业发展能力逐渐得到社会的认可。

同时，经济、技术和社会的发展，对高职人才的培养也提出了新的要求。教育部高等学校高职高专测绘类专业教学指导委员会和黄河水利出版社遵照协议，共同商议组织高职高专测绘类专业"十二五"规划教材的编写和出版。在策划和组织的时候，教育部组织研制的专业规范和教学基本要求已经完成，这为教材的编写奠定了基础。教育部高等学校高职高专测绘类专业教学指导委员会期望通过编写团队、专家和出版社的共同努力，立足已有基础，高水平编写并按期出版新一套规划教材，希望各院校积极使用新编"十二五"规划教材，让教材为促进高职测绘教育的可持续科学发展发挥积极作用。

衷心感谢宁津生院士、陶本藻教授、王依教授对高职高专测绘类专业人才培养工作一路走来的支持、关心和帮助！衷心感谢为本套教材的编写付出了心血的每一位老师！感谢黄河水利出版社为本套教材的出版而默默付出的每一位同志！

尽管有了良好基础，但由于地区、装备水平、服务行业等的差异，以及各院校老师对课程教学组织的个性化设计，对教材会有不同的要求，因此希望各院校在教材使用过程中能发现问题，提出意见，以便今后教材的修订和完善。

教育部高等学校高职高专测绘类专业教学指导委员会主任委员

2011 年 12 月 6 日　于昆明

前　言

本书为教育部高等学校高职高专测绘类专业教学指导委员会“十二五”规划教材，是根据高等职业技术的培养目标编写的。本书在阐述矿山测量基础理论的同时注意理论与实践相结合，增加了实际操作技能的叙述，并注意新技术、新仪器的应用，以提高使用者分析和解决实际问题的能力。其主要内容有绪论、矿山地质勘探工程测量、建井工程测量、矿井联系测量、井下平面控制测量、矿井高程测量、巷道及回采工作面测量、贯通测量、贯通测量方案的选择与误差预计和露天矿测量。

本书具体编写分工如下：辽宁工程技术大学应用技术学院吴贵才编写绪论、第三章，云南能源职业技术学院干晓锐编写第一章、第七章，重庆工程职业技术学院冯大福编写第二章，郑州工业安全职业学院杨会玲编写第四章，湖北国土资源职业学院周会利编写第五章，云南能源职业技术学院朱劲松编写第六章，辽源职业技术学院梁振华编写第八章，新疆工业职业技术学院谢锋震编写第九章。本书由吴贵才、冯大福担任主编，干晓锐、杨会玲、梁振华担任副主编，全书由吴贵才统稿。

全书完成后，由教育部高等学校高职高专测绘类专业教学指导委员会责成北京工业职业技术学院薄志毅教授进行认真细致的审稿，提出了许多宝贵意见，修改后，通过了教育部高等学校高职高专测绘类专业教学指导委员会“十二五”规划教材审定委员会的审定，作为测绘学科的高职高专院校统编教材，供高等职业教育测绘类专业使用。在此，对薄志毅教授和教材审定委员会的各位专家表示感谢！同时对黄河水利出版社为本教材顺利出版给予的大力支持表示感谢！

由于编写时间仓促，加之水平有限，书中不免存在疏漏和不妥之处，恳请广大读者批评指正。

编　者

2012 年 5 月

目　录

绪　论

矿山测量是矿业开发过程中不可缺少的一项重要的基础技术工作。在勘探、设计、建设、生产各个阶段直到矿井报废，都要进行矿山测量工作。矿山测量就是在地质勘探、矿山设计、矿山建设、矿山运营以及矿山报废等各阶段所进行的测量工作的总称。矿山测量学是采矿科学的一个分支学科，是采矿科学的重要组成部分。它是综合运用测量、地质及采矿等多种学科的知识，来研究和处理矿山地质勘探、建设和采矿过程中由矿体到围岩、从井下到地面，在静态和动态下的各种空间几何问题的学科。

一、矿山开发、建设、生产各阶段的测量工作

在矿床勘探阶段，要建立勘探区域的地面控制网，测绘 1∶5 000 比例尺的地形图；标定设计好的勘探工程，例如钻孔、探槽及探井、探巷等，将它们测绘到平面图上；与地质人员共同测绘、编制图纸资料和进行储量计算。

在矿山设计阶段，需要测绘 1∶1 000、1∶2 000 比例尺的地形图，供工业广场、建（构）筑物、线路等设计使用，还应进行土方量计算等工作。

在矿山建设阶段，主要是进行一系列施工测量。例如井筒或露天矿开挖沟道位置的标设、工业与民用建（构）筑物放样、凿井开巷测量、设备安装测量及线路测量等。

在矿山生产阶段，需要进行大量的日常巷道、硐室标定与测绘，储量管理，开采监督，岩层与地表移动观测与研究，参加采矿计划编制和环境保护工作。

当矿山报废时，还须将全套矿山图纸、测量手簿及计算资料转交给有关单位长期保存。

二、矿山测量的任务

矿山测量的任务包括：

（1）建立矿区地面、井下（露天矿）测量控制系统，测绘大比例尺地形图。

（2）矿山基本建设中的施工测量。

（3）测绘各种采掘工程图、矿山专用图及矿体几何图。

（4）对资源利用及生产情况进行检查和监督。

（5）观测和研究由于开采所引起的地表及岩层移动的基本规律，以及露天矿边坡的稳定性，组织开展“三下”（建筑物下、铁路下、水体下）采矿和矿柱留设的实施方案。

（6）进行矿区土地复垦及环境综合治理研究。

（7）进行矿区范围内的地籍测量。

（8）参与本矿区（矿）月度、季度、年度生产计划和长远发展规划的编制工作。

三、地下工程类型

矿山地下坑道是指开发地下有用矿产资源所开掘的各种巷道、硐室。设计部门根据地下资源赋存情况（例如煤层的埋藏深度、厚度、倾角等）决定矿井的开拓方式。

矿井的开拓方式有平硐、斜井和竖井。按照矿井开采的方法，巷道布置又可分为两类：一类是沿导向层开掘的平巷、斜巷，另一类是不沿导向层开掘的平巷、斜巷和竖巷。

此外，我国已建成的很多铁路隧道、公路隧道、输水隧道和地下厂房、地下仓库、地下商场、停车场和许多城市正在修建的地下铁道等，都属于地下工程。

地下工程测量的任务与地面上工程测量基本相同，都是放样，即标定出工程（大多为巷道、隧道等线状工程）设计中线的平面位置与高程，放样硐室各细部的平面位置与高程。

不同的是，井下测量环境与对象不同于地面测量，主要表现在以下三个方面：

(1)测量环境不同。井下潮湿、黑暗、空气透视度低；空间狭小，设备又多，加之车辆与行人往来，这些都给测量工作带来极大的困难，往往需采用特殊方法或仪器才能完成测量。

(2)测量对象不同。井下各种巷道、硐室、工作面等工程，在空间的位置是随时间而变化的，因此为这些工程服务的矿井测量，须贯穿于工程的始终。

(3)考虑精度的出发点不同。生产矿井测量中所选用的仪器及方法，应以满足采矿工程要求为原则。另外，由于井下条件限制，井下测量中的误差积累较快，越是远离起始边，其精度越差。也就是说，井下图纸上各处的精度是不同的。这些均与地面测量不同。

四、矿山测量的性质与作用

首先，矿山测量是为采矿生产服务的，因此它在采矿企业中是一个重要的技术辅助部门。这是由它的服务性决定的。其次，它是在矿山开发各阶段的开始时就要进行的，因此它具有先行性。再次，它具有生产性，因为它本身就是生产的一个重要部门，而且有直接产品——各种图纸资料。

矿山测量工作是采矿工程的一项重要基础技术工作，是矿山生产和建设的重要组成部分。在贯彻执行安全、经济、合理、最大限度地采出有用矿物的基本方针中，矿山测量部门通过自己的工作在采矿企业中起下列主要作用：

第一，在均衡生产方面起保证作用。在这一方面主要是通过及时提供反映生产状况的各种图纸资料，准确掌握各种工业储量变动情况，参与采矿计划的编制和检查其执行情况来实现的。

第二，在充分开采地下资源和裁决工程质量方面起监督作用。矿山测量人员应根据有关法令和规定，经常检查各种已完成的采掘工程质量，对充分合理地采出有用矿物执行监督，以减少各种浪费，特别是地下资源的浪费。

第三，在安全生产运行方面起指导作用。充分利用所测绘的各种矿山测量图，熟悉采掘工程的特点，及时而正确地指导采矿巷道不掘入危险区。同时，要尽量准确地预测由于地下采空所引起的岩层与地表移动范围，以避免引起建筑物破坏和人身安全事故。

五、矿山测量学发展概况

矿山测量作为一门独立的学科，始于德国、俄国和东欧一些国家。在德国，1556 年出版了由格·阿格里柯拉著的《采矿与冶金》一书，其中第五章专门论述了采用罗盘测量井下巷道，以解决采矿过程中的一些几何问题。16 世纪后期，德国采矿业中出现了专门从事测量工作的人员，被称为矿山测量员。他们把为测量不同采矿业的开采边界及其地面界线等技术叫做矿山测量术。在德文中，“矿山测量术”一词为 Markscheidekunst，它的原意是地界划分术。这一技术传入俄国后，许多学者曾建议改为“矿山几何学”，但由于“矿山测量术”一词已叫成习惯，很难更改。

在苏联，矿山测量技术一直比较受重视，发展较快。罗蒙诺索夫著的《冶金与采矿的首要基础》一书成稿于1842年，到1863年由俄国科学院出版。该书中专有一章“矿井测量”，论述了解决采矿过程中主要几何问题的理论和方法。1904年，在俄国的托姆斯克工学院成立了第一个矿山测量专业。1932年举行的全苏联矿山测量代表大会上成立了“中央矿山测量科学研究局”，之后改建成“全苏矿山测量科学研究院”。他们还在莫斯科矿业学院（现称莫斯科国立矿业大学）、列宁格勒矿业学院、顿涅茨工学院等高校设立有矿山测量专业。目前，在澳大利亚的西澳矿业学院仍设有矿山与工程测量专业。在印度的矿业学院、技术大学中，也设有矿山测量或测量工程专业。

矿山测量学科的发展是与社会的需求和科学技术的发展密切相关的，并且显示出不同的时代特点和内涵。随着计算机的发展与广泛应用，测量学科有了革命性的发展。地理信息系统（GIS）、遥感（RS）、全球卫星定位系统（GPS）的发展，带动了矿山测量学科的发展。我国矿山测量科技工作者将3S技术广泛应用于矿山建设开发和生产经营的过程中，使矿山测量学科得到了较快发展。

全球卫星定位系统技术被广泛应用于矿区控制及地面测量，还被集中应用在矿山变形监测、卡车调度等方面。我国一些大型金属矿山和露天煤矿运用无线通信和GPS技术调度系统，较好地解决了车铲设备的最佳配合和设备中途出故障后的动态重组等问题，提高了设备的台时效率，实现了爆破孔的自动定位。在矿料场的体积测量与重量计算工作中，有关单位针对工程测区范围大、矿料种类多、分布广等特点，采用GPS实时动态差分测量技术，多快好省地完成了这项工作。

近年来，遥感已发展成为矿区生态环境受采矿影响的监测、调查与分析的重要手段。中国与荷兰合作项目“中国北方煤田自燃环境监测”应用遥感技术首次全面系统地掌握了中国北方煤田自燃灾害分布、区划、等级及危害程度，提出了煤田火区遥感技术探测方法和工作程序，建立了中国北方煤田火区计算信息系统，并将图像处理技术和地理信息系统技术有机地结合起来，为各级政府对煤火的防治决策，灭火工程设计施工、监测提供了现代方法和手段。“矿产资源开发遥感动态监测”项目利用不同分辨率卫星数据对试验区矿产资源开发及其引发的生态环境问题进行了深入细致的研究，取得了成功，使我国延续多年的矿产资源开发利用状况逐级统计上报制度逐步被遥感动态监测所替代。

地理信息系统在矿业界出现了应用推广与理论研究并重的局面。应用研究涉及矿山地测信息系统、矿山安全、工况监测及生产调度指挥系统等专业信息系统的开发研制。在基于GIS的矿区资源评价、开采沉陷环境影响评价、土地复垦规划、煤岩煤质资料分析、矿井地质构造及煤矿底板突水预测、煤矿通风网络表达、矿体实体模型建立等方面，已有一些专业性的矿山地理信息系统投入应用，带动了矿山地测信息数字化管理、矿图自动维护与网络共享、矿山开采损害可视化评估等技术的发展。

综合运用现代测绘技术及多学科知识解决资源开发技术与管理难题也是矿山测量学科发展的重要方向。近年来，我国矿山测量科技工作者将测绘与矿山生态学、土地经济学、环境科学、土壤学有机给合，具体表现在：GPS在矿山控制测量及露天矿开采中应用已普遍开展；全自动陀螺经纬仪定向与惯性测量系统技术在井下定向精度高、速度快；防爆全站仪井下信息自动采集与传输及处理正全面开展；土地与矿产资源一体化管理开拓了矿区土地复垦和生态环境重建方向，使土地复垦由过去单一的土地整治向生态重建过渡，改变了过去只重工程复垦而轻视环境效应的现象。

近年来，数字化矿山技术正在兴起，“数字化矿山”（Digital Mine）简化或简称为“数字矿山”，是对真实矿山整体及其相关现象的统一认识与数字化再现，是一个“硅质矿山”，是数字矿区和数字煤矿的重要组成部分。数字矿山的核心是在统一的时间坐标和空间框架下，科学合理地组织各类矿山信息，将海量异质的矿山信息资源进行全面、高效和有序的管理与整合。数字矿山的任务是在矿业信息数据仓库的基础上，充分利用现代空间分析、数据采矿、知识挖掘、虚拟现实、可视化、网络、多媒体和科学计算技术，为矿产资源评估、矿山规划、开拓设计、生产安全和决策管理进行模拟、仿真和过程分析提供新的技术平台和强大工具。

数字矿山是建立在数字化、信息化、虚拟化、智能化、集成化基础上的，由计算机网络管理的管控一体化系统，它综合考虑生产、经营、管理、环境、资源、安全和效益等各种因素，使企业实现整体协调优化，在保障企业可持续发展的前提下，达到提高其整体效益、市场竞争力和适应能力的目的。数字矿山的最终目标是实现矿山的综合自动化。

数字矿山是以矿山系统为原型，以地理坐标为参考系，以矿山科学技术、信息科学、人工智能和计算科学为理论基础，以高新矿山观测和网络技术为支撑，建立起一系列不同层次的原型、系统场、物质模型、力学模型、数学模型、信息模型和计算机模型并集成，可用多媒体和模拟仿真虚拟技术进行多维的表达，同时具有高分辨率、海量数据和多种数据的融合以及空间化、数字化、网络化、智能化和可视化的技术系统。它是信息化、数字化的虚拟矿山，是用信息化与数字化的方法来研究和构建的矿山，是矿山地表面之下的人类工程活动的信息全部数字化之后由计算机网络来管理的技术系统。通过它可以了解整个矿山系统所涉及的信息过程，特别是矿山系统多体之间信息的联系和相互作用的规律。

复习题

1. 什么叫矿山测量和矿山测量学？
2. 矿山测量的任务有哪些？
3. 矿山测量的性质与作用是什么？
4. 简述矿山测量的发展概况。

第一章　矿山地质勘探工程测量

地质勘探工程是矿山开采的基础，作为从事地质勘探工作的技术人员，除应掌握地质勘探工程的专业知识外，还应熟悉地质勘探工程中的测量工作。

第一节　概　述

一、基本概念

地质勘探通常是指矿产资源普查与勘探，其目的是详细查明地下资源，确定矿物位置、形状及储量。地质勘探一般分为普查、详查和精查三个阶段。

普查阶段的主要工作是根据在地表上所发现的矿点（矿体露头）以及配合地表揭露工程和少量的勘探工程等手段所进行的地质观察，并填绘中、小比例尺地形地质图，初步查明矿产的品种，矿体的规模、形状和产状，确定矿石的品位和储量，对矿区有无进一步勘探的价值作出评价。

详查阶段亦称勘探阶段，是在普查基础上对矿区进行更详细的勘察。在这个阶段采用的勘察手段主要有地质点观察、地表揭露工程（剥土、槽探、井探等）、钻探工程，必要时还需做一定数量的坑道探矿工程，目的是查明矿区的地质构造、矿体产状，获得矿石品位、物质成分及储量等更可靠的地质资料，编制矿区大比例尺地形地质图（1∶1 000～1∶5 000）作为矿山建设与开采的依据。

精查是在普查和详查的基础上，进一步查明矿体埋藏的规模，确定矿体的品位、储量、开采价值、开采方法等。最后，综合所有资料，编制矿区大比例尺地形地质图（1∶1 000～1∶5 000），绘制供研究矿体产状、品位和储量的专题地图，并对勘探结果提交完整的综合地质报告，为下一步开矿做好准备。

在地质勘探的各个阶段中都需要进行相应的测量工作，这项工作称为地质勘探工程测量。

地质勘探工程测量可分为基础测量与工程测量两部分。基础测量主要是指对整个矿区的控制测量，以及大比例尺地形图的测绘；工程测量是为地质勘探工程的设计、布设、施工和地质点定位等进行的各种测量工作。地质勘探工程测量为地质勘探提供资料，配合地质勘探作业，以保证任务的完成。

二、地质勘探工程测量的任务

地质勘探工程测量的主要任务是：

（1）为勘探工程提供勘探区域的控制测量和各种比例尺的地形图等基本测绘资料。

（2）根据地质工程的设计，在实地对工程进行定位、定线，以提供工程的施工位置和方向，指导地质勘探工程的施工。

(3)及时准确地测定已完工的工程点的坐标和高程,为编制地质报告和计算储量提供有关测绘数据与资料。

三、地质勘探工程测量的内容

地质勘探工程测量的具体内容有地质填图测量、坑探工程测量、钻探工程测量和地质剖面测量。所有这些测量工作都必须在控制测量的基础上进行,地质勘探区控制网控制的面积,不仅要考虑到目前地质勘探工程的需要,而且要考虑勘探区可能扩大时的需要。控制网的精度也要有所储备。密度不仅要满足矿区所需比例尺地形图的需要,而且要保证各项勘探工程,特别是大型探矿坑道工程的需要。作为地质勘探区首级平面控制网,可根据勘探面积、勘探网密度和地形条件,布设四等或5″级导线网。在此基础上再以交会、导线等方法进行加密。控制网的高程用等外水准测量施测。

当勘探区已建立地形测量控制网,如果精度能满足勘探工程测量的需要,应利用其作为一切勘探工程测量的平面控制和高程控制,不必重新布网。如其密度不够,可在原有基础上进行加密。勘探区的地形测量是为地质勘探工程服务的,测图比例尺的大小是随地质勘探对矿体储量计算的精度要求不同而变化的。储量计算得越精确,测图比例尺就应该越大,随着勘探工程的深入,勘探工程所需的地形图比例尺也逐渐变大。一般应满足 1 : 500 或 1 : 1 000 测图需要。

四、地质勘探工程定位测量的精度要求

各种地质勘探工程定位测量的精度要求如表 1-1 所示。

表 1-1　地质勘探工程定位测量精度

<table>
<tr><th colspan="3">项目</th><th>对附近图根点平面位置中误差(mm)</th><th>对附近水准点高程中误差(等高距)</th></tr>
<tr><td colspan="3">钻孔、剖面控制点</td><td>0.1</td><td>1 / 8</td></tr>
<tr><td rowspan="3">探槽、钻孔、探井</td><td colspan="2">重要</td><td>0.3</td><td>1 / 6</td></tr>
<tr><td rowspan="2">一般</td><td>平地</td><td>0.6</td><td rowspan="2">1 / 3</td></tr>
<tr><td>丘陵</td><td>0.8</td></tr>
<tr><td rowspan="2">地质点
(剖面点)</td><td colspan="2">平地、丘陵</td><td>0.6</td><td rowspan="2"></td></tr>
<tr><td colspan="2">山地</td><td>0.8</td></tr>
</table>

表中平面位置中误差是指基本地形图上的误差,实际误差值还应考虑地形图的比例尺。另外,对困难地区各项限差可适当放宽至表中所列误差的 1.5 倍。

布设地质勘探工程的精度,可较定位误差放宽 2 ~3 倍。

第二节　勘探网的建立

在地质勘探过程中,为正确圈定矿体,了解矿体不同部位的产状、形态和内部构造,用于

揭露矿体的各种勘探工程必须按照一定距离有规律地布置。勘探工程的总体布置形式主要取决于矿体的基本形状，常采用的方法是勘探线和勘探网。

一、勘探线、勘探网的测设

在地质勘探过程中，各种勘探工程如探槽、探井、探巷和钻孔等一般是沿着一定直线方向布设的，这些直线叫勘探线。勘探线又彼此交叉构成一定形状的格网，称为勘探网。

（一）勘探线、勘探网的布设形式

为有效地揭露地质构造，勘探工程的布设要求有一定的方向，一般是平行于矿体走向或者垂直于矿体走向。平行于矿体总体走向的勘探线称为横向勘探线，垂直于矿体总体走向的勘探线称为纵向勘探线。纵、横勘探线相互交叉构成勘探网。勘探网的形状和密度由矿体的种类及产状确定。一般有正方形、菱形、矩形和平行线形，如图 1-1 所示。

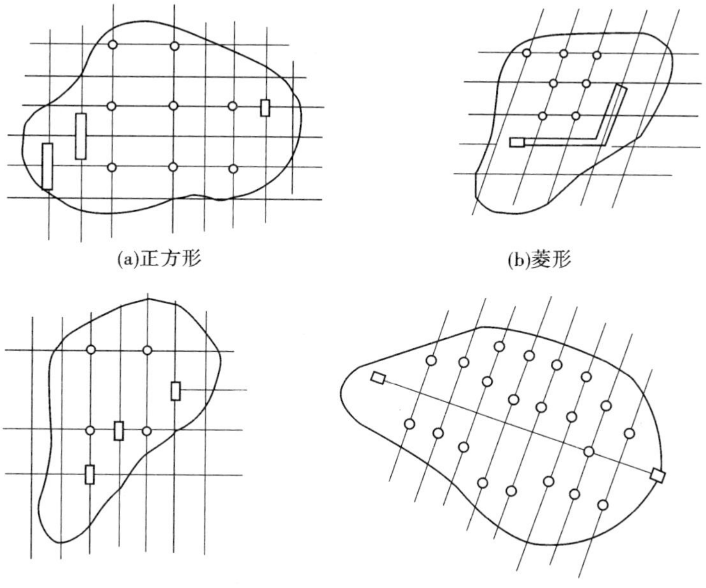

(a)正方形　(b)菱形　(c)矩形　(d)平行线形

图 1-1　勘探网布设形式

勘探网中各条勘探线的间距一般是相等的，勘探线间的距离称为线距。线距的大小要根据矿床类型、勘探阶段要求探明的储量级别而定，一般取 10 m、20 m、50 m 的整倍数。为了控制勘探线和勘探网的测设精度，也须遵循先整体后局部的原则，首先在矿区中布设一基线，然后布设其他勘探线，如图 1-2 所示。每条勘探线上的工程点间距称为点距，它是根据不同储量级别所规定的相邻工程在矿层面上的间距而定的。一般黑色金属矿比有色金属矿勘探线的间距要大；大面积沉积矿比脉状勘探线间距要大；勘探储量的级别越高，要求勘探线的间距越小。

整个勘探网中的勘探线应按顺序统一编号。可将矿区最边缘的一条勘探线编号为零号勘探线，向一侧按顺序增加。如考虑到以后会进一步加密勘探线，开始可先按偶数编号；或顾及矿区的扩展，而以矿区中心附近的一条勘探线为零号勘探线，按奇、偶顺序分别向两侧编号。如图 1-2 所示，MN 为基线，基线两端点 M、N 应与控制点连接。勘探网上点的编号以分数形式表示，分母代表线号，分子代表点号，以通过基线 P 的零点为界，西边的勘探线用奇数号表示，东边的则用偶数号表示；以基线为界，以北的点用偶数号表示，以南的点用奇数号表示。如 $\frac{0}{2}$ 表示基线以东第一条勘探线的交点。

勘探矿区矿体的走向不同时，可分别设几个纵、横勘探线方向不同的勘探网。各勘探网之间的关系可由矿区控制网联测后得到。

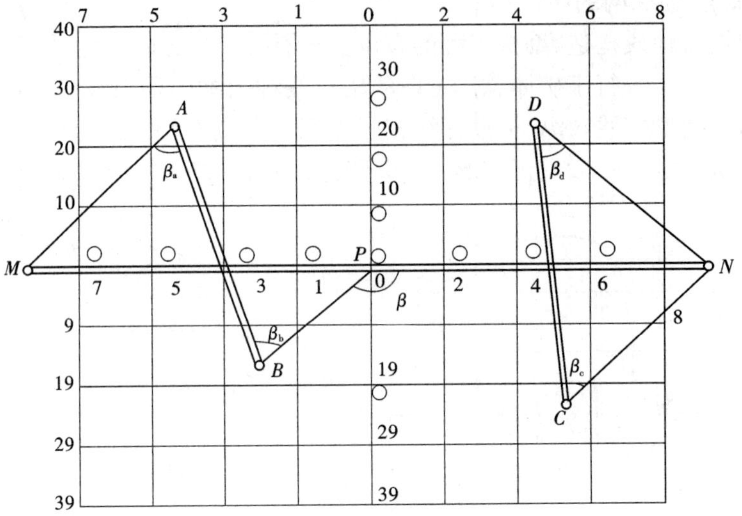

图 1-2　基线的建立及测设

(二)勘探线、勘探网的测设

1. 基线的测设

在已建立测量控制网的情况下，根据地质勘探工程的设计坐标和已知测量控制点的坐标反算测设数据，直接将地质勘探工程测设到实地上。

在尚未建立控制网的勘探区，应首先布置勘探基线作为布设勘探网的依据。由地质人员和测量人员实地确定基线的方向和位置，基线一般由三点组成。如图 1-2 所示，A、B、C、D 为已知控制点，M、N、P 为设计的基线上三点，首先利用控制点和 M、N、P 三点的设计坐标将 M、N、P 三点标设于实地，测设完基线要检查三点是否在一条直线上，如果误差在允许范围内，则在基线两端点埋设标石，然后采用导线、单三角形或前方交会等方法，重新测设其坐标，求出与设计坐标的差值，若小于 1/2 000，取平均值作为最终结果，否则应检查原因，必要时应重测。

2. 勘探线、勘探网的测设

勘探线、勘探网的测设就是将基线与勘探线上的工程点测设于实地。常规的测设方法是：在基点 P 安置经纬仪，定出基线方向，按设计给定的勘探线间距，采用钢尺量距或精密视距的方法定出各勘探线在基线上的交叉点，如图 1-2 中的 $\frac{0}{2}$、$\frac{0}{4}$、$\frac{0}{6}$、$\frac{0}{8}$ 和 $\frac{0}{1}$、$\frac{0}{3}$、$\frac{0}{5}$、$\frac{0}{7}$ 等，然后分别在这些点上安置经纬仪，依据设计给定的勘探线上工程点的点距，采用点位测设的方法，将其测设于实地，即得到第一组勘探线；同样的方法，可将另一组勘探线上的工程点测设于实地。将勘探线上的工程点测设于实地后，应埋设标志并进行统一编号。

现在多采用全站仪坐标法测设勘探线、勘探网。具体做法是：在一控制点上安置全站仪，将已知点坐标、需放样点的坐标输入全站仪，利用全站仪坐标放样功能进行测设。利用全站仪放样可以减少设站次数，从理论上讲，只要在仪器站能看见的地方都可以一次完成测设，减少了人工计算，降低了出错的机会。

3. 高程测设

高程测设分为基线端点、基点的高程测量和勘探线、勘探网高程的测量。基线端点和基点的高程，应在点位测设于实地后，用三角高程测量的方法与平面点位同时测定。实际高程与设计高程之差如在规定限差之内，取其平均值即可，否则应查找原因。勘探线、勘探网高程的测定，可采用三角高程或水准测量的方法进行，并布置成闭合或附合水准路线，以便检核。

随着全站仪的普及应用，勘探网的测设可不再布设控制基线，而只在勘探区已有控制点的基础上，用测距导线建立一些加密控制点，均匀分布于勘探区内，然后在这些点上用极坐标法测设勘探工程点。这样不仅提高了测设精度，而且提高了测设速度。

二、物探网的测设

物探是地球物理勘探或地球物理探矿的简称。它包括电法勘探、磁法勘探、地震勘探及重力勘探等。在进行物探工作时，首先布设物探网。

（一）物探网的设计

如图 1-3 所示，物探网一般是由平行的测线与基线相交而成的规则网形，基线间距为 500～1 000 m，测线间距为 20～200 m，同一物探网中基线和测线各自的间距应相等。基线与测线的交点为基点，基线的两个端点称为控制基点，基线的起始基点应布设在勘探区中央的制高点上。

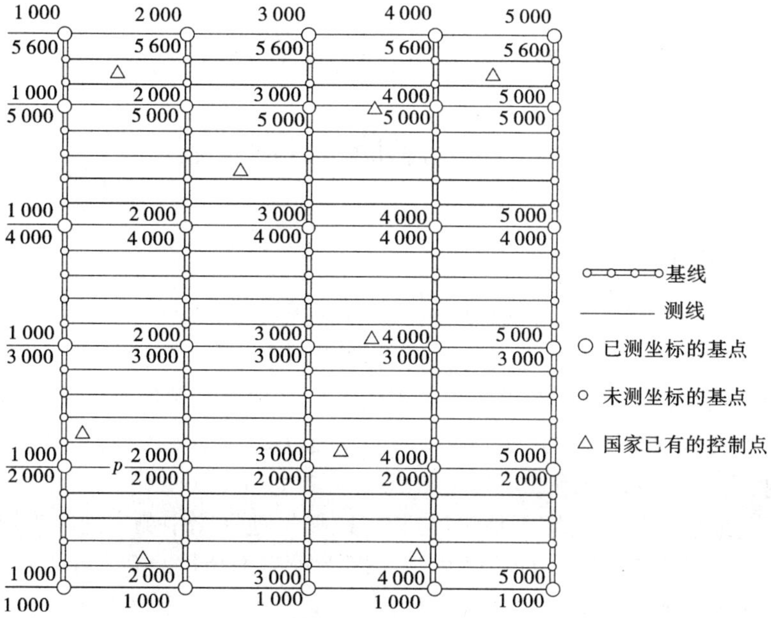

图 1-3　物探网的设计

物探网的编号一般用分数形式表示，分母表示线号，分子表示点号，从物探网西南角的基点开始，向北、向东按顺序编号，为了避免向西南角扩展时出现负数编号，一般起始点编号不为0，而是一个较大的正整数，如图1-3中为1 000。如果物探网较小，编号也可用序号来表示。

（二）物探网测设

物探网的测设包括基线测设、测线测设和高程测设。

1. 基线测设

基线测设包括起始基点、控制基点的测设和基线的测设。

首先应求出测设数据，如果起始基点、控制基点给出了坐标，利用给出的坐标和已知点的坐标计算出测设数据。如果起始基点、控制基点没有直接给出坐标，可以利用物探网设计图纸，从图上量取测设数据，然后用极坐标法、角度交会或距离交会等方法测设。基点测设于实地后，应埋设标石，应用单三角形或者前方交会等方法重新测定其坐标，并与设计值比较，应满足《工程测量规范》（GB 50026—2007）要求，否则应重新施测。

基线测设就是将基线上的全部点测设于实地，当控制基点测设后，将经纬仪安置在基线一端的控制点上，瞄准另一端的控制点定向。沿视线方向，用钢尺量出各基点的距离，实地标出各基点，钉以木桩并编号。

2. 测线测设

测线测设就是将测线上的每个测点按设计要求测设于实地。传统的方法是用经纬仪视距导线法，它适用于不同的地形条件和不同的比例尺。具体方法是：在基线点上安置仪器，以相邻基线点定向，然后转动经纬仪90°，则望远镜的视线方向即为测线方向。在测线方向上用视距法测设各测点，并插旗、编号。根据测线上的地形情况和视距的允许长度确定转站点。现代的方法是采用全站仪测设测线上各点。方法与经纬仪基本相同，不同之处为距离采用全站仪测量。

3. 高程测设

基点、测点高程采用水准测量方法或三角高程测量的方法，精度要满足规范的要求。

第三节　地质工程测量

一、地质点测量

地质点是指勘探矿区地表上反映地质构造的点，包括露头点、构造点、岩体和矿体的界线点、水文点和重沙取样点等，是地质人员进行地质调查的地质观察点，是地质图的重要内容，是填绘地形图的重要依据。需要采用适当的方法将地质点测绘在地形图上，地质点的位置是地质人员在实地观察确定的，地质点要埋设标志并编号。测定地质点一般采用极坐标法。在测区内，应有足够的控制点作为测站点。

在图上标定地质点位置的精度要求，与相应比例尺地形图中测定地物点的精度相同，即要求地质点相对附近图根点的平面位置中误差图上距离不超过±（0.6～0.8）mm、高程中误差不得大于1/3等高距。对于小比例尺地质图，地质点位置是直接由地质人员利用罗盘或目估的方法标定在图上。但对于大、中比例尺地质图，地质点点位需要由测量人员用仪器测绘到图纸上。在地质工程测量中，这一项工作称为地质点测量，具体作业过程如下。

（一）测前准备工作

地质点测量之前，应准备好作为底图的地形图和控制点等资料，地质人员应进行野外调查，事先了解地质点的分布情况，将要测量的地质点进行编号并设立标志。同时，将这些点概括地标绘在地形图上并进行编号。这些内容测量之前都应了解清楚，拟订出工作实施计划。

（二）测站点的选择

在进行地质点测量时，要充分利用图区已有的控制点（包括经过定测的钻孔和剖面控制点）作为测站点，如果控制点不够，应再设置测站点，并根据具体条件和施测地质点的方法来考虑设置测站点的方法。测站点的设置方法可采用经纬仪导线法、图解交会法、GPS 定位法等。设置测站点一般应事先有计划地进行，也可以在测定地质点时随时设置。设置测站点的各项限差应符合相关规范的要求。

当矿区地形地质图采用 0.5 m 等高距时，测站点的高程应用等外水准测量方法直接测定；当地形地质图的等高距大于或等于 1 m 时，测站点高程可用三角高程测量方法来测定。如需补充控制点，则可从邻近控制点用支导线引测，往返测定。引测时的量距规定为：对于 1∶1 000～1∶500 比例尺，用钢尺量距；对于 1∶10 000～1∶2 000 比例尺，用视距法量距。引测的边长和点数要符合规范要求。

（三）地质点的测定

测定地质点可采用测站法、交会法、GPS 定位法等一般的地形测图中的碎部测量方法。地质点测量精度应符合相应比例尺的地质地形图对重要地物点的要求。当矿区采用航测方法成图时，在岩层裸露或能根据地面目标准确判刺地质点位的地区，可以直接在地质调绘片上确定地质点的位置，并在航测内业成图中一并求出各地质点的高程。用于判刺地质点的地质调绘片，一般应采用裱板的放大片。地质调绘可由地质人员和测量人员配合完成。所有地质点都应在实地观察选取，并由两名调绘员在立体镜下刺定点位。地质构造线与地层界线应在野外根据实地影像特征描绘，再在室内立体镜下详细观察修正，处理好地形起伏、地层产状和地层界线三者之间的关系。对于不能准确判刺的地质点，均需用仪器实测其位置。

二、坑探工程测量

（一）坑探工程的概念

地质勘探过程中，出于某种地质目的而挖掘的工程通常有探槽、探井、探巷等，称为坑探工程。

1. 探槽

探槽是在表土厚度较小的地段，为揭露基岩的地质现象而挖掘的一条长槽形工程，一般垂直于岩层或主要构造线走向布置，如图 1-4 中的 *AB* 和 *CD*。探槽宽度通常在 1 m 左右，长度则根据地质的实际情况决定，从几米至几百米不等，深度以见基岩为止。

2. 探井

探井是垂直于地表向下挖掘的圆形或方形小井工程，其深度因地表覆盖层的厚度而异，一般在 30 m 以内。如图 1-4 中的 *E*、*F*、*G*、*H* 均为探井。

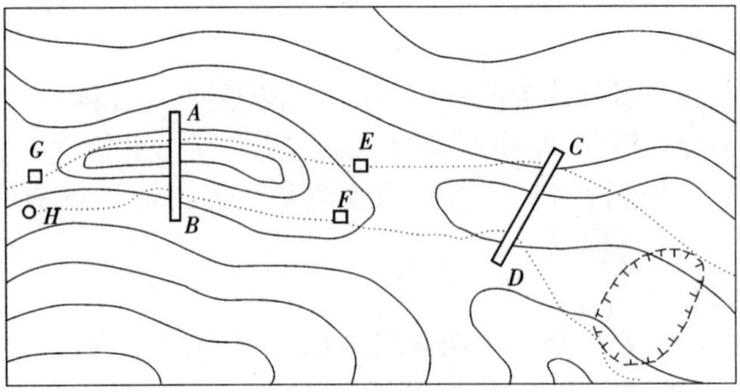

图 1-4　探槽和探井

3. 探巷

探巷是由地表向岩层或矿体挖掘的小坑道工程，有倾斜和水平两种，一般长度在 20 m 以内，如图 1-5 所示。

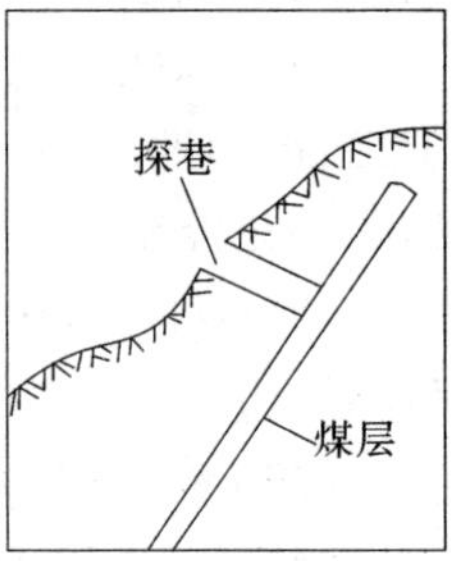

图 1-5　探巷

(二) 坑探工程测量方法

坑探工程测量的主要任务是根据地质设计的要求，将图上设计的工程位置测设到实地上，以此作为施工的依据；施工结束后，再测定其平面位置和高程，展绘于图上。所以，坑探工程测量分为工程位置的布设和定测两个工序，均可用经纬仪、全站仪、GPS 进行测量。

1. 坑探工程位置的布设

坑探工程位置的布设，一般在现场依据地形图用目估法进行，当精度要求较高时，可根据控制点，用极坐标法或角度交会法等进行布设。

2. 坑探工程位置的定测

坑探工程位置的定测是以控制点为依据，用经纬仪视距导线或经纬仪测角交会法进行测量，并计算出平面坐标和高程。次要的槽、井可用视距导线点作为测站点，用极坐标法测定其方向、距离和高程，然后用量角器将工程位置直接展绘于图上。探井的位置以井口中心为准；探槽则应测定两个端点及其转折点的位置；探巷除测定坑口位置外，还需测定坑道的方向、长度和倾角。

测定在图上的坑探工程位置点，对其附近测量控制点的位置中误差不得超过图上 0.2 mm，最大误差不得超过 0.4 mm。次要槽、井等可放宽 2 倍。其高程对附近测量控制点的高程中误差不得超过地形地质图基本等高距的 1/7。

三、钻探工程测量

钻探是勘探工程中重要的勘探手段，钻探工程是通过机械回转钻进，向地下钻成直径小而深度大的钻孔，并从孔内取得岩芯和矿芯实物（如图 1-6(a) 所示），作为观察分析的资料，依据这些资料来探明地下矿体的范围、深度、厚度、倾角及变化情况。它是当前探矿的主要技术手段。随着矿体种类、矿体类型及勘探储量计算等级的要求不同，钻孔布设的形式和密度也就不同，但一般是布设成勘探线（如图 1-6(b) 所示）或勘探网（如图 1-6(c) 所示）。目前主要采用勘探线。勘探线是一组与矿体走向基本垂直的直线，一般都是沿勘探线布孔。

勘探初期钻孔一般较稀，随着勘探工程的逐步深入，钻孔也要逐步加密，有时也在必要地段布设加密钻孔。钻孔的位置是预先设计好的，其设计坐标是已知的，它是测设钻孔地面位置的原始数据。

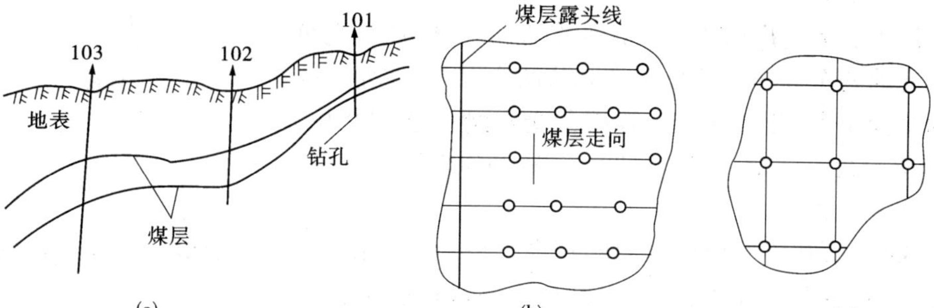

图 1-6　钻探工程测量

钻探工程测量的主要任务是钻孔位置测量，按孔位测量的工作程序又分为初测、复测和定测三个步骤。

（一）初测

初测也称布孔，一般由地质人员、钻机人员和测量人员共同商议进行，但主要由地质人员决定。由测量人员根据钻孔位置的设计数据，利用附近的控制点将钻孔测设于实地，供平整钻机安置场地之用。

根据控制点的分布和地形条件等因素，测设钻孔位置常用的方法有极坐标法、角线交会法。随着电子测量仪器的普及，现在大多采用全站仪法、GPS-RTK 法测设。

1. 极坐标法

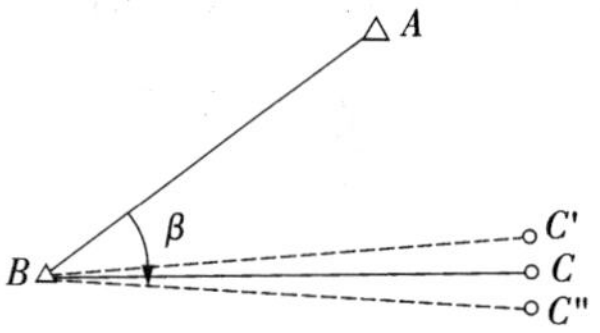

图 1-7　极坐标法

控制点离钻孔位置较近时采用极坐标法。如图 1-7 所示，A、B 为已知控制点，C 为设计的钻孔位置，其坐标均为已知。首先用 A、B、C 点的坐标按坐标反算公式计算出 β 角值和边长 S_{BC}。然后在 B 点安置经纬仪，照准 A 点，正镜依 β 角标定一点 C'；再倒镜依 β 角标定一点 C''，取 C' 与 C'' 的平均位置，沿 B 与平均位置连线方向量平距 S_{BC} 定出孔位 C，并用木桩作孔位标志。

2. 角线交会法

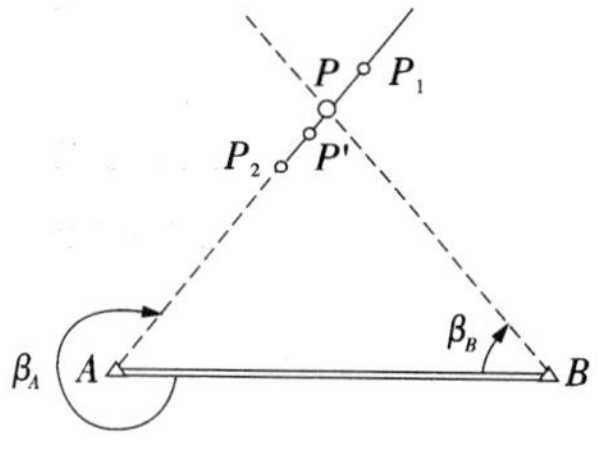

图 1-8　角线交会法

角线交会法一般用于地形较复杂的地带。如图 1-8 所示，P 为设计钻孔位置，根据通视情况选定控制点 A 和 B 作为交会的起算点。首先根据钻孔 P 的设计坐标与 A、B 点的坐标，计算出 S_{AP}、S_{BP} 及 β_A、β_B。然后在 A 点安置经纬仪，瞄准 B 点，给出 β_A 角，定出 AP 方向，再用视距定出 AP 长度 S_{AP}，得 P' 点，同时沿 AP 方向在 P' 点前后定出 P_1 和 P_2 两点。再将仪器安置于 B 点，用相同方法给出 β_B 角，定出 BP 方向。同时观察 P' 是否在视线上，若不在，则将标尺沿 P_1、P_2 的连线移动，直至尺子位于 BP 的视线方向上，此时尺子的位置即为钻孔 P 的位置。钻孔位置确定后，应在孔位设站，检测交会角，检测角值与计算角值之差不得大于 $3'$。

不论采用哪一种方法布孔，当孔位在实地确定后，应立即在其附近建立校正点，作为复测钻孔位置的依据。校正点要建在不妨碍平整钻机平台的地方，以免遭受破坏。根据钻孔周围的地形条件，可采用下列方法建立校正点。

1）十字交叉法

过孔位中心标定出勘探线及其垂直的校正方向（直孔可为任意正交的两个方向），并分别沿着这两个方向，在孔位四周选择四个校正点，使相对两点连线的交点刚好通过孔位，如图1-9所示为十字交叉法确定钻孔位置的布置图。

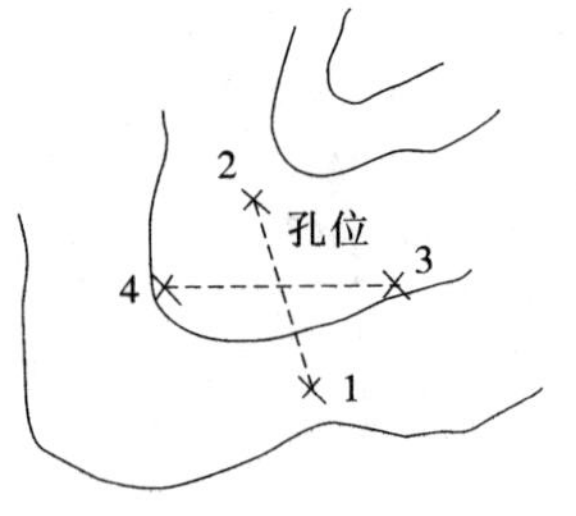

图1-9　十字交叉法

2）直线通过法

沿勘探线（直孔可为任意方向的直线）在孔位两侧确定两个校正点，使两点的连线通过孔位中心，并量取孔位到两端点的距离，如图1-10所示为直线通过法确定钻孔位置的布置图。

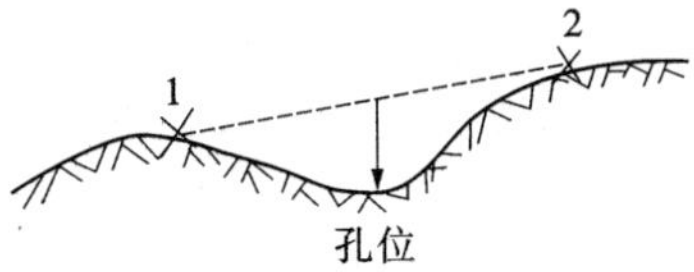

图1-10　直线通过法

3）距离交会法

在孔位四周选择不同方向上的三个以上校正点，分别量取孔位至各点的距离。

（二）复测

钻孔位置标定后，即可平整钻机场地，但在清理平台的过程中，钻孔的初测标桩往往会遭到破坏，因此在清理钻机场地之前，必须对标定的钻孔桩加以保护，一般的做法是在标定的孔位桩周围钉几个控制桩（或利用初测建立的校正点）。如图1-11（a）所示，P'为孔位桩，1、2、3、4为控制桩（校正点）。控制桩（校正点）1、2、3、4是供复测钻孔用的，因此又叫复测桩。复测桩应设置在平整场地的影响之外。另外，还要根据初测桩测出复测桩的高程。

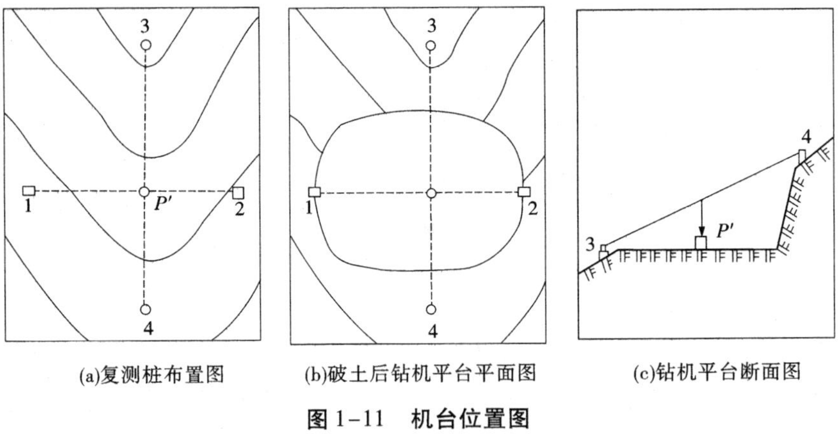

图1-11　机台位置图

平整钻机平台后进行钻孔位置的复测，按校正点与孔位间的几何关系，用垂球投影法对孔位进行校核，其偏差不得超过图上0.1 mm。若平整钻机平台后，表示孔位的木桩已经丢失，此时可利用校正点重新标出孔位。如对校正点有怀疑或者是其木桩已丢失，则应按布孔时的操作方法重新测定孔位。

复测时除校核钻孔位置外，还应采用三角高程法测定出平整钻机平台后孔位的高程。

（三）定测

钻探完毕封口后，测量人员应测定钻孔位置。钻孔位置以封孔标石中心或套管中心为准。钻孔坐标的测定，可根据控制点的分布情况决定。当钻孔的密度较大时，可与已知控制点组成两端有已知边的三角锁和线性三角锁；当钻孔的密度较小时，可用测角交会法或独立三角形法测定其坐标位置。在平坦地区也可用经纬仪量距导线法测定。孔口高程的测量一般采用等外水准测量（地形地质图 0.5 m 等高距时）或三角高程测量。

钻探资料是计算矿产储量的重要依据，所以钻孔位置的定测精度要求较高，其中心位置对附近测量控制点的位置中误差不得超过图上 0.1 mm（孔位初测可放宽为 2 ~ 3 倍）。其高程对附近测量控制点的高程中误差不得超过地形地质图基本等高距的 1/10。

定测工作十分重要。如果把钻孔位置定错，那就会直接影响到地质资料的正确性。如果把穿过透水层、封孔质量又不好的钻孔位置定错，在将来的巷道掘进中遇到这种钻孔时，就可能导致严重的透水事故，故应特别注意。

第四节　地质剖面测量

地质剖面测量，通常是沿着勘探线方向，测定位于该方向线上的地形特征点、地物点、勘探工程点（钻孔、探井、探槽）以及地质点的平面位置与高程，并按一定的比例绘制成横剖面图。

地质剖面测量的目的在于提供勘探设计、工程布设、储量计算和综合研究资料。正确地设计勘探工程的位置和加密勘探工程的位置都需要剖面图作为设计依据，以便有效地掌握工程间的相互关系和矿体变化情况。在储量计算中，各个剖面的间距和同一剖面线上各勘探工程间的间距，是控制矿体位置和大小的基本数据。剖面测量贯穿于地质普查和勘探的整个过程中。普查剖面等精度要求不高的剖面可以在已有的地形地质图上切绘，精度要求高的剖面图必须实测。

地质剖面测量的比例尺，是指展绘剖面图的水平比例尺。水平比例尺又叫横比例尺，依其展绘各测点至剖面线端点的距离而定。为了真实显示剖面与地表交线（即剖面地形线）的形状，在地质剖面图上展绘测点高程所采用的纵向（垂直）比例尺，一般与横比例尺一致。但是，有时地形起伏较小，为了突出显示剖面与地表交线（即剖面地形线）的形状，纵向（垂直）比例尺与横比例尺不一致，可把纵向（垂直）比例尺放大为横比例尺的 1 ~ 2 倍。

地质剖面测量的比例尺常常要大于矿区地形地质图比例尺，通常是根据矿床类型、矿床成因和勘探储量级别等因素确定的。对于矿层薄、面积小和品位变化大的稀有贵重矿种，剖面图的比例尺要大些，剖面比例尺通常为 1：2 000 ~ 1：500；大面积沉积矿矿体，剖面图的比例尺要小些，剖面比例尺常为 1：10 000 ~ 1：2 000；而特种工业原料地质勘探剖面图的比例尺更大，可采用 1：200。

进行地质剖面测量时应采用矿区统一的坐标和高程系统，使勘探线剖面图与矿区地形图以及地面、地下的勘探工程测量取得一致。此外，勘探线的标定和勘探线上的工程位置、地物点的位置和地形点的测定都应符合规范的精度要求，以便使用剖面法计算矿产储量时不致产生不允许的误差。

地质剖面测量的顺序：首先进行剖面定线，建立剖面线上的起点、转点和终点，在其间加设控制点；然后进行剖面测量；最后展绘地质剖面图。

一、剖面线端点的测设

剖面定线是在实地布设剖面线的端点和定向点，测设剖面线端点的目的是确定剖面线的位置和方向，剖面线一般就是勘探线。布设时根据剖面端点的设计坐标和附近测量控制点的坐标，计算测设数据，然后在已知点上安置仪器，采用极坐标法将端点测设于实地。测设完毕，应立即测量端点的平面坐标，并用三角高程或等外水准测量方法测量端点的高程。

剖面端点对附近测量控制点的位置中误差不得超过图上 0.1 mm，高程误差不得超过地形地质图基本等高距的 1/20。两端点的方位与设计方位的最大偏差不得超过下式的规定：

$$\Delta\alpha = \pm\frac{0.4M}{D}\rho \tag{1-1}$$

式中 M——地形图的比例尺分母；

D——两端点间的水平距离，m；

ρ——206 265″。

二、剖面线控制测量

剖面线控制测量的任务是在剖面线端点及定向点测量的基础上，在剖面线上建立必要数量的控制点，以及在剖面控制点之间加密测站点。

剖面线端点、定向点及剖面控制点平面位置测定的精度不得低于图根点的要求。剖面控制点的高程一般采用三角高程测量的方法测定。地形图的等高距为 1 m 或 0.5 m 时，应采用等外水准测量的方法进行测定。

为了在剖面线上设站进行剖面测量，还必须在剖面控制点的基础上加密剖面线测站点。加密测站点时可以在剖面控制点之间以量距或视距导线的方法进行。采用视距法和量距法测量剖面地形时，根据不同比例尺，测站点的间距不应超过表 1-2 的规定。

表 1-2 不同比例尺剖面测量基本要求

剖面横比例尺	1∶500	1∶1 000	1∶2 000	1∶5 000
视距(m)		200	350	500
量距(m)	100			

(1)在地形起伏不大、通视良好的地区，可将经纬仪(最好是全站仪)架设在任一端点上，经对中、整平后，瞄准另一端点，直接在剖面线上选定剖面控制点的位置，并以木桩标记，然后用测定端点的方法精确测出控制点的平面坐标和高程，并同时计算出剖面端点到各控制点的距离和高差及各控制点之间的距离和高差。

(2)在地形起伏较大、通视不好的地区，应在图上沿剖面线设计控制点的位置，并依据设计坐标，按极坐标法或交会法将剖面控制点测设到实地，然后测定其实地点位的平面坐标及高程。

在第一种情况下测定剖面控制点时，点位应可沿剖面线前后移动，并选在视野开阔的地方。在第二种情况下，当在图上量取剖面控制点的设计坐标时，要考虑到该点的位置是否便于观测。

对未建立控制网的地区，可先进行剖面测量，待控制网点建立后，再测端点及剖面控制点的坐标和高程。

三、剖面测量方法

剖面测量的任务是测定剖面线上地形点、地物点、地质点及勘探工程点的位置和高程。对于尚未建立测量控制网的矿区，只能从基点起沿剖面方向逐站进行测量，与经纬仪支导线形式相当。对于设置了剖面控制点的剖面线，为施测剖面点而设置的测站点，则必须起闭于相邻剖面控制点。进行剖面测量时，剖面线端点、定向点、控制点均可设站，根据剖面图的比例尺、精度要求、设备和地形条件，可采用全站仪数字测图法、经纬仪视距法等。剖面点的密度取决于剖面图的比例尺、地形条件等，通常是剖面图上间距为 1 cm 测一剖面点。

首先将经纬仪安置在剖面端点上，照准剖面另一端点或中间的控制点，然后沿视线方向按照测量地形点的方法测出地形坡度变化点、地物点、工程点及地质点的水平距离与高程。当视线过长或不通视时，应迁站到控制点或根据端点在前进方向的适当位置增设测站点，继续测量，直至测到剖面末端，如图 1-12 所示。

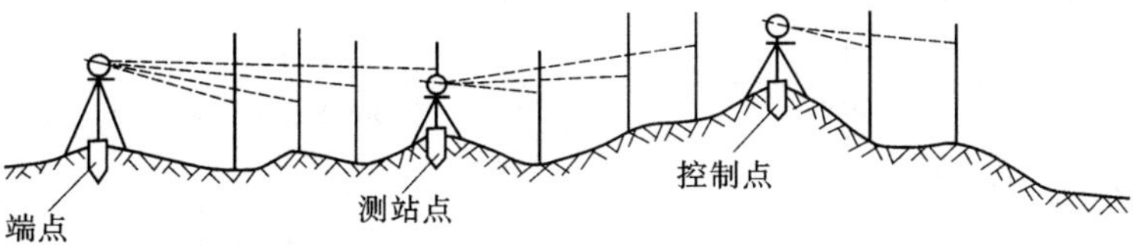

图 1-12　剖面测量

测站点应选在通视良好、便于设站的地方。剖面测完后，应及时检核，同一剖面两端点间测得的水平距离总和与由剖面两端点坐标反算值的相对闭合差，以及由一端点测至另一端点的高程闭合差，应不超过表 1-3 的规定。

表 1-3　不同比例尺剖面测量误差基本要求

剖面横比例尺	1 : 500	1 : 1 000	1 : 2 000	1 : 5 000
长度相对闭合差	1/700	1/400		
高程闭合差	1/3 等高距			

四、剖面图的绘制

剖面测量完成后，即可着手绘制剖面图。剖面图是根据剖面线上各点高程和各点到起始端点的水平距离绘制的。绘图之前，应检查、整理观测记录，求出剖面线上各控制点、测站点、地形地物点、勘探工程点及地质点到起始端点的水平距离，并求出各点的高程。剖面图的比例尺一般为地形地质图比例尺的 1 ~4 倍，竖向比例尺一般与横比例尺一致，视需要亦可放大 1 ~2 倍。

传统绘制剖面图的方法与步骤如下：

绘制剖面图时，先根据剖面线上最低点和最高点的高程，按竖向比例尺设计一组高程线绘在图纸上，高程线由许多条等间隔的、相互平行的水平线组成，每条高程线为 10 m 或 100 m 的整倍数。然后在最下面的一条高程线上定出起始端点的位置，根据各点到端点的水平距离，按规定的水平比例尺将各点标出；再根据高程线的注记，分别在过各点垂直高程线的方向上定出各剖面点的空间位置，并依次将各剖面点连成圆滑的曲线，即得剖面图，如图 1-13 所示。地质工程点和主要地质点，在剖面上应加编号注记；在剖面上的两端还应注记剖面线的方位角；在剖面图的下面标出剖面线和坐标线交点的位置，并注上坐标值，如图 1-13所示。

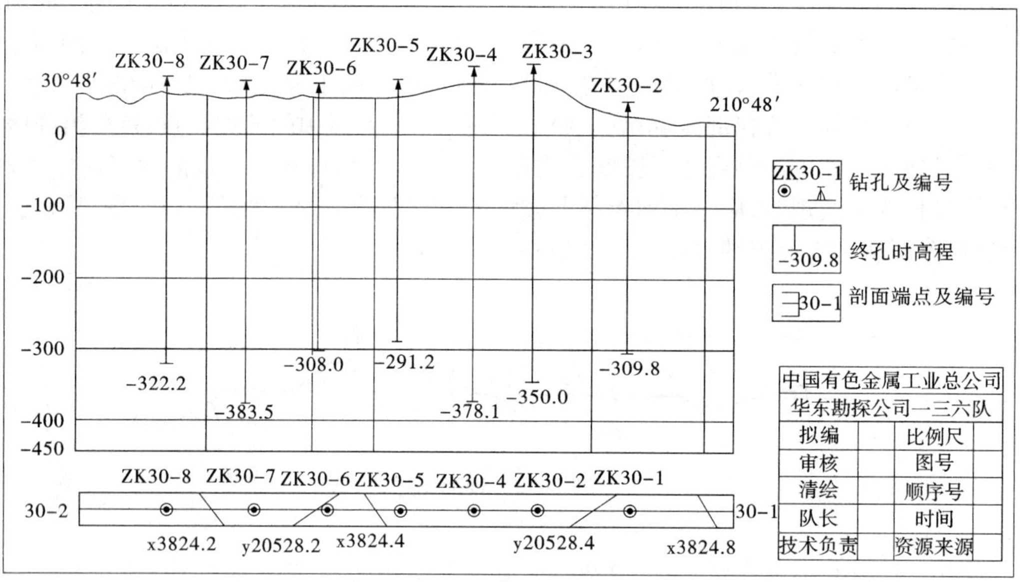

图 1-13　勘探线剖面图

在剖面图上标出纵横坐标线，主要是为了在图上量取地面和地下任意点的坐标，便于在储量计算中能将剖面图和地形地质图对照使用。展绘坐标线时，首先在平面图上量出剖面线与各坐标线交点至起始端点的距离 S_{Axi} 、S_{Ayi} ，如图 1-14 所示，按水平比例尺将坐标线与剖面线的交点位置标在剖面图最低的一条高程线上，然后由交点位置作垂线即得各坐标线在剖面图上的位置，如图 1-14 所示。

各坐标线与起始端点的距离按下列公式计算：

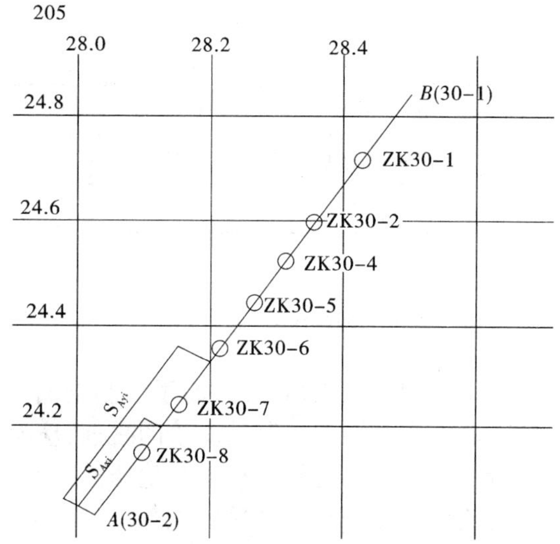

图 1-14　剖面线与坐标线交点至起始端点距离

$$S_{Axi}=\frac{x_i - x_A}{\cos\alpha} \tag{1-2}$$

$$S_{Ayi}=\frac{y_i - y_A}{\sin\alpha} \tag{1-3}$$

式中 x_i 、y_i ——方格网线的坐标；

x_A 、y_A ——剖面端点的坐标；

α —— AB 剖面线的方位角。

地质剖面图绘制完毕后，应在其下方绘制剖面投影平面图，比例尺与剖面图相同。首先在欲绘的平面图图廓的中央绘一条与高程线平行的直线，作为剖面投影线。将剖面图上的 x 及 y 坐标线垂直投影于直线上，依剖面线方位角绘制投影平面图的 x 及 y 坐标线，并注记相应的坐标值。然后将剖面端点、地质工程点、主要地质点等内容直接投影到直线上，加注同样的编号或注记，如图 1-14 所示。

最后整饰图廓，写明剖面图的名称、编号、比例尺、绘图时间和图内用到的图例符号等。

现代剖面图绘制方法为：外业用全站仪测出剖面上各点的水平距离和高程，记录采用电子手簿或全站仪内存记录，内业采用相应的通信程序，将数据传输到计算机，经预处理，使数据格式符合绘图软件的要求，运行绘制剖面图软件，即可绘制出剖面图。

在找煤阶段，一般采用地质罗盘和测绳或皮尺进行剖面测量，这时用罗盘测倾斜角，用测绳或皮尺测量倾斜距离，利用斜距和倾斜角求出平距、高差，即可绘制剖面图。

复习题

1. 地质勘探工程测量的主要任务是什么？

2. 钻探工程测量分为哪几步？各怎样进行？

3. 地质剖面图包括哪些内容？如何绘制地质剖面图？

4. 地质剖面测量的顺序是什么？如何测定剖面端点和剖面控制点？

5. 某勘探工程需要布设一个钻孔 P，其设计坐标为 x_P = 335 879.571 m，y_P = 38 529 393.541 m。已知设计钻孔附近的测量控制点 A 的坐标为 x_A = 335 634.257 m，y_A = 38 529 265.324 m，AB 边的方位角为 $\alpha_{AB}=238°25'28''$，试求在 P 点布孔需测设的数据，并绘图说明现场测设方法。

第二章 建井工程测量

矿井建设是采矿企业中一项规模大且复杂的工程。它是根据矿山设计部门提供的图纸和资料，由专门的建井工程单位负责施工的。建井工程质量的好坏，直接关系到矿井安全生产，而建井测量是保证矿井建设工程质量的一个极为重要的环节。因此，建井测量人员必须以对工作极端负责的精神和严谨的科学态度做好这一工作。

建井时期的主要测量内容有地面测量、井筒施工测量、提升设备安装测量、井底车场施工测量和立井延深测量等。

第一节 建井时期的地面测量工作

建井时期的地面测量工作很多，其主要内容有矿区平面控制网和高程控制网布设、近井点及井口高程基点测量、井筒中心和井筒十字中线的标定、矿井工业场地平整测量、矿场建筑物位置的标定、矿井装煤站线的测设、线路测量、矿场重要建筑物的沉降变形观测。

本节主要介绍井筒中心和井筒十字中线的标定。为了保证矿井建设工程之间位置的正确性，设计部门通常选择主、副井筒的十字中线作为设计的主轴线进行总体平面设计，在设计图上给出了各建筑物、构筑物轴线与井筒十字中线间尺寸。为了保证施工标定的正确性，测量人员通常在矿井施工之前，将主、副井筒的十字中线标定于实地，以此为依据标出矿区工业场地的各建筑物、构筑物的位置。因此，井筒十字中线点标定对保证矿井建设的施工质量是至关重要的。

一、井筒中心与井筒十字中线的概念

立井井筒中心就是立井井筒水平断面的几何中心。通过井筒中心且互相垂直的两个水平方向线称为井筒十字中线，其中一条与井筒提升中线相平行或重合的，称为井筒主十字中线，井筒中心的铅垂线称为井筒中心线，如图 2-1 所示。斜井井筒主要中线就是斜井的井筒中心线。斜井井筒中心（井口位置）是斜井中心线上的设计变坡点，如图 2-2 所示。

二、井筒中心和十字中线的标定

（一）准备图纸资料

标定井筒中心和井筒十字中线必需的资料主要有：

（1）矿井附近控制网资料和地形图。

（2）矿井设计说明书中给出的井筒中心坐标、井筒十字中线方位角、井口设计高程以及标定所需的井口附近测量成果。

（3）矿井工业场地总平面布置以及施工总平面图、场地平整设计平面图和断面图以及工业场地煤柱设计图。

（4）井筒横断面施工图。

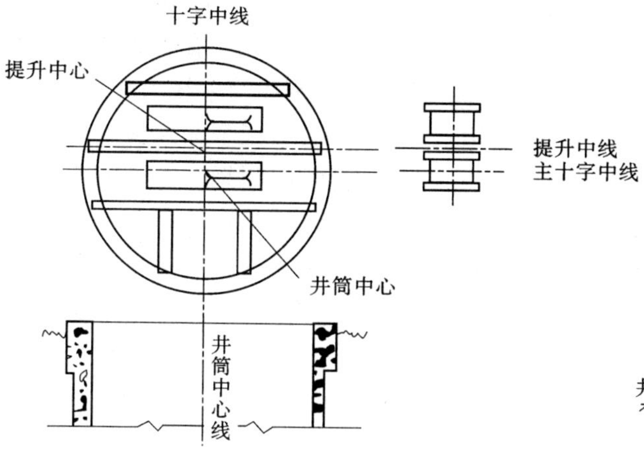

图 2–1　竖井井筒中心及主要轴线

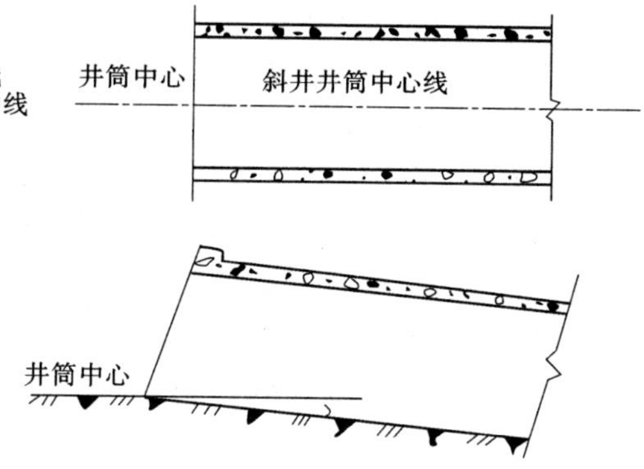

图 2–2　斜井井筒中心

(5)井口附近钻孔的坐标资料。

此外,在测量人员到施工现场进行实地调查的基础上,可编制 1∶200 或 1∶500 的大比例尺井筒十字中线基点设计图,在该图上绘出井筒中心、十字中线基点、临时的和永久的建筑物与构筑物,以及各种管道、线路、测量控制点等。

(二)井筒中心的标定

井筒中心通常是根据近井点用极坐标法精确标定的。如果标定之前尚未测设近井点,可用不低于地面一级导线的方法测定近井点。标定的井筒中心位置用大木桩固定,并在木桩上钉上小钉,作为井筒中心的标志,要保证井筒破土施工之前此标志不受破坏。标定后应及时测算出井筒中心点的坐标,作为井筒中心位置的最后测量成果,在整个矿井施工过程中保持不变。

(三)井筒十字中线的标定

井筒十字中线(基点)的标定是在标定了井筒中心后,根据十字中线基点设计图进行的,如图 2–3 所示。其具体标定方法如下。

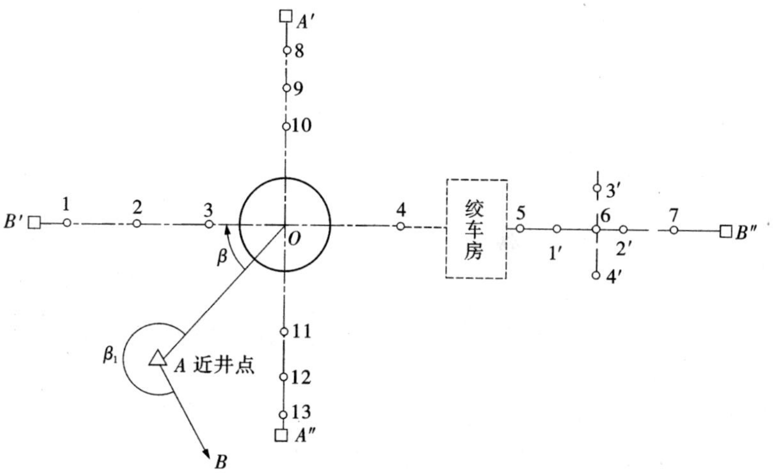

图 2–3　井筒中心及十字中线基点标定图

(1)将经纬仪置于井筒中心 O 点上,根据近井点 A ,顺时针依次拨角 β 、$\beta+90°$ 、$\beta+180°$ 、$\beta+270°$,其中 $\beta=\alpha_{OB'}-\alpha_{OA}$,$\alpha_{OB'}$ 为设计给定的十字中线方位角。在各方向线上埋设一个大木桩,大木桩应埋设在设计的十字中线基点最外侧,桩位距井筒中线 100 m 左右,以正倒镜在桩顶上精确标出井筒十字中线 A' 、A'' 和 B' 、B'' 。然后以三个测回检测十字中线 $A'A''$ 和 $B'B''$ 的垂直精度。如果垂直误差超过 30″,则以角度标定归划法重新标定 A' 、A'' 、B' 、B'' 点,在大木桩上用小钉做出标志,并应再检查一次。

(2)在十字线方向上,按基点设计位置标出基点坑十字线。如图 2-3 中 6 号点十字线 1′—2′、3′— 4′。以 1′—2′和 3′— 4′为准,挖基点坑,浇筑混凝土基桩,在基桩上埋设铁芯(点心铁)。当基点稳定后,在 O 点安置经纬仪,分别瞄准 A' 、A'' 、B' 、B'' ,在各基点桩的点心铁上精确标出十字中线点,并以钻小孔或锯十字线作为基点标记。

(3)十字中线基点标设之后,可按地面一级导线的施测方法测量基点的实际位置,并绘制井筒十字中线基点的位置图。图上应绘出十字中线基点附近的永久性建筑物,注明点间距离、点的高程、设计和实际井筒中心坐标及十字中线方位角等。

也可利用相应精度的全站仪标定井筒中心和井筒十字中线。

第二节　立井井筒施工测量

在矿山建设时期,立井井筒是重要的建设工程。因此,立井井筒的掘进和砌壁必须严格按照设计进行,要求井壁竖直,井筒断面的大小、预留梁窝和与井筒连接巷道硐口的位置均应符合设计的规定。这些工程的质量与矿山测量工作有着密切的关系。井筒掘进和砌壁时的测量工作,是依据井筒十字中线基点和下列设计资料进行的:

(1)井筒平面布置图、井筒水平断面图和沿每条十字中线作的纵剖面图。

(2)井筒凿井设备布置图。

(3)临时锁口框架及吊盘的平面图和断面图。

(4)各水平的马头门、硐室施工图。

一、井筒掘进施工测量

(一)立井井筒锁口的标定

圆形立井井筒的施工,是根据标定的井筒中心点和井筒设计毛断面破土的,向下挖 4 ~ 6 m 后,就要砌筑临时井壁和设置临时锁口,以定井位。然后根据标设的井筒中心垂线点下放垂球线指示掘进方向。待掘进到第一砌壁段后,即自下而上砌筑永久井壁,并在封口盘下方 4 ~6 m 处设置临时固定盘,在固定盘上方 1 m 左右处设置激光梁,如图 2-4 所示,用来安置激光投点仪。如果施工方案规定不设临时锁口,则掘进到永久锁口底部高程时,直接砌筑永久锁口,如图 2-5 所示。然后继续掘进,直至全井逐段掘砌完毕以后,再进行井筒装备的安装工作。

设置井筒锁口时的主要测量工作是:根据井筒十字中线基点在井壁外 3 ~4 m 处地面上精确标出十字中线点 A、B、C、D 四点,用大木桩打入地下,钉上小钉作为标志,并在木桩上给出井口设计高程点。

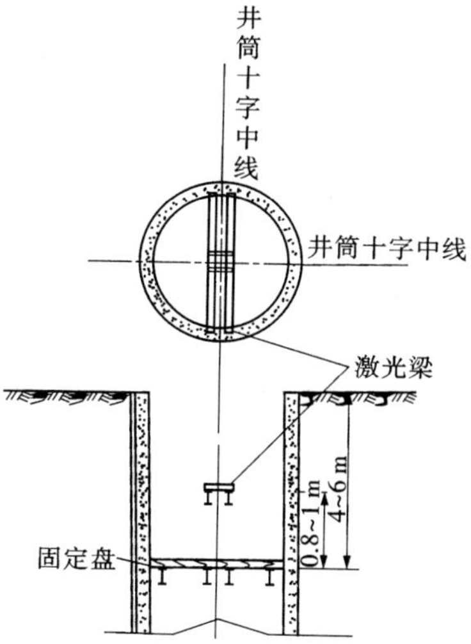

图 2-4　激光梁设置

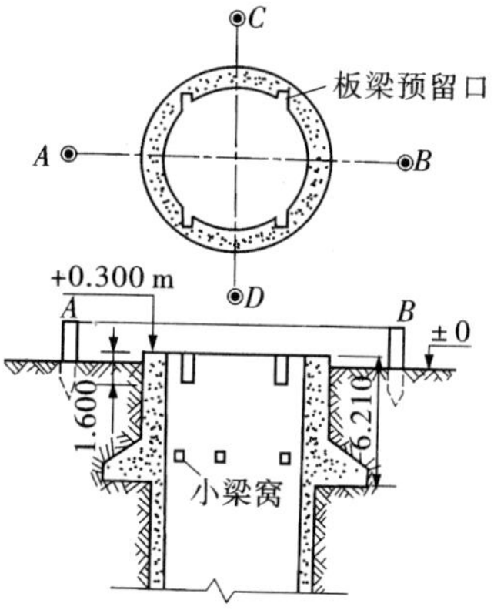

图 2-5　永久锁口标定

1. 临时锁口的标定

圆形井筒的临时锁口，一般采用八角形木质或圆形的钢结构，如图 2-6 及图 2-7 所示。

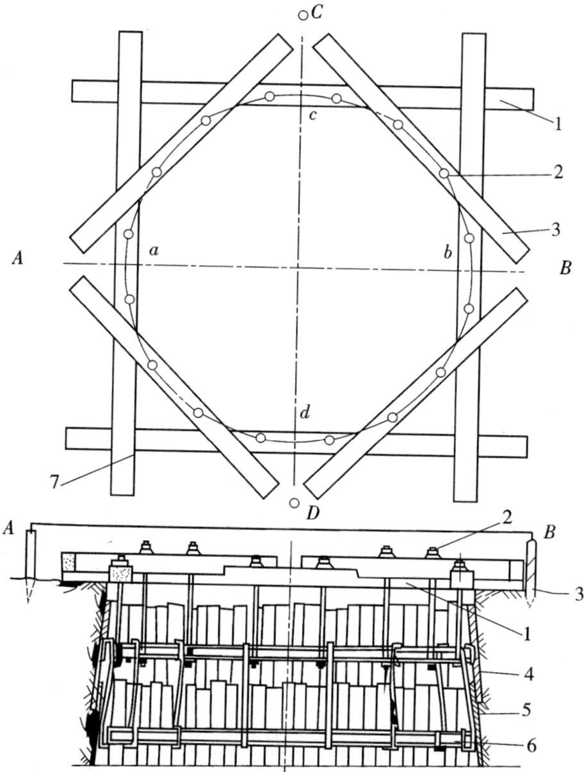

1—断面为250 mm×250 mm，长为14 m的方木；
2—生根钩；3—断面为250 mm×250 mm，长为8 m的方木；
4—挂钩；5—背板；6—槽钢井圈；7—定型框

图 2-6　八角形木质临时锁口

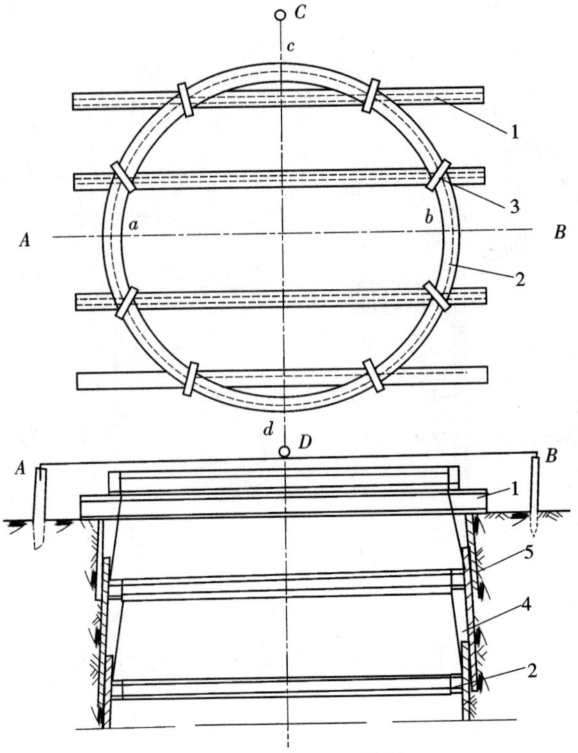

1—钢轨或工字钢；2—井圈；
3—U形卡子；4—挂钩；
5—背板

图 2-7　圆形钢结构临时锁口

安设前，首先按照设计的井筒断面在地面组装，并检查其尺寸，然后在其顶面标出四个十字线点 a、b、c、d，再将它安置在井口。在 AB、CD 间拉紧两根细钢丝，并在每根钢丝的两端挂垂球，用垂球找正 a、b、c、d 中点的位置，使其位于井筒十字中线上，并用水准仪抄平后固定。其水平程度和平面位置误差不得超过±20 mm。

2. 永久锁口的标定

标定永久锁口（见图 2-5）时，十字中线点 A、B、C、D 的桩顶高程应相等，并高出井口设计高程 0.1 ~0.3 m。浇灌永久锁口时，在 AB、CD 间拉紧细钢丝，在交点处挂垂球线，作为永久锁口模板平面位置找正的标准。再由两钢丝向下丈量规定的垂距，使永久锁口底层模板底面的高程等于其设计高程，并用半圆仪抄平。当由下向上砌筑到井口时，直接由钢丝向下量尺，确定最上层模板的顶面高程位置，并进行抄平。确定井口高程的误差应不超过±30 mm。

在浇灌锁口的顶部时，应沿井筒十字中线方向在井颈上和井筒内壁各埋设四个标记。待混凝土凝固后，用经纬仪在标记上精确标出井筒十字中线位置，以此作为井筒内确定十字中线方向的依据。

（二）立井井筒中心垂线的标定

井筒中心垂线是指示整个井筒施工的依据。当井口封口盘铺好后，应立即在封口盘上标设井筒中心垂线点(或称井中心下线点),以便下放井筒中心垂球线。在井筒施工过程中,要定期检查下线点是否移动。点位偏差不得超过 5 mm,否则应立即纠正。依井筒掘进设备布置和施工方法不同,井筒中心垂线点的标设方法可分为以下两种。

1. 井筒中心不被提升孔占用,设置固定的井筒中心垂线点的方法

(1)如图 2-8 所示,在封口盘固定梁中间安装一段槽钢或角钢作为定点板,用安置在井筒十字中线基点上的经纬仪在定点板上标出井筒中心位置,并锯口(或钻孔)作为标志。

(2)图 2-9 为把井筒中心下线孔直接标定在封口盘上的定点板上的示意图。定点板用螺丝固定在封口盘上。

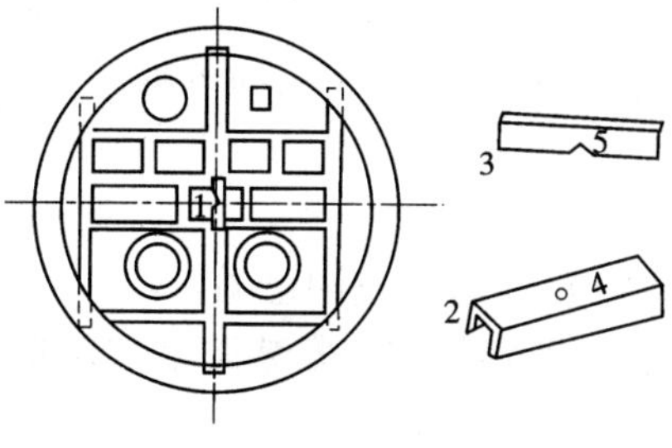

1—定点板;2—槽钢;3—角钢;4—小孔;5—缺口

图 2-8　固定角钢定点板

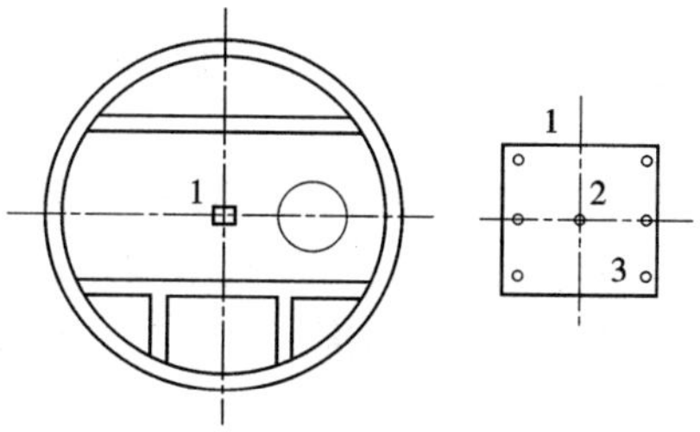

1—定点板;2—下线孔;3—螺丝

图 2-9　固定钢板定点板

2. 井筒中心被提升孔占用,设置井筒中心垂线点的方法

(1)采用活动式“定点杆”(中线杆)设置下线点。中线杆可用角钢(见图 2-10)或圆形钢管两端打扁后钻上孔做成。标设中线杆时,首先按设计要求,在提升孔两端的木梁上设置固定中线标的销子,为使其安设牢固,销子的直径应与中线杆定位圆孔直径一致,然后把中线杆安设在木梁的销子上并用保险绳固定。用经纬仪将井筒中心标设在中线杆上,并锯一三角形缺口,缺口 *A* 即为井筒中心垂球线的下线点。在井筒施工过程中,如需要放线,则停止提升,装上中线杆,下放井筒中心垂球线。用完后即收线,去掉中线杆,吊桶继续提升。

(2)采用固定槽固定的中线杆设置下线孔。在封口盘门两边,设计两个固定槽,如图 2-11 所示。使用时将中线杆放在固定槽内。中线杆用槽钢或木板做成,两头设有标记,以防放错。中线杆的标定方法同前。

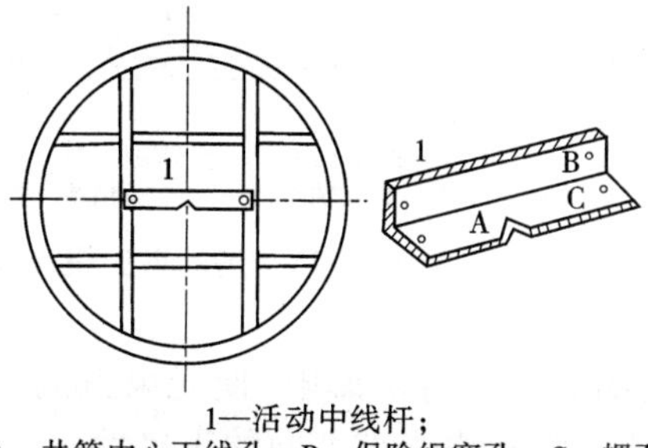

1—活动中线杆;
A—井筒中心下线孔;B—保险绳穿孔;C—螺孔

图 2-10　活动中线杆

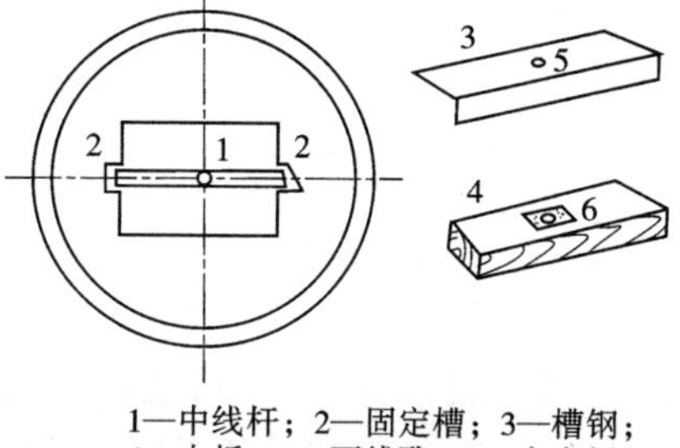

1—中线杆;2—固定槽;3—槽钢;
4—木板;5—下线孔;6—定点板

图 2-11　固定槽中线杆

在井筒中心附近安置缠有钢丝(井深较深时,可采用 4 ~ 6 mm 的细钢丝绳)的小绞车,

通过井筒中心垂线点下放井筒中心垂球线。下线时用 1 ~ 2 kg 的小垂球或沙袋，到达工作面时再换上工作垂球。钢丝必须有 2 倍的安全系数，没有弯曲、破折或打结。工作垂球的质量，应视井深、淋水等情况，参照表 2-1 选定。

表 2-1　井深与对应的垂球质量

井筒掘进深度(m)	10 ~ 50	50 ~ 200	200 ~ 500
工作垂球质量(kg)	不小于 10	不小于 20	不小于 30

此外，当井筒深度超过 500 m 时，中心垂线点需向下移设。此时，可采用摆动观测的方法精确投点。作为指示掘进方向的临时中心垂线点，可根据需要及时向下移设，但其投点误差不得超过 10 mm。

(三) 用激光投点仪标定井筒中心线

在立井掘进砌壁的过程中，用激光投点仪代替中心垂球在我国已被广泛采用。激光投点仪的工作原理、仪器结构与巷道指向仪基本相同，其区别仅在于安装调整激光光束方向的机构不同。

当提升孔不在井筒中心时，如图 2-12 所示。井筒掘进一定距离后，在井口下第一层固定盘以上 1 m 左右，设置支承激光投点仪的钢梁。激光投点仪根据井筒中心垂线进行对中和整平后，将其底板用卡子固定在钢梁。

当提升孔位于井筒中心时，可采用滑轨式固定架安置投点仪，其结构如图 2-13 所示。使用时，将安置投点仪的滑架移至井中，并用定位装置固定。当提升容器提升时，摇动滑架的把手，将仪器移向一侧，以便提升。当需要标定井筒中心时，摇动手把，使仪器回到井筒中心位置即可。

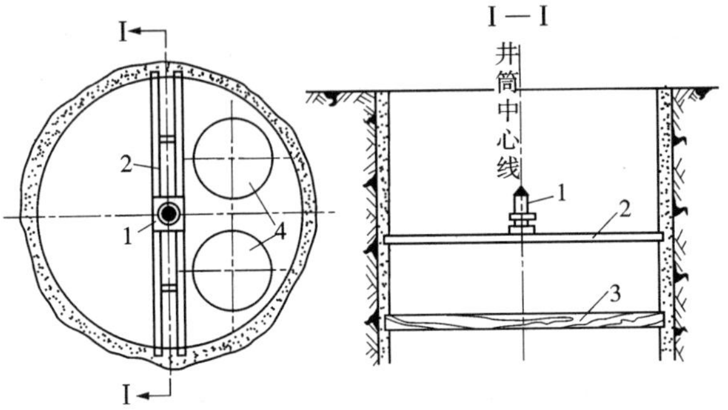

1—激光投点仪; 2—支撑钢梁;
3—固定盘; 4—提升孔

图 2-12　固定激光投点仪

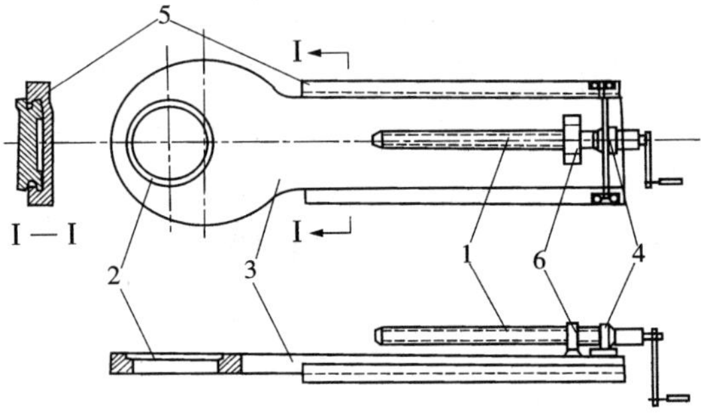

1—调节丝杠;2—仪器固定环;3—滑架;
4—支架轴承;5—滑架底槽;6—固定螺母

图 2-13　滑动激光投点仪

激光投点仪在使用过程中，可能因受震动、钢梁变形等的影响，使光束偏离原来的标定方向，若不及时纠正，会造成施工错误，因此必须经常检查光束方向的正确性。

二、井筒砌壁施工测量

井筒每下掘一段以后，就要由下向上砌筑永久井壁。在砌壁过程中，用井筒中心垂线或若干边线确定砌壁模板的平面位置，用测设在井壁上的高程点作为标定壁座（或高空壁圈）、预留梁窝、开凿硐室和马头门的高程控制。

井壁上每隔一定深度测设一个高程点。第一个高程点的高程值由井口水准基点用钢尺导入，其余高程点的高程逐段用钢尺丈量确定。

安装砌壁模板时，由井壁高程点丈量垂距来确定模板底部高程位置；用半圆仪或连通管抄平托盘（生根板），其误差不得超过±20 mm；沿十字中线方向丈量模板外缘到井筒中心的距离，其值不得小于设计规定的井筒净半径；同一圈模板应保持水平，其误差不得超过±50 mm。

在立井井筒内安装罐梁时，井壁上要有梁窝。梁窝可以在砌壁时预先留出，也可以在罐梁安装前现凿。现在多采用预留梁窝的方法。预留梁窝的位置必须正确标定，其精度要求是：梁窝层间垂距误差不得超过±25 mm；同层各个梁窝的高差，以标定的一个梁窝为准，不得超过±50 mm；梁窝中线误差，以各自梁窝设计中线为准，应不超过±25 mm。

三、立井装备施工测量

整个立井提升设备的标定，平面位置以井筒十字中线为依据，高程位置则是以井口水准基点为依据。标定的顺序是由安装工程的先后决定的。

（一）安装罐梁时的测量工作

罐梁罐道的平面位置，是依据悬挂在井筒内的钢丝垂线并利用各种型规确定的。垂线的数目一般采用 2 根，特殊情况可设 3 ~ 4 根。罐梁的高程位置和梁的层间距用水准测量、钢尺和型规等确定。

1. 安装基准梁时的测量工作

从上向下安装的第一层罐梁称为基准梁。它是安装以下各层罐梁的基础，必须精确安装。这一阶段的测量工作是根据地面的井筒十字中线基点在封口盘上标设出垂线点。垂线的具体位置和数目，应根据罐梁平面布置图与安装人员共同研究确定，如图 2-14 所示。根据转设在封口盘上的井筒中心及井筒十字中线点，采用极坐标法或直角坐标法，求出各个垂线点在封口盘上的位置，最后检核各点间的距离，其误差不应超过±1 mm。

垂线点位标好后，在封口盘上钻孔，定点板固定点位，挂两根垂线至基准梁处（如图 2-15 所示），再用钢尺检核其距离。然后根据两垂线用卡线板（见图 2-16(a)）安装主梁。主梁的高程位置可用安置在地面和吊盘上的水准仪及挂下的钢尺来确定，并用水准仪抄平主梁。

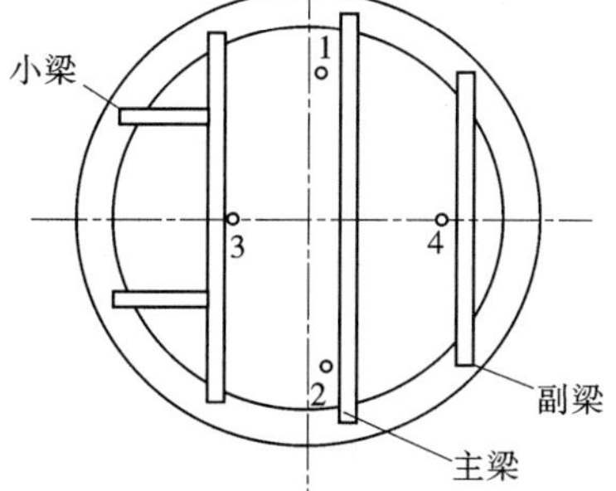

图 2-14　垂线的确定

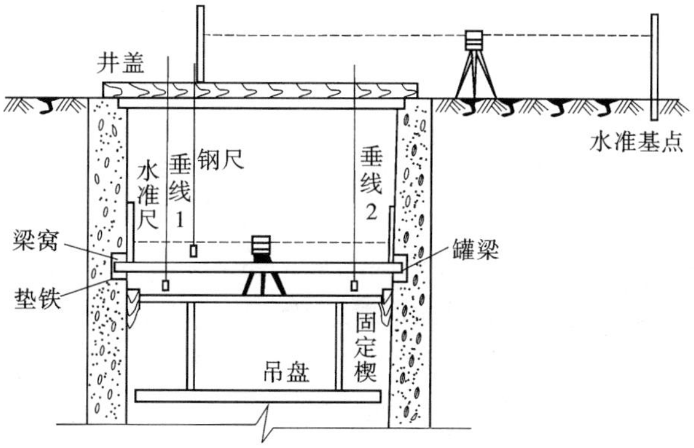

图 2-15　基准梁安装

主梁安好后，根据主梁用开挡尺（见图 2-16（b））和可转动的型规安装副梁，并用水准仪抄平。

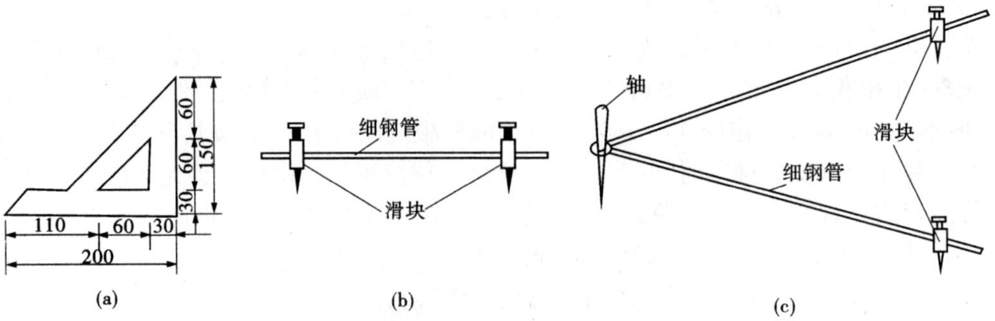

图 2-16　各种型规

2. 基准梁以下各层罐梁的安装

为防止封口盘移动引起垂线点点位变化，须及时将垂线点移设到第一层罐梁（基准梁）上。移设时，先在靠近垂球线的罐梁上安装卡线板，如图 2-17 所示，待垂线在卡线板上画出十字线，然后在卡线板上固定稳线板，检查各垂线间的平距，误差不应超过±1 mm。

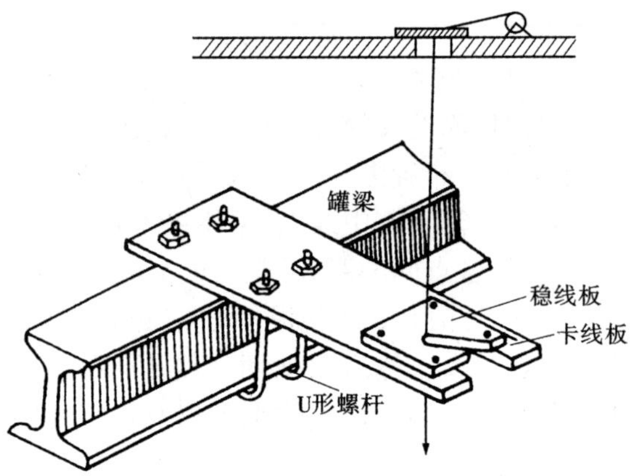

图 2-17　垂线点移设

将垂线下放到井底，加重锤，用水桶稳定。根据挂下的垂线利用各种型规安装以下各层罐梁。当井筒较深时，用垂线不易稳定，可每隔一定深度将垂线点向下移设一次。移设方法与上述相同，其高程可利用钢尺丈量来确定。

（二）安装罐道时的测量工作

1. 罐道的安装

由于安装好的罐梁上都有罐道缺口，因此经检查合格后，施工人员便可由下而上下挂罐道，无需测量人员参加。

2. 罐道竖直程度的检查

整个井筒的罐道都挂好后，要进行罐道的竖直程度检查测量。测量时，是站在永久提升容器的顶上或站在安装井筒罐道用的吊笼上操作，故必须采取有效的安全措施。测量方法是：在每根罐道附近挂一根垂线，如图 2-18 所示，在井口测定垂线相对井筒十字中线的位置；然后在每一层罐梁处丈量图中的 a、b、c 等数值及同一提升容器两罐道间的水平距离。根据实测的数据，便可绘制每根罐道的竖直程度纵剖面图，图上注记出设计位置和实际位置的差值，绘制方法和比例尺与井筒剖面图相同。

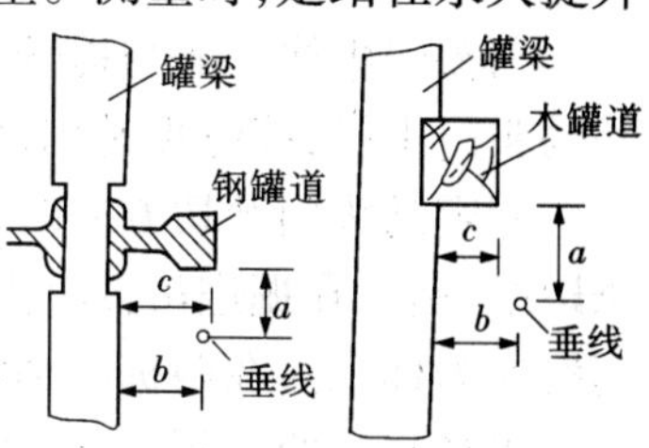

图 2-18　垂线与罐道位置关系

罐道的竖直程度也可使用专用的仪器设备进行测量，如矿山立井主要参数综合测量检查仪（PK-1）、竖井金属和木制罐道纵剖面自动测绘仪（CN5M）等。

第三节　井底车场及硐室施工测量

一、马头门施工测量

马头门是指立井井筒与井底车场连接部分的巷道。这段巷道的特点是断面大，而且是变化的，如图 2-19 所示。

（一）马头门掘进前中线的标定

在砌筑马头门上部井壁时，设置水准点 P，用钢尺法导入高程得 H_P。马头门开切的高程位置根据水准点 P 确定。若马头门底板的设计高程为 $H_{设}$，则 $h=H_P-H_{设}$，由 P 向下量距离 h，确定马头门开切底板的高程位置，如图 2-20 所示。

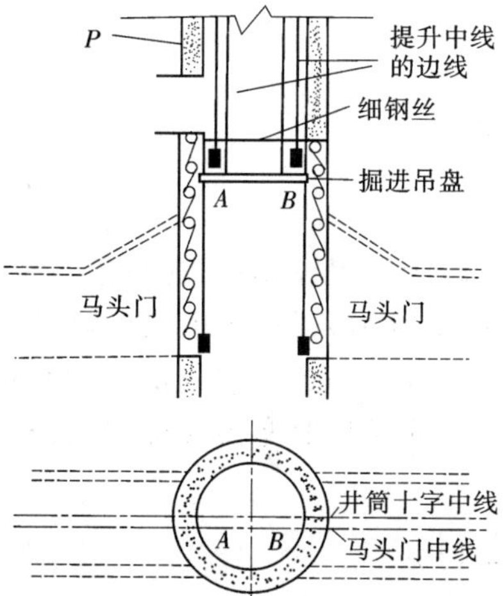

图 2-19　马头门示意

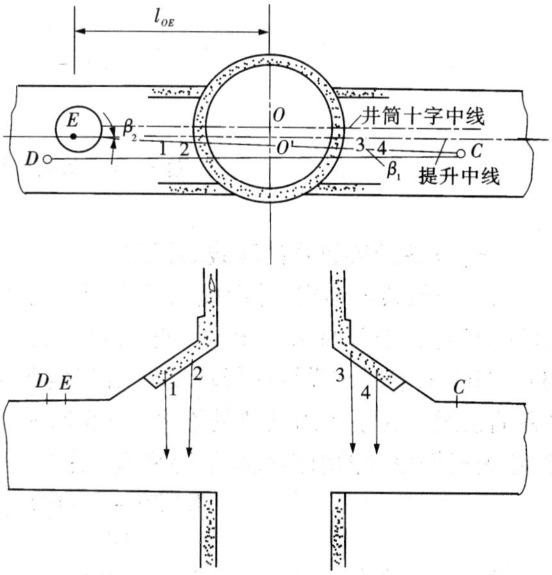

图 2-20　马头门中线的标定

(二)马头门掘进时中线的标定

1. 马头门中线的标定

马头门中线一般与提升中线重合(或平行)。当马头门采用全断面掘砌时,提升中线就是马头门中线,同时也是掘进中线。

标定马头门开切方向时,如图 2-19 所示,首先在井盖上沿提升中线标定两点,下放两条边线,然后在掘进吊盘上沿两条边线拉线绳引至井壁上,打眼后打入木桩,在木桩上钉圆周钉作为标志。在两桩的圆钉上挂两根垂线 A、B,其延长线方向即为马头门的掘进方向。

当马头门两边掘进 6~10 m 时,应进行一井初次定向,求出定向基点 C、D 的坐标及方位角 α_{CD},根据定向基点精确标定马头门中线,如图 2-20 所示。具体方法是:在设计图的马头门中线上选择一点 E,根据其与井筒中心、提升中心之间的关系确定 E 点的坐标;利用 E 点和 C、D 点坐标及其方位角,求出标定数据 l_{CE}、β_1、β_2;然后用极坐标法由 C 点标定 E 点,再由 E 点标定马头门中线点 1、2 和 3、4。

2. 两侧导硐中线的标定

当马头门采用两侧导硐施工时,需给出导硐中线,两侧导硐中线可根据与井筒十字中线的关系,利用直角坐标法将导硐中线点 1、2 及 3、4 标在井盖上或掘进吊盘上。当导硐掘进一定距离后,将其移设到导硐顶板上,悬挂垂球指示导硐掘进方向,如图 2-21 所示。

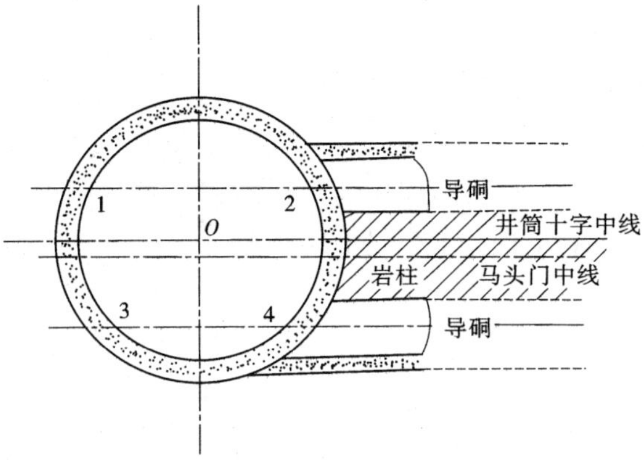

图 2-21　两侧导硐中线的标定

(三)马头门腰线及拱基线的标定

马头门腰线的标定,是用设在马头门上方的水准点 P 作为高程控制点,在高于马头门底板(或轨面)设计标高 1 m 处,标出腰线点 B(如图 2-22 所示),图中 B 点标高 H_B 为 -349.220 m,然后按设计底板坡度标出其他各腰线点。拱基线是马头门墙与拱的相交线,又称墙顶线。为了控制拱顶的坡度,一般需标定拱基线。拱基线是根据腰线标定的,标定时,首先根据设计图求出墙高下降率 i。图 2-22 中为

$$i=\frac{1.330-3.030}{10}\times 100\% =-17\%$$

然后由腰线点 B 向上量 3.030-1.00=2.030(m),标出此处的墙高点 B_1。其他拱基线点可根据腰线和墙高下降率标出。

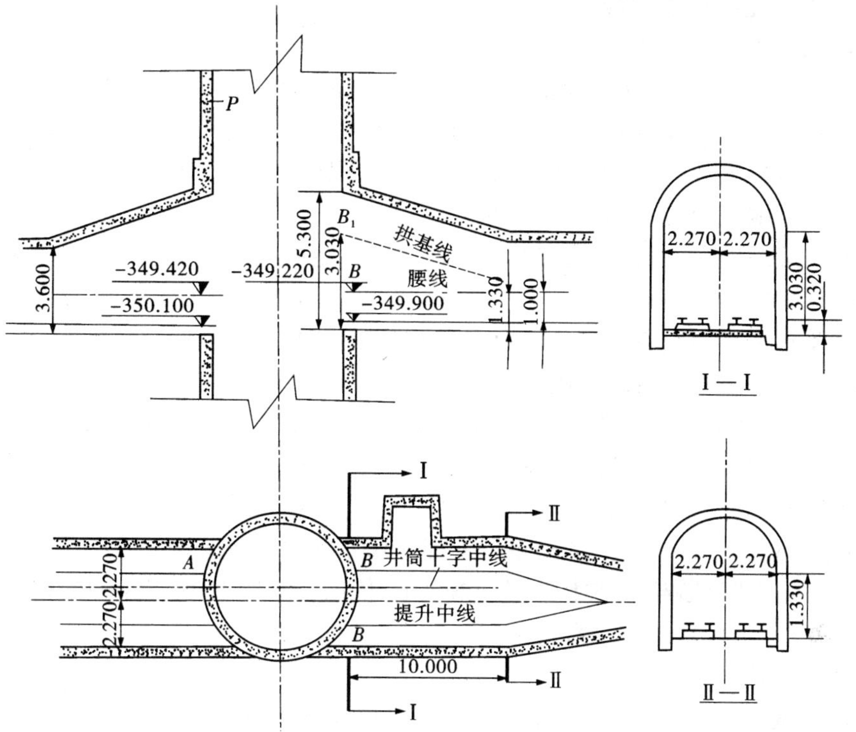

图 2-22　马头门腰线及拱基线的标定

二、装载硐室施工测量

当采用箕斗时，在井底车场水平和车场水平以下，需要开凿硐室、皮带机巷、煤仓和翻罐笼硐室等。图 2-23(a)、(b)分别表示中型和大型矿井煤仓、装载硐室系统的一种形式。

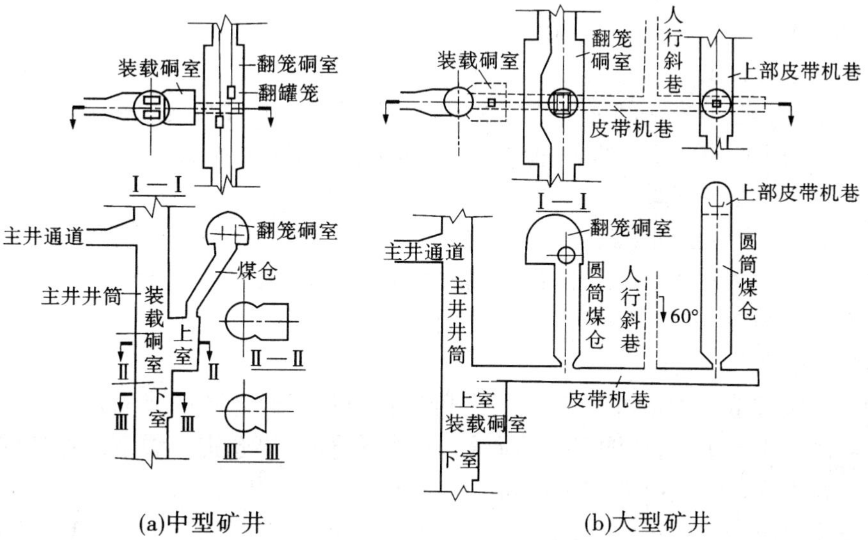

图 2-23　装载硐室和煤仓

（一）装载硐室的施工测量

1. 装载硐室中线的标定

图 2-24 表示装载硐室和井筒依次施工的情况，在马头门水平的井筒中设有固定盘；装载硐室的下室及其以下井筒部分均已砌筑完毕，工作吊盘已提到上室底部水平，车场水平的巷道与副井已经接通，并标定了定向基点 C、D 及高程控制点 A。现要求标定装载硐室上室的中线点 5、6，两侧的导硐中线点 1、2 和 3、4。

为了标定装载硐室中线，首先在施工平面图上标定中线点 5、6 及导硐中线点 1、2 和 3、4，各点距永久井壁不得小于 150～200 mm；将各点距井筒十字中线的距离注在图上，然后根据井筒中心坐标和十字中线的方位角及图上的尺寸，计算各点坐标，并算出根据导线点 C、D 用极坐标法标定各点时所需的角度和距离。

实地标定时，在 C 点安置经纬仪，用极坐标法在固定盘上标出中线点 5、6 和导硐线点 1、2 和 3、4，并固定其点位。从固定盘的下线点 1、2 和 3、4 下放垂球线，指示两侧导硐的掘进方向，若装载硐室是按全宽掘砌的，可只由点 5、6 下放垂球线。

当装载硐室与井筒同时施工时，依据地面井筒十字中线基点在井盖上标定四个井筒十字线点，并下放垂线至装载硐室上方掘进吊盘上，依次在井壁上标定硐室中线点和导硐中线点。硐室施工时，下放垂线指示掘进方向。

2. 装载硐室高程的标定

为控制装载硐室顶底板的高程位置，需在顶板以下 1 m 和底板以上 1 m 处标定腰线。根据水准基点 A 测出固定盘上临时水准点 B 的高程（见图 2-24）。由水准点 B 挂下钢尺，根据硐室顶底板的设计高程，用水准仪把起始腰线点标在井壁临时支架上，控制开切硐室顶底板的高程位置。随硐室的掘进，用半圆仪在硐室侧壁上标出掘进腰线。砌筑时，再用水准仪给出砌壁腰线和抄平硐室顶板工字钢梁。

由于装载硐室高达十几米，且砌壁时又需标定很多梁窝，所以应根据施工需要增设若干中间腰线。中间腰线也是从 B 点挂下钢尺并利用水准仪来标定的。

（二）煤仓施工时的测量工作

图 2-25、图 2-26 分别表示倾斜煤仓和具有圆形断面的竖直煤仓。

1. 倾斜煤仓的标定

（1）中线的标定。图 2-25 中，煤仓的中线和装载硐室的中线是一致的，因此可从固定盘上硐室中线的下线点 5、6 下放两垂线至工作吊盘，再用瞄线法或拉线法在煤仓下口标定煤仓掘进中线点 E_0、E_1、E_2。

（2）腰线的标设。由固定盘上的水准点 B 挂下钢尺，将水准仪架设在岩柱上，测出中线点 E_0 和 E_1 的高程，根据煤仓下口的设计高程由 E_0 或 E_1 标出倾斜煤仓下口的腰线点 P_1；再根据煤仓的设计倾角，用半圆仪标定倾斜巷道的腰线。

2. 圆筒形煤仓的标定

由翻笼硐室或上部胶带机巷自上向下开凿时，应根据设计图的尺寸在上部巷道中标出煤仓中心和煤仓十字中线，如图 2-26 所示。开凿煤仓时，煤仓中心线下线点的固定方法与在立井封口盘上固定下线点的方法相同。

当要采用由下部的胶带输送机巷道向上掘进煤仓时，则应从马头门底板处的固定盘上下放垂球线，以指示胶带机巷的掘进方向。同时，从固定盘下放钢尺确定胶带机巷的开切高程，并标设腰线。当胶带机巷掘进 10 m 左右时，在马头门与下部胶带机巷之间进行一井定向和导入高程，以便精确地标定胶带机巷的中腰线和煤仓下口的位置。

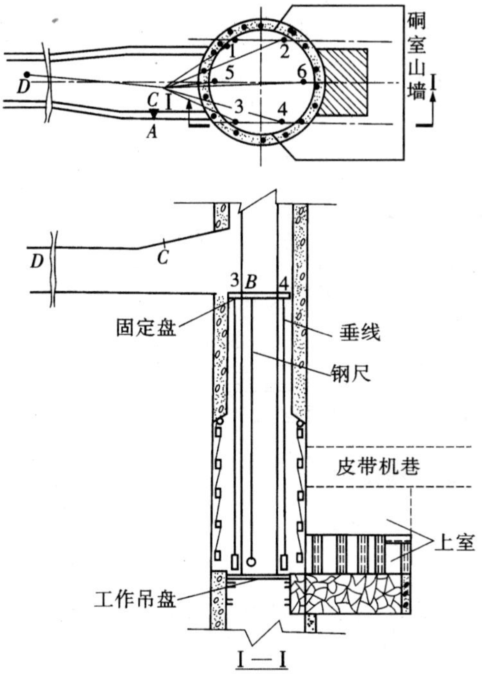

图 2-24　装载硐室和井筒

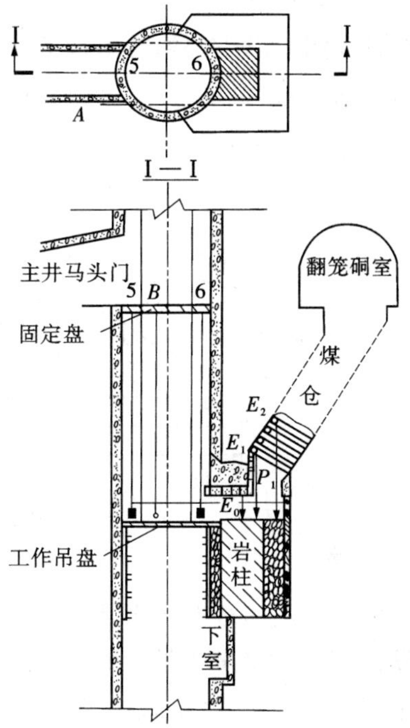

图 2-25　倾斜煤仓的标定

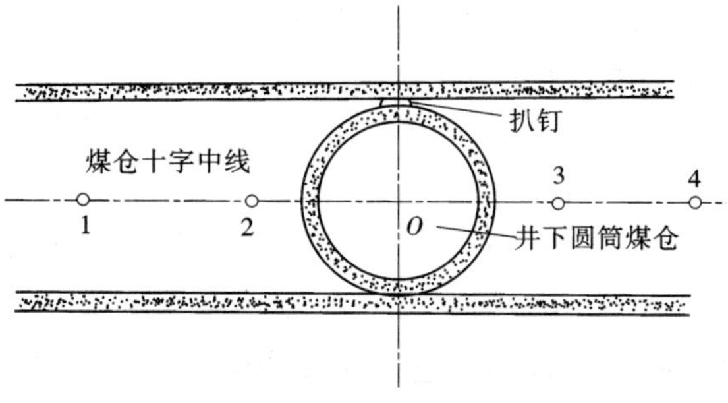

图 2-26　圆筒形煤仓中线的标定

三、井底车场巷道施工测量

井底车场是连接井筒和主要运输巷、通风大巷，服务于全矿生产的一组巷道和硐室的总称。其特点是弯道多，碹岔多、巷道断面和坡度变化大。

井底车场巷道的施工测量，主要是根据井底车场设计图上的尺寸，把巷道和硐室标定于实地，使巷道与硐室按设计图纸施工。因此在施工前，应熟悉井底车场设计图纸，做好井底车场的导线设计，并核算高程和坡度。其目的：一是检查设计图上所给定巷道尺寸、方向、高程和坡度是否正确；二是取得往实地上标定巷道中、腰线时所需的数据。

(一)井底车场导线设计

井底车场的导线一般沿主要巷道的轨道中线布设。导线设计的步骤如下。

1. 选定导线点

在设计图上沿主要轨道中线选取圆曲线的起点、终点、圆心及道岔的岔心、起点以及硐室的入口处作为设计导线点,并构成一个闭合导线环,如图 2-27 所示。

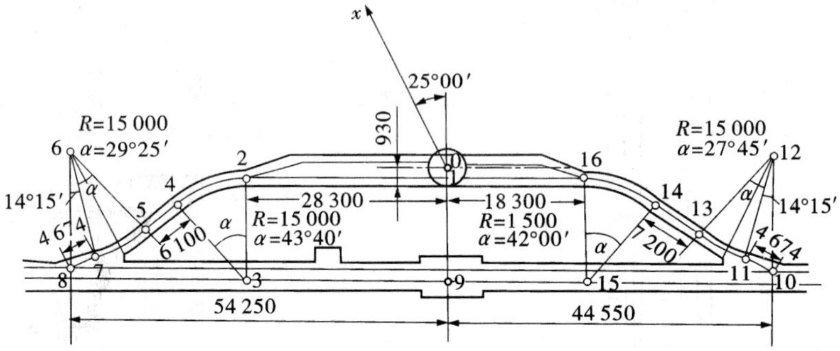

图 2-27　井底车场导线设计

2. 确定导线的边长和水平角

设计导线的水平边长 l 和水平角 β,可直接从设计图上量取,也可由简单的补充计算求得。角度是否正确,按下式检核:

$$\sum\beta_{内} - 180°(n - 2) = 0 \quad 或 \quad \sum\beta_{外} - 180°(n + 2) = 0$$

若计算无误,但仍有角度闭合差,必须与设计单位研究后加以改正。

3. 计算设计导线的坐标增量及其闭合差

设计导线坐标增量的计算,可以采用国家统一坐标系统,也可以采用以井筒中心 O 为坐标原点、以井筒十字中线为坐标轴的假定坐标系统。

根据导线边长、水平角和起算数据,计算各导线边的坐标增量,然后计算坐标增量闭合差 f_x 、f_y 和线量闭合差 f ,$f = \sqrt{f_x^2 + f_y^2}$。

若坐标线量闭合差很大,首先应认真进行检查计算,若计算无误,则说明原设计有错误,需与设计人员协商后作相应的修改。若线量闭合差不大,可由测量人员自行调整。导线闭合后,计算各点的坐标。

4. 坐标增量闭合差的调整

计算出来的闭合差在分配时,由于巷道曲线部分的几何要素由设计规定,一般不应变动,所以闭合差应选择分配在互不平行的两条长边上。

5. 按统一坐标系统计算各设计导线点的坐标

按调整后的边长计算各导线点的坐标,最好是统一坐标。

(二)巷道坡度及高程的核算

根据车场线路坡度图,沿轨道中线逐段核算轨面高程和坡度。按设计坡度和水平距离计算各段的高差,闭合环的高程闭合差应该等于零。同时,对水沟的高程和坡度也要进行核算。如发现差错,应与设计人员研究调整。

（三）施工测量

根据井下测量控制点（导线点、水准点）和导线设计求得的标定要素，按设计图在实地标定井底车场巷道、硐室和碹岔的位置，标出指示巷道掘进的中、腰线，并检查巷道、硐室等的规格、质量。

复习题

1. 标定工作的基本方法是什么？
2. 常用的平面点标定方法是什么？
3. 怎样建立近井点和井筒十字基点？
4. 如何标定井筒十字中线和井筒中心？
5. 立井井筒掘进和砌壁时，对工程质量精度有什么要求？
6. 如何标定临时锁口和永久锁口？
7. 什么叫马头门？马头门的施工特点是什么？
8. 设计井底车场导线的具体步骤是什么？

第三章　矿井联系测量

第一节　联系测量概述

为了使井上下能采用统一的坐标系统而进行的测量工作称为矿井联系测量。联系测量包括平面联系测量与高程联系测量两部分，前者称为定向，后者称为导入高程。

联系测量的目的是统一井上、下的坐标系统，其原因是：

第一，需要确定地面建筑物、铁路、水体（江河、湖泊）等与井下采矿工程间的相互位置关系。这种关系一般是用井上下对照图来反映的，因此需统一井上下坐标系统。

第二，需要确定相邻矿井各种采矿工程的相互位置关系，并正确划定两矿井间的安全边界，两矿井也需统一坐标系统。

第三，解决很多重大工程问题。例如井巷相互贯通，由地面向井下指定地点开凿小井或打钻等，都要求井上下采用统一的坐标系统。总之，井上下采用统一的坐标系统是矿井安全生产与合理开采的一个重要保证。

联系测量的任务是：

（1）测定井下导线起始边的方位角。

（2）测定井下导线起始点的平面坐标。

（3）测定井下高程基点的高程。

前两项任务是由定向测量来完成的，第三项任务是导入高程测量完成的。

在上述三项任务中，前两项是决定井下测点平面位置的，其中测定井下导线起始边方位角是关键。在图 3-1 中，1、2、3、4、5 点为井下导线点的正确位置，若由于联系测量误差影响而使点 1 偏至点 1′时，偏离距离为 e，则其他各点也同样偏离正确位置一段距离 e。即起始点位置误差对其余各点的影响，不随导线的伸长而增加，而起始边方位角误差的影响却不同。若平面联系测量中，起始边 1—2 的方位角产生误差 ε，第一边 1—2 成为 1—2′。如果不考虑井下导线测量的误差，则误差 ε 使原来的导线绕 1 点转了一个 ε 角而处于 1、2′、3′、4′、5′的位置，很明显 $\angle 515'=\varepsilon$，因此有

$$e_5=\frac{S_5\times\varepsilon}{\rho}$$

若导线有更多点，则第 i 个点的偏移量为

$$e_i=\frac{S_i\times\varepsilon}{\rho} \tag{3-1}$$

式中　S_i ——点 i 至点 1 的距离，即起始点至该点的直线距离；

　　ρ ——3 438′（即一弧度的分数）。

由此可见，离起始点距离越远，起始边方位角的误差所引起的各点位置误差越大。当 $\varepsilon=2'$，$S=3\ 000$ m 时，有

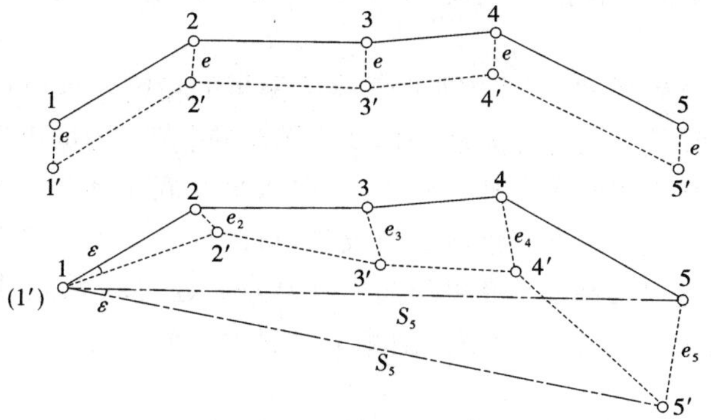

图 3-1　联系测量

$$e=\frac{3\ 000\times 2'}{3\ 438'}=1.74(\mathrm{m})$$

这说明，在矿井定向测量过程中，精确地传递方位角是最重要的。至于坐标误差，最大也不过是 10～20 mm，比方位角误差影响小多了。因此，把平面联系测量简称为矿井定向，并用井下导线起始边方位角的误差作为衡量矿井定向精度的标准。

我国《煤矿测量规程》（简称《规程》）中规定，采用几何定向测量方法时，从近井点推算的两次独立定向结果的互差，对两井定向和一井定向测量分别不得超过 1′和 2′；当一井定向测量的外界条件较差时，在满足采矿工程要求的前提下，互差可放宽至 3′。

矿井定向的方法有下列几种：

（1）通过平硐或斜井的几何定向。

（2）通过一个竖井的几何定向（即一井定向）。

（3）通过两个竖井的几何定向（即两井定向）。

（4）陀螺经纬仪定向。

（5）用精密磁性仪器定向。

通过平硐或斜井的几何定向，只要通过斜井或平硐敷设经纬仪导线，对地面和井下进行联测即可。本节内容主要讲述一井定向、两井定向和高程联系测量。近年来，用陀螺经纬仪进行矿井定向日益增多，是今后的发展方向。

为了把地面坐标系统中的平面坐标及方向传递到井下，在定向前，须在地面井口附近设立作为定向时与垂球线进行连接测量的点，称为“连接点”。当连接点与矿区地面控制点之间不能通视或相距较远时，须在定向井筒附近设立一“定向基点”，称为近井点。建立近井点和井口高程基点应满足如下要求：

（1）尽可能埋设在便于观测、保存和不受开采影响的地点。

（2）近井点至井口的联测导线边数不能超过 3 条。

（3）井口高程基点不得少于 2 个（近井点亦可作为井口高程基点用）。

多井口矿井的近井点应统一布置，尽可能使相邻井口的近井点构成三角网中的一条边，或力求间隔的边数最少。

近井点可在矿区三、四等三角网的基础上，用插网、插点、敷设经纬仪导线或全站仪导线等方法测设。

由近井点向井口定向连接点联测时，应敷设测角中误差不超过5″或10″的闭合导线或复测支导线。

井口高程基点的高程测量，应该按照四等水准测量的精度要求进行。

近井点和井口高程基点的施测方法和精度要求按照《煤矿测量规程》要求进行。

除在地面设立近井点和连接点外，还应在定向水平井底车场设立井下导线测量永久点和水准基点。永久导线点和水准基点应成组设置，每组应有3个永久导线点和2个水准基点，一般可设1~2组。永久导线点亦可作为水准基点。通过联系测量将地面平面坐标、方位角及高程传递到这些点上，作为井下控制测量的起始数据。

第二节 一井定向及精度

一、概述

通过一个竖直井筒进行的几何定向叫一井定向。一井定向须在竖井井筒内悬挂两根钢丝（称为垂球线），钢丝的一端固定在井口地面，下端系上定向专用垂球，钢丝在井筒内应自由悬挂。垂球线与地面已知测量控制点和井下定向点连成一定几何图形，然后在地面和井下定向水平分别用经纬仪及钢尺测出这个图形的有关数据，按照地面坐标系统求出两垂球线的平面坐标及其连线的方向角；在定向水平上将垂球线与井下永久点予以联测，这样便将地面的方向和坐标传递到井下，从而达到定向的目的。一井定向工作分为两个部分：

（1）由地面向定向水平进行投点，简称为投点。

（2）在地面测量控制点和井下定向水平的定向点分别与垂球线进行联测，这部分工作简称为连接。

在选择连接方法时应遵循以下原则：

（1）应使两垂球线间的距离最大。

（2）连接点与垂球线所构成的几何图形最为有利。

（3）在获得同样精度的各种方法中，应选择占用井筒时间最短者。

二、投点

投点的方法有多种，一般都采用单重投点法。单重投点法就是在投点中所用的垂球质量不变。单重投点又分为两类，即单重稳定投点和单重摆动投点。前一种方法是将垂球放在盛有某种液体的桶内，使其基本稳定，在定向水平上测角量边时，均与静止的垂球线进行连接；后一种方法是让垂球线自由摆动，通过观测求出垂球的静止位置并加以固定，然后按照固定的垂球线进行联测。单重稳定投点法只有当垂球摆动的振幅不超过0.4 mm时才能运用。否则，必须采用摆动投点。

从地面向定向水平投点时，井筒内气流、滴水和其他因素的影响使垂球线投到定向水平时发生偏离，一般称这种线量偏差为投点误差。这种投点误差所引起的两垂球线连线方向的误差，称为投向误差。

如图3-2所示，A和B为两垂球线在地面上的位置，而A'和B'为垂球线在定向水平上偏离后的位置。其中图3-2(a)表示两垂球沿其连线方向偏离，这种情况下，投点误差对AB

方向无影响。而图 3-2(b) 中两垂球线偏向连线同一侧,且位于连线的垂直方向上,使 AB 方向投射时产生一个误差角 θ,其值可由下式求得:

$$\tan\theta=\frac{BB'-AA'}{AB}$$

如两垂球各向其连线两边偏离,且偏于垂直于连线的方向上(如图 3-2(c) 所示),则其投向误差为

$$\tan\theta=\frac{AA'+BB'}{AB}$$

若设 $AA'=BB'=e$,$AB=c$,由于 θ 角一般较小,所以上式可简化为

$$\theta=\frac{2e}{c}\rho$$

上述三种属于特殊情况,以第三种情况的投向误差最大。一般情况下投向误差为

$$\theta=\frac{e}{c}\rho \qquad (3-2)$$

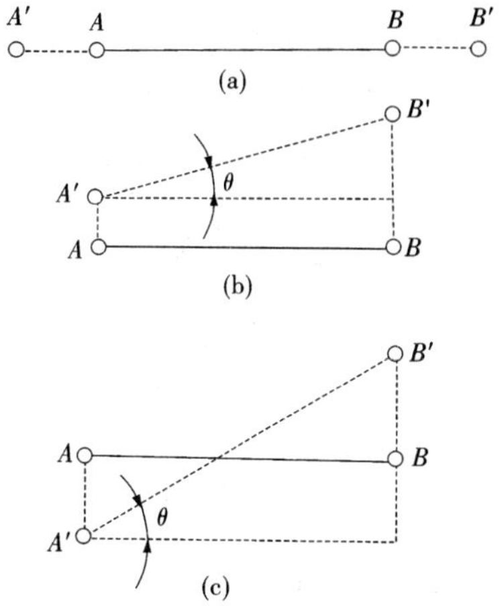

图 3-2　投点误差影响

该式说明,投向误差 θ 与投点误差 e 成正比,而与两垂球线间距离 c 成反比。因此,要减小投向误差,就必须加大两垂球线间的距离 c 或减小投点误差 e。

按《规程》规定,两次独立定向允许误差的互差不超过 $\pm 2'$,一次定向允许误差为 $\pm2'/\sqrt{2}$,则一次定向的中误差为

$$m_\alpha=\pm\frac{2'}{2\sqrt{2}}=\pm42''$$

若除去因井上下连接所产生的误差,则投向误差约为 30″。当垂球线间距离 c 分别为 2 m、3 m、4 m 时,则投点误差相应为 0.3 mm、0.45 mm、0.6 mm。

由此可知,投点误差要求十分严格,这是需要十分认真努力才能保证的。

投点所需的设备和方法如图 3-3 所示。图中 1 为手摇绞车,是缠绕钢丝用的,将它固定于井口附近,钢丝通过安放在井架横梁上的导向滑轮 2 放入井筒内,为了使钢丝固定在井架横梁 4 上,安设一定点板 3。在钢丝下端挂垂球 5,并将垂球置于有稳定液的水桶 6 内。

在下放钢丝前应计算出钢丝的拉伸长度,其计算公式为

$$\Delta L=K\times G\times L \qquad (3-3)$$

式中　K——钢丝的伸长系数;

G——垂球质量,kg;

L——钢丝长度,m。

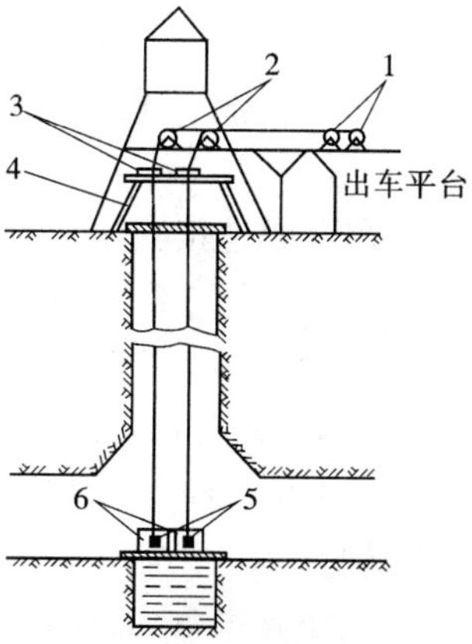

图 3-3　投点设备和方法

钢丝的拉长值很大,为此应先算出 ΔL,使钢丝放到井底挂工作垂球时,不使垂球碰到桶底。在进行仪器观测之前,必须确保垂球线(包括钢丝与重锤)不与井壁设备和井筒内其他物体接触,是自由悬挂于井筒内。

检查方法有信号圈法、比距法、钟摆法。

三、连接

投点工作完成以后，应立即进行井上下的连接工作。其任务是在地面上测定两垂球线坐标及其连线的方位角；在井下定向水平，根据垂球线坐标及其连线方位角测定井下导线起始点的坐标与起始边方位角。

连接测量的方法很多，如连接三角形法、瞄直法、对称读数连接法、连接四边形法等，我国常用连接三角形法和用于小型矿井的瞄直法。

（一）连接三角形法

1. 连接三角形

如图3-4所示，由悬挂在井筒内的两根垂球线 A 和 B，与井上下的连接点 C 和 C'，组成以 AB 为公用边的井上三角形 ABC 和井下三角形 ABC'。此即连接三角形。图3-4(b)即为井上下连接三角形的平面投影。

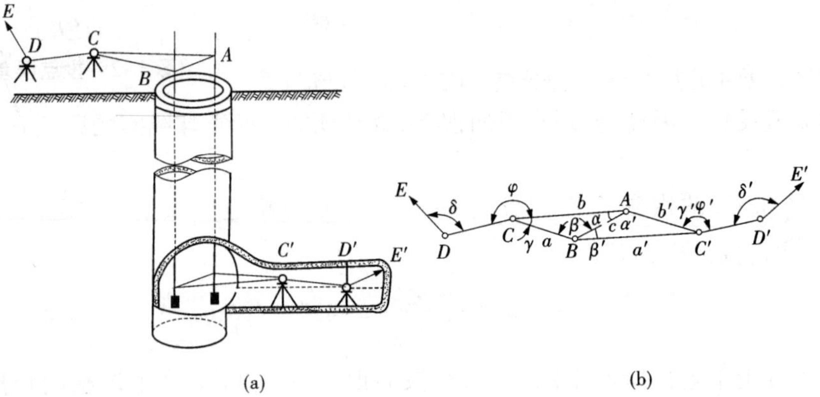

图3-4　连接三角形

只要已知 D 点坐标和 DE 边的方位角，并测得地面连接 $\triangle ABC$ 各内角及边长，便可按导线计算方法算出 A、B 两点的坐标及其连线的方位角。然后根据算得的 A、B 坐标及其连线的方位角和井下三角形的各数据，算出井下导线起始 $D'E'$ 的方位角及 D' 点的坐标。

在组成连接三角形时，选择井上下连接点 C 和 C' 点是关键，应该按下述要求进行：

（1）点 C 与 D 及点 C' 和 D' 应相互通视，并要求 CD 边长大于20 m。

（2）点 C 和 C' 应尽可能设在 AB 连线上，使角度 γ 和 α 及 γ' 和 β' 小于2°，构成有利三角形（称延伸三角形）。对非延伸的连接三角形，一般只能用于井田范围不大的小型矿井。

（3）点 C 和 C' 应尽可能靠近最近的垂球线，使 a/c 及 b'/c 的值最小，一般其比值小于1.5为宜。但注意不要近于望远镜明视距离（2 m）。

2. 外业工作

下面以图3-4为例说明连接三角形连接时的测量工作。

（1）在连接点 C 上应用全圆观测法测量角 γ、φ。当 CD 边小于20 m时，在 C 点观测水平角，仪器应对中三次，每对中一次应将照准部（或基座）位置变换120°。对于一井定向所使用的仪器，测回数和限差规定见表 3-1。

表 3-1　测回数和限差规定

仪器类别	水平角观测方法	测回数（或复测数）	测角中误差	限差		
				半测回归零差	各测回互差	重新对中测回(复测)互差
J_2	全圆方向观测法	3	±6″	12″	12″	60″
J_6	全圆方向观测法或复测法	6	±6″	30″	30″	72″

（2）丈量连接三角形各边长度时，应对钢尺施以比长时的拉力，并测量温度。在垂线稳定的情况下，钢尺以不同起点丈量 6 次，各次观测值的互差不得大于 2 mm，取平均值作为结果。

（3）如施测时连接点 C 是临时选定的，还应在点 D 和 D' 处测量角度 δ 和 δ'，同时丈量 CD 及 CD' 边。

测角量边方法及要求在地面与连接导线相同，在井下则按井下基本控制导线进行。

3. 内业计算

在进行内业计算之前，应对全部记录进行检查，经检查无误后，方可计算。

（1）解算连接三角形要素，求出两垂球线处的角度 α 和 β 并检验。

按正弦公式求 α 和 β：

$$\sin\alpha = \frac{a}{c}\sin\gamma_0\ ,\qquad \sin\beta = \frac{b}{c}\sin\gamma_0$$

当 $\alpha<2°$ 及 $\beta>178°$ 时，可用近似公式计算：

$$\begin{cases}\alpha = \gamma_0\ \dfrac{a}{c}\\[2ex] \beta = \gamma_0\ \dfrac{b}{c}\end{cases} \tag{3-4}$$

式中　γ_0——平差后角值。

注意：β 和井下的 α' 为图上所标角的补角（井下计算一样）。

由解算三角形得到 α 和 β 的角值后，则 $\alpha+\beta+\gamma$ 应等于 180°。两垂球线间距离

$$c_{计}^2 = a^2+b^2-2ab\cos\gamma_0 \tag{3-5}$$

c 可按余弦公式进行计算。

《规程》规定，c 的计算值和直接丈量值之差，井上不应超过 2 mm，井下不应超过 4 mm。

如角有微小差，则平均分配于 α 及 β 中，边长改正数为差值 d 的 1/3，a 和 c 取负，b 取正。

（2）经检验连接三角形的解算值合乎要求后，将井上下看成一条由 $E—D—C—A—B—C'—D'—E'$ 组成的导线，求出井下起始边的方位角 $\alpha_{D'E'}$ 和起始点的坐标 x'_D、y'_D，即可按照导

线计算方法计算各边方位角及各点的坐标，计算宜用表格进行。

（二）瞄直法

瞄直法又称穿线法，实质是连接三角形法的一个特例，就是使井上连接点位于 AB 的延长线上，即 C、A、B、C' 位于同一直线上，如图 3-5 所示。只须在 C 与 C' 安置经纬仪，精确测出角度 $\beta_{C'}$ 和 β_C，量出 CA、AB、$C'B$ 的长度，就能完成定向任务。瞄直法的内外业工作简单，适用于精度不高的小矿井定向。特别是在建井时，采矿设计中相邻上下分段巷道的对应关系一致时往往采用瞄直法进行一井定向。

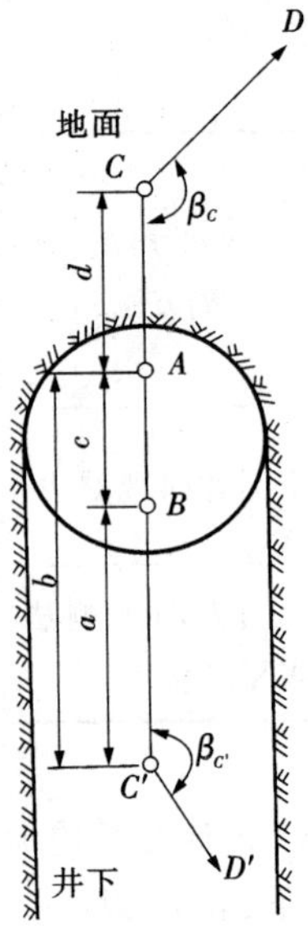

图 3-5　瞄直法

四、一井定向的精度

一井定向的精度，可根据连接的方式不同而分别进行估算，一般情况下采用连接三角形法较多。下面以图 3-4 为例说明一井定向的精度估算公式：

$$m^2_{\alpha_{C'D'}} = m^2_{\alpha_{CD}} + m^2_{\delta} + m^2_{\varphi} + m^2_{\alpha} + m^2_{\beta'} + m^2_{\varphi'} + m^2_{\delta'} + \theta^2 \tag{3-6}$$

式中　$m_{\alpha_{C'D'}}$——井下定向边的方位角中误差；

$m_{\alpha_{CD}}$——地面起始边的方位角中误差，根据原网等级确定；

m_{δ}——地面测角中误差，这里只测一个角，根据测角等级确定；

m_{φ}——地面测连接角中误差，根据测角等级确定；

α、β'——垂线处井上下连接处的角度误差，根据式（3-4）计算；

$m_{\varphi'}$——井下测连接角中误差，根据测角等级确定；

$m_{\delta'}$——井下测角中误差，这里只测一个角，根据测角等级确定；

θ——投向误差，根据式（3-2）计算。

一般要进行两次独立定向，其互差应小于规程规定。

五、连接三角形解算实例

【例 3-1】　华东某矿进行一井定向，近井点 D 至连接点 C 的方位角 $\alpha_{DC}=255°38'15''$，D 点坐标 $x_D=160.687$ m，$y_D=3\ 150.257$ m；地面连接三角形的观测值 $\gamma=0°55'01.5''$；加改正值后的边长 $\alpha=7.736\ 2$，$b=4.497\ 0$，$c=3.241\ 0$，$d=35.719\ 0$；井下连接三角形的观测值 $\gamma'=0°26'28.0''$。加改正值后的边长 $a'=4.247\ 0$，$b'=7.496\ 0$，$c'=3.239\ 5$，$d'=24.234\ 0$。试求井下导线起始边 $C'D'$ 的方位角及 D' 点的坐标。

解：首先解算连接三角形。

（1）地面连接三角形的解算，按表 3-2 中所列公式及序号进行。

（2）井下连接三角形的解算与地面解算方法同。然后，按一般导线计算方法计算各点坐标，见表 3-2、表 3-3。

表 3-2　地面连接三角形解算表

<table>
<tr><td colspan="3">$c_{计} = b - a + \frac{ab(1 - \cos\gamma)}{b - a}$</td><td rowspan="3">1</td><td colspan="5" rowspan="3">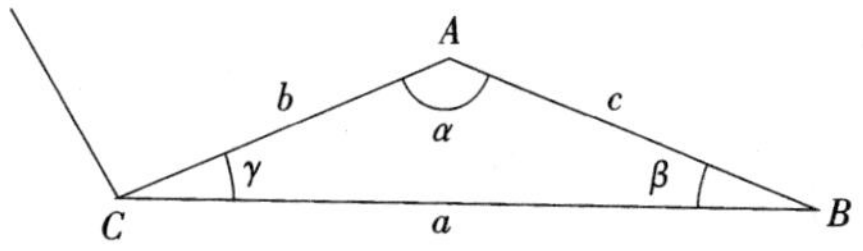
</td></tr>
<tr><td>3</td><td>$\cos\gamma$</td><td>0.999 871 91</td></tr>
<tr><td>4</td><td>$1-\cos\gamma$</td><td>0.000 128 09</td></tr>
<tr><td>5</td><td>ab</td><td>34.789 7</td><td rowspan="2">2</td><td rowspan="2">观测值</td><td>a</td><td>b</td><td>c</td><td>γ</td></tr>
<tr><td>6</td><td>$ab(1-\cos\gamma)$</td><td>0.004 45</td><td>7.736 2</td><td>4.497 0</td><td>3.241 0</td><td>0°55′01.5″</td></tr>
<tr><td>7</td><td>$b-a$</td><td>3.239 2</td><td rowspan="2">19</td><td rowspan="2">$\frac{d}{3}$</td><td rowspan="2">-0.000 2</td><td rowspan="2">-0.000 2</td><td rowspan="2">-0.000 1</td><td rowspan="2"></td></tr>
<tr><td>8</td><td>$\frac{ab(1 - \cos\gamma)}{b - a}$</td><td>0.001 3</td></tr>
<tr><td>9</td><td>$c_{计}$</td><td>3.240 5</td><td>20</td><td>平均值</td><td>7.736 0</td><td>4.496 8</td><td>3.240 9</td><td></td></tr>
<tr><td>10</td><td>$c_{测}$</td><td>3.241 0</td><td colspan="3" rowspan="4">$\alpha = \frac{a}{c}\gamma$
$\beta = \frac{b}{c}\gamma$</td><td>27</td><td>$\alpha$</td><td>177°48′44″</td></tr>
<tr><td>11</td><td>d</td><td>0.000 5</td><td>28</td><td>β</td><td>1°16′14″</td></tr>
<tr><td colspan="3" rowspan="2">$d = \frac{[c + (b - a)][c - (b - a)] - 2ab(1 - \cos\gamma)}{2c}$
$= \frac{\Sigma}{2c}$</td><td>29</td><td>γ</td><td>0°55′02″</td></tr>
<tr><td>30</td><td>Σ</td><td>180°00′00″</td></tr>
<tr><td>12</td><td>$c+(b-a)$</td><td>6.480 2</td><td>21</td><td>a/c</td><td>2.386 9</td><td colspan="3" rowspan="4">$m_\alpha = \pm \frac{a}{c} m_\gamma, m_\beta = \pm \frac{b}{c} m_\gamma$</td></tr>
<tr><td>13</td><td>$c-(b-a)$</td><td>0.001 8</td><td>22</td><td>b/c</td><td>1.387 5</td></tr>
<tr><td>14</td><td>$[c+(b-a)][c-(b-a)]$</td><td>0.011 6</td><td>23</td><td>γ''</td><td>3 302″</td></tr>
<tr><td>15</td><td>$-2ab(1-\cos\gamma)$</td><td>-0.008 8</td><td>24</td><td>α''</td><td>7 879″</td></tr>
<tr><td>16</td><td>Σ</td><td>0.002 8</td><td>25</td><td>β''</td><td>4 569″</td><td>31</td><td>m_γ</td><td>±6″</td></tr>
<tr><td>17</td><td>$2c$</td><td>6.482 0</td><td>26</td><td>α</td><td>2°11′19″</td><td>32</td><td>m_α</td><td>±14.3″</td></tr>
<tr><td>18</td><td>d</td><td>0.000 5</td><td></td><td></td><td></td><td>33</td><td>m_β</td><td></td></tr>
</table>

表 3-3　井上下连接三角形坐标计算

点		水平角	方位角	水平边长(m)	坐标增量		坐标		草图
测站	视点	(° ′ ″)	(° ′ ″)		Δx	Δy	x	y	
D							160.687	3 150.257	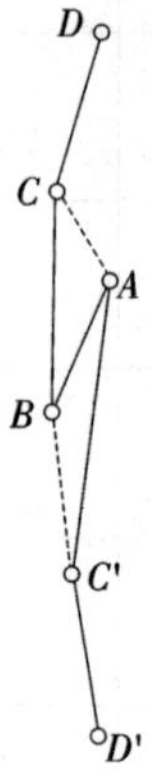
	C		255 38 15 SW 75 38 15	35.719	−8.885	−34.690			
C	*D* *B*	178 15 34					151.802	3 115.567	
			253 53 49 SW 73 53 49	7.736	−2.220	−7.432			
B	*C* *A*	1 16 20					149.582	3 108.135	
			75 10 09 NE 75 10 09	3.241	+0.831	+3.141			
A	*B* *C′*	0 34 42					150.413	3 111.276	
			254 35 27 SW 74 35 27	7.496	−1.993	−7.226			
C′	*A′* *D′*	156 52 20					148.420	3 104.050	
			232 27 47 SW 52 27 47	24.234	−14.763	−19.218			
D′	*C′*						133.657	3 084.832	

第三节　两井定向及精度

当某矿具有两个竖井，且在定向水平有巷道相通并能进行测量时，就应采用两井定向方法定向。所谓两井定向，就是在两个井筒中各挂一根垂球线，然后在地面和井下利用导线把这两个垂球线连接起来（见图 3-6），通过计算把地面坐标系统中的平面坐标及方向传递到井下。

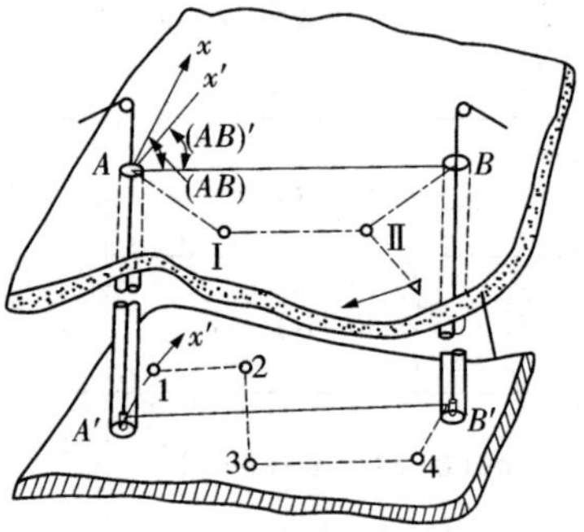

图 3-6　两井定向连接

由于两井定向是把两垂球线分别挂在两个井筒内，因此其间距离很大，一般达 30 m 以上，比一井定向两垂球线之间的距离大大地增加，从而减少了投向误差的影响。如果设投点误差 $e=1$ mm，当垂球线间距离为 30 m 时，其投向误差为

$$\theta=\frac{e}{c}\rho=\frac{1}{30\ 000}\times 206\ 265''\approx 7''$$

对比一井定向，两井定向误差为其 1/10。因此，两井定向中，投点误差就不是主要问题了，这是两井定向的最大优点。两井定向的工作程序和一井定向相似，即包括向定向水平投点、在地面和定向水平进行垂球线的连接及内业计算。

一、投点

投点的设备和方法与一井定向相同,但比一井定向简单。它还可以将垂球线挂于井筒的梯子间内,占用生产时间很短。只是当需要与垂球线连接,进行测角量边时才暂停提升。

二、井上下连接测量

按《规程》要求,在进行两井定向测量之前,应根据一次定向测量中误差不超过±21″的要求,用预计方法确定井上下连接导线的施测方案,其连接方法亦分地面与井下两部分。

(一)地面连接

地面连接任务也是测定两垂球线的坐标,再由算得的坐标计算出两垂球线连线的方位角。地面连接的方式,当两井间距离较近(在 30 m 左右)时,可以利用一个近井点和导线或直接由近井点进行连接,如图 3-7(a)所示;当两井间距离较远时,则分别在两个井筒附近建近井点进行连接,如图 3-7(b)所示。

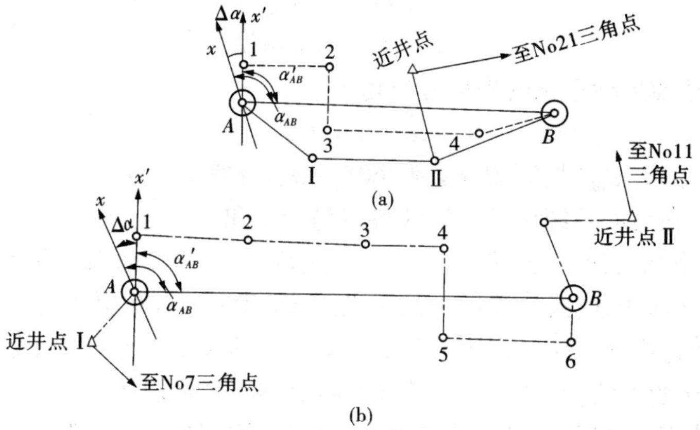

图 3-7　两井定向导线

(二)井下连接

在定向水平上,一般是利用基本控制导线将两垂球线连接起来。在敷设导线时,如条件许可,应尽可能使导线取最短路线,最好沿垂球连线方向延伸,组成延伸导线。

(三)内业计算

与一井定向不同,两井定向的内业计算是按地面连接测量的结果算出两垂球线的坐标,再利用坐标反算出两垂球线连线的方位角 α_{AB} 和长度 D_{AB}。由于井下连接的导线没有起始方向,需首先假定一个坐标系,按这个假定坐标系计算出两个垂球线的假定坐标,再用该假定坐标反算出两垂球线连线的假定方位角 α'_{AB} 和长度 D'_{AB}。求出垂球线 AB 连线在井上、井下的两个方位角 α_{AB} 和 α'_{AB} 的差值 $\Delta\alpha$,根据这一差值 $\Delta\alpha$ 就可将井下导线边在假定坐标系统中的方位角改化为统一坐标系统的方位角,完成两井定向的方向传递。

然后,再按照地面的方位角和一个垂球点的坐标,重新计算井下连接导线各点的坐标。

两井定向具体计算步骤和公式如下:

(1)根据地面连接测量结果，计算两垂球连线的方位角和长度。

$$\tan\alpha_{AB}=\frac{y_B-y_A}{x_B-x_A}=\frac{\Delta y_{AB}}{\Delta x_{AB}}$$

$$D_{AB}=\frac{x_B-x_A}{\cos\alpha_{AB}}=\frac{y_B-y_A}{\sin\alpha_{AB}}=\sqrt{(\Delta x_{AB})^2+(\Delta y_{AB})^2}$$

(2)确定井下假定坐标系统，计算在定向水平上两垂球线 A、B 连线的方位角和长度。为了计算方便，一般设点 A 为假定坐标原点，A_1 为假定坐标系的 x'轴方向，也就是 $X'_A=0$，$Y'_A=0$，$\alpha'_{A1}=0°00'00''$。按假定坐标系统算出井下连接导线点 B 的假定坐标 X'_B 和 Y'_B。然后计算 AB 的假定方位角和长度：

$$\tan\alpha'_{AB}=\frac{y'_B}{x'_B}=\frac{\Delta y'_{AB}}{\Delta x'_{AB}}$$

$$D'_{AB}=\frac{y'_B}{\sin\alpha'_{AB}}=\frac{x'_B}{\cos\alpha'_{AB}}=\sqrt{(\Delta x'_{AB})^2+(\Delta y'_{AB})^2}$$

(3)计算井下经纬仪导线第一边在地面坐标系统中的方位角 α_{A1}

$$\Delta\alpha=\alpha_{AB}-\alpha'_{AB}$$

$$\alpha_{A1}=\Delta\alpha=\alpha_{AB}-\alpha'_{AB}$$

其他各边在地面坐标系统的坐标方位角为

$$\alpha_i=\Delta\alpha+\alpha'_i$$

应注意，当 $\alpha_{AB}<\alpha'_{AB}$ 时，可用 $\alpha_{AB}+360°-\alpha'_{AB}$ 计算。

(4)重新计算在地面系统中井下导线各点坐标 x 和 y。

因井上 A、B 坐标已计算完，将井下连接导线从 A 开始按地面坐标系统算出 B 点的坐标，该坐标值应与地面的连接计算所得的 B 点坐标相同。当两值不等，其相对闭合差不超过井下连接导线的精度规定时，则认为井下连接导线的测量与计算是正确的，这时可将闭合差按与边长成正比的方法，对井下的连接导线各点的坐标加以改正。

两井定向的精度可按井下导线的精度进行估算，详细见井下控制测量及贯通测量。

第四节　高程联系测量

高程联系测量的任务就是把地面系统中的高程，经过平硐、斜井或竖井传递到井下高程的起点上，我们把这项工作简称为导入高程。

通过平硐导入标高，可以用井下几何水准测量来完成。其测量方法和精度要求可按井下水准测量规定进行。

通过斜井导入高程，可用三角高程测量来完成，其测量方法和精度要求按井下基本控制导线规定进行。

通过竖井导入标高，采用专门的方法来完成。

一、导入高程原理

如在地面井口附近设有水准基点 A，其高程为 H_A，该点称为近井水准基点。若在井底车场中设置一水准点 B，求其高程时，可在地面与井下安置水准仪，并在 A、B 两点上分别竖立水准尺（见图 3-8），分别读取读数 a 和 b。然后量出地面与井下两水准仪视线之间的距离 L，则 A、B 两点的高差 Δh 就可按下式求出：

$$\Delta h = L - a + b = L + (b - a) \tag{3-7}$$

则 B 点在地面统一坐标系统中的高程为

$$H_B = H_A - \Delta h \tag{3-8}$$

因此，通过竖井导入标高的实质就是求 L 的长度。

目前，根据测量 L 所用的工具不同，导入标高的方法有钢尺导入高程、钢丝导入高程和光电测距仪导入高程三种。

二、钢尺导入高程

导入高程通常使用长钢尺，所谓的长钢尺是相对一般常用的短钢尺而言的，它的长度有 100 m、200 m、500 m，甚至有专门用来导入高程的 1 000 m 长钢尺。但在我国该类长钢尺数量不多，同时用长钢尺导入高程也不常见。

长钢尺一般卷在专用的手摇绞车上，利用长钢尺导入高程所需要的设备与方法如图 3-9 所示。钢尺通过井盖放入井下，到达井底后，挂上工作垂球（一般用 10 kg 左右，最好等于钢尺比长时的拉力），拉直钢尺。下放钢尺后，在地面及井下安置水准仪，分别在 A、B 两点立水准尺，并读取水准尺读数 a 和 b，然后将水准仪照准钢尺，当钢尺挂上垂球并稳定后，井上、下同时读取读数 m 与 n。最后在 A、B 两点水准尺上读数，以检查仪器高度是否有变化。此外，还应在井上、下测定温度 t_1 和 t_2。

其中，A、B 两点高差为

$$\Delta h_{AB} = (m - n) + (b - a) + \sum \Delta l \tag{3-9}$$

式中　$\sum \Delta l$——钢尺的各项改正数之和，即比长改正、温度改正、拉力改正（具体计算公式见井下控制测量钢尺量边）和钢尺自重改正：$\Delta l_c = \dfrac{\gamma}{E} \times l\left(L - \dfrac{1}{2}l\right)$，$\gamma$ 为钢尺的单位体积质量，$\gamma = 7.8\ \mathrm{g/cm^3}$，$L$ 为钢尺悬挂部分的全长，l 为钢尺丈量时长度（即 $m-n$ 值），E 为钢尺弹性系数，其值为 $2\times10^{-6}\ \mathrm{kg/cm^2}$。

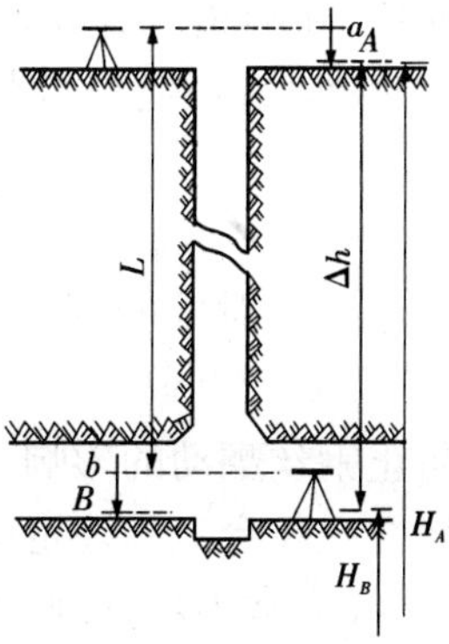

图 3-8　导入高程原理

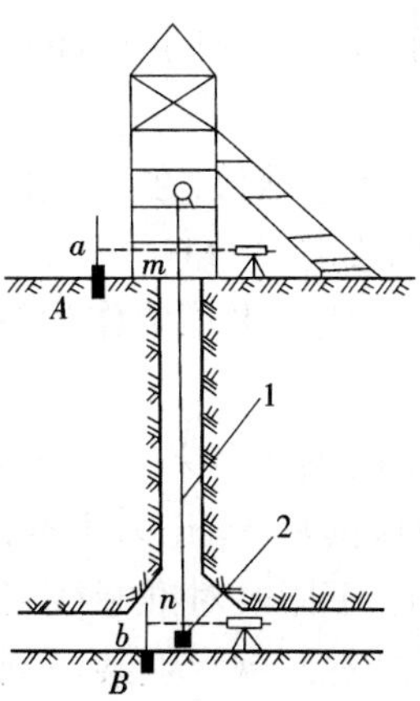

1—钢丝；2—垂球

图 3-9　钢尺导入高程

三、钢丝导入高程

用钢丝导入高程时，由于钢丝无刻划，不能直接量出长度 L，因此钢丝上、下两标志间的长度，可于平坦的地面上，在保持工作时钢丝所受张力的条件下，用钢尺和测距仪丈量。丈量时钢尺应施以比长时的拉力，并记录温度；往返丈量结果的互差，不得大于 $L/1\,000$。用这种方法导入高程，可减少占用井筒的时间和减少设立比长台的工作量，简单易行。

钢丝两标志之间的长度，也可在比长台上逐段量出。当采用比长台来丈量钢丝的长度时，按以下方法进行。

（一）所需设备及其安装

钢丝导入高程如图 3-10 所示。主要是在井筒附近设一临时比长台 1，其长度大于 20 m，高 1 m 左右。在比长台 1 上安设一通过检验的钢尺 2，以便丈量钢丝 3 的长度。钢尺一端固定，另一端加以比长时的拉力 P；有毫米刻划的一端，应靠近小绞车的一头（现在钢尺都是整尺毫米刻划）。钢丝 4 绕在绞车上，经过后端的小滑轮 5 引导到比长台上，钢丝通过比长台时应与钢尺平行并尽量靠近钢尺，然后经小滑轮 6 再通过导向滑轮 7 挂上一重物后徐徐下放，经检查确认钢丝自由悬挂后，即可进行测量工作。

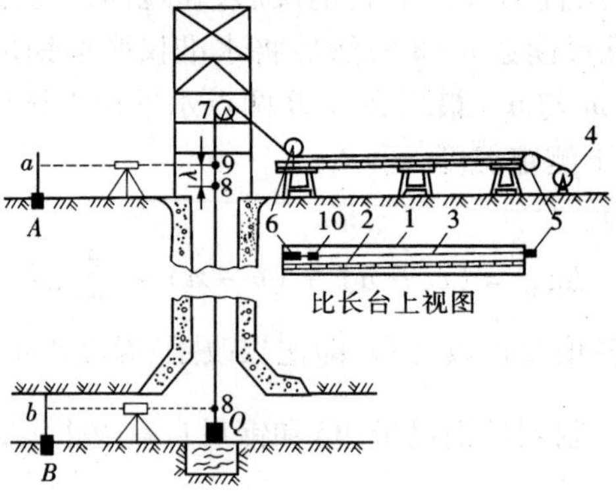

图 3-10　钢丝导入高程

（二）测量工作

测量井深 L 前井上下应同时做的工作如下。

1. 井下

在井底车场安置水准仪，在 B 点的水准仪尺上读数，瞄准钢丝并将水准仪视线与钢丝的交点用标线夹 8（如图 3-11 所示）标出；然后读 B 点水准尺以检验仪器高是否变动，如此读数差小于 2 mm，则取平均值作为最终值。

2. 地面

在比长台前端的钢丝上夹一标线夹 10，与在井下标线夹对准的同时，对准钢尺上的某整数刻划，并读取该读数 m_1 记入手簿。

这里强调井上、下同时对准标线夹的目的，在于防止钢丝颤动的影响。有时在地面比长台旁安设一经纬仪，观测钢尺上某一刻划，以检查钢尺在比长台上的稳定度。

但是由于钢丝颤动，在井下要将标线夹对准水准视线非常困难，因此可用专门制作的带有厘米刻划的垂直标尺（如图 3-12 所示）固定在视线与钢丝的交点上，利用它读出水准仪视线所对准的读数以代替标线夹。垂线标尺可利用小钢板尺自制。

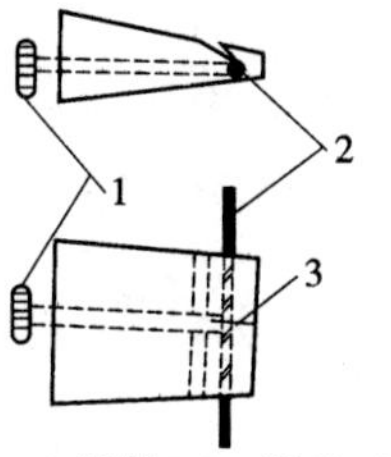

1—螺母；2—钢丝；
3—标线夹孔

图 3-11　标线夹

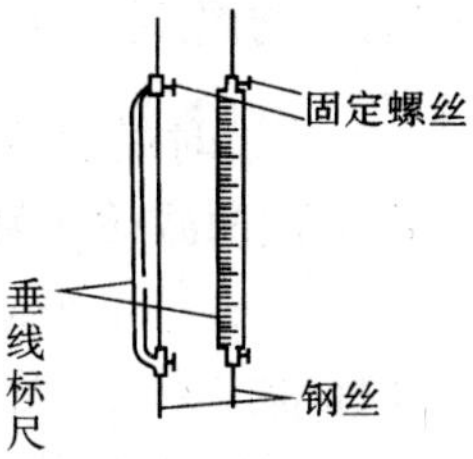

图 3-12　垂线标尺

当井上下标线夹对好后，井下人员应立即离开井筒。利用井下标线夹 8 在井筒内所走的距离与标线夹 10 在比长台上所走的距离相等的原理，便可在比长台上量出钢丝提升的长度。

当小绞车转动时，地面比长台上的标线夹 10 便沿比长台向后端移动，当该标线夹到达钢尺毫米刻划范围时，止动绞车，将标线夹标线对准钢尺读取毫米读数 n_1。钢尺第一次所提升的长度为 $m_1 - n_1$。

然后将标线夹取下，重新卡在前端并对准钢尺的某一整分划读取读数 m_2，然后再开动绞车，提升钢丝。当标线夹又到达后端毫米刻划时，读取读数 n_2。以此类推，直到井下标线夹 8 升到地面水准仪的视野内。但应注意，不应该使标线夹被碰动而产生误差。最后，在地面尚应进行下述工作：

(1)在比长台最后一次读数够不上毫米刻划时，可利用三棱尺量取最后端读数 n 的毫米数值。

(2)在井口安置的水准仪，读取 A 点上的水准尺读数，然后照准钢丝，在视野与钢丝的交点再设一标线夹 9，再读 A 点上的水准尺读数，以便检核。

(3)用三棱尺量取标线夹 8、9 的距离 λ。

为了检查标线夹是否被撞碰位移，一般在标线夹 8 的上、下各另设一标线夹，量出其距离用做检查。

此外，在提升钢丝的始末应记录井上、下温度。若比长台附近温度与井口温度不等，则应分别测定并记录。

(三)内业计算

A、B 两点高差 Δh 应为

$$\Delta h = \sum(m-n) + (b-a) \pm \lambda + \sum \Delta l$$

式中 λ 的符号取决于标线夹位置，标线夹 8 在标线夹 9 的下面时为正，在上面则为负。按《规程》规定，在总改正数 $\sum \Delta l$ 中，只需对丈量钢丝用的钢尺进行比长与温度改正，以及对井上、下温度不同而影响钢丝长度进行改正。与前述计算相同，这里仅就比长台钢尺与钢丝的温度改正作些说明。

(1)钢尺的温度改正：　　$\Delta l_t = \alpha \times l(t_1 - t_0)$

(2)钢丝的温度改正：　　$\Delta l'_t = \alpha' \times l(t - t_1)$

式中　α、α'——钢尺、钢丝的线膨胀系数；

t_0——钢尺标准温度；

t—— 井筒中的平均温度，$t=\dfrac{t_1+t_2}{2}$；

t_1、t_2——井上、下测量时的温度。

由于 $\alpha=\alpha'$，所以上述两式改正数之和为

$$\Delta l=\alpha\times l(t-t_0) \tag{3-10}$$

丈量中，对钢尺施标准拉力，故无拉力改正；钢丝悬重在丈量始末未变，因此无拉力改正；钢丝自重很小，其改正数可忽略不计。《规程》规定，导入高程测量应独立进行两次，两次测量值不应超过 $h/8\ 000$。由于钢丝导入高程的设备及安装与竖井定向时所用的部分投点设备及安装方法相同，因此两项工作可连续进行。当完成定向测量后，就可进行导入高程测量。这样可节省占用井筒的时间。

四、光电测距仪导入高程

运用光电测距仪导入高程，不仅精度高，而且缩短了井筒占用时间，因此是一种值得推广的方法。

用光电测距仪导入高程的基本原理如图 3-13 所示。

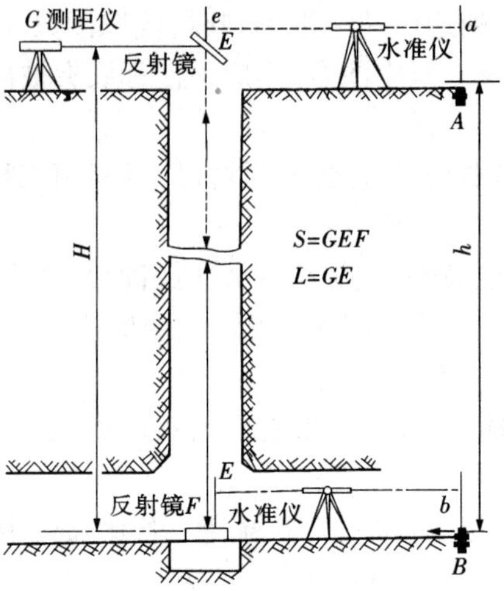

图 3-13　光电测距仪导入高程

用光电测距仪导入高程的方法是：在井口附近的地面上安置光电测距仪，在井口和井底的中部，分别安置反射镜；井上的反射镜与水平面成 45°夹角，井下的反射镜处于水平状态；通过光电测距仪分别测量出仪器中心至井上和井下反射镜的距离 L、S。从而计算出井上与井下反射镜中心间的铅垂距离 H：

$$H=S-L-\Delta L$$

式中　ΔL——光电测距仪的总改正数。

然后，分别在井上、下安置水准仪。读取立于 E、A 及 F、B 处水准尺的读数 e、a 和 f、b，A、B 之间的高差为

$$h = H - (a - e) + b - f$$

B 的高程 H_B 为

$$H_B = H_A - h \tag{3-11}$$

运用光电测距仪导入标高也要测量两次,其互差也不应超过 $H/8\ 000$。

第五节　陀螺经纬仪定向

立井采用几何方法定向时,因占用井筒而影响生产,且设备多、组织工作复杂,需要较多的人力、物力。用陀螺经纬仪定向就可克服上述缺点,且可大大提高定向精度。目前,陀螺经纬仪已广泛用于矿井联系测量和控制井下导线方向误差的积累。

一、陀螺经纬仪的工作原理简介

所谓陀螺,是指高速旋转的钢体。以陀螺制成的仪器称为陀螺仪;没有任何外力作用,并具有三个自由度的陀螺仪称为自由陀螺仪。自由陀螺仪具有定轴性和进动性两个特性。定轴性是指陀螺轴不受外力作用时,它的方向始终指向初始恒定方向;进动性是指陀螺轴受外力作用而产生规律地偏转的效应。

矿用陀螺经纬度仪采用的是具有两个完全自由度和一个不完全自由度的钟摆式陀螺仪。陀螺仪由于具有定轴性和进动性两个特征,它在地球自转作用的影响下,其轴绕测站的子午线作简谐摆动,摆的平衡位置就是子午线方向。将陀螺仪与经纬仪结合起来,利用陀螺仪定出子午线方向;经纬仪测出定向边与子午线的夹角,这样就可以测出地面或井下任意边的大地方位角。

二、陀螺经纬仪的主要结构。

图 3-14 是徐州光学仪器厂生产的 JT15 陀螺经纬仪的主要结构。

三、陀螺经纬仪的定向方法

依陀螺定向方法的不同来分类,陀螺经纬仪定向方法有两类:一类是陀螺经纬仪照准部处于跟踪状态,一般采用跟踪逆转点法;另一类是陀螺经纬仪照准部处于固定状态,一般有中天法和时差法等。本节主要以第一类方法说明陀螺经纬仪定向的过程。

(一)作业过程

1. 在地面已知边上测定仪器常数 Δ

仪器结构本身的误差使陀螺经纬仪所测定的陀螺子午线和真子午线不重合,二者的夹角(即方向差值)称为仪器常数,用 Δ 表示。在井下定向测量前和测量后,应在地面同一条已知边(一般是近井点的后视边)上各测 3 次或 2 次仪器常数。所测出的仪器常数互差应小于《规程》要求。测定方法如图 3-15(a)所示,A 为近井点,B 为后视点,α_{AB}为已知坐标方位角。在 A 点安置陀螺经纬仪,整平、对中,然后以经纬仪两个镜位观测 B,测出 AB 的方向值 M_1,然后将经纬仪照准部指向近似北方向,启动陀螺仪,按逆转点法测定陀螺北方向值 N_T,再用经纬仪的两个镜位观测 B,测出 AB 的方向值 M_2。取 M_1 和 M_2 的平均值 M 为 AB 线的最终方向值。于是

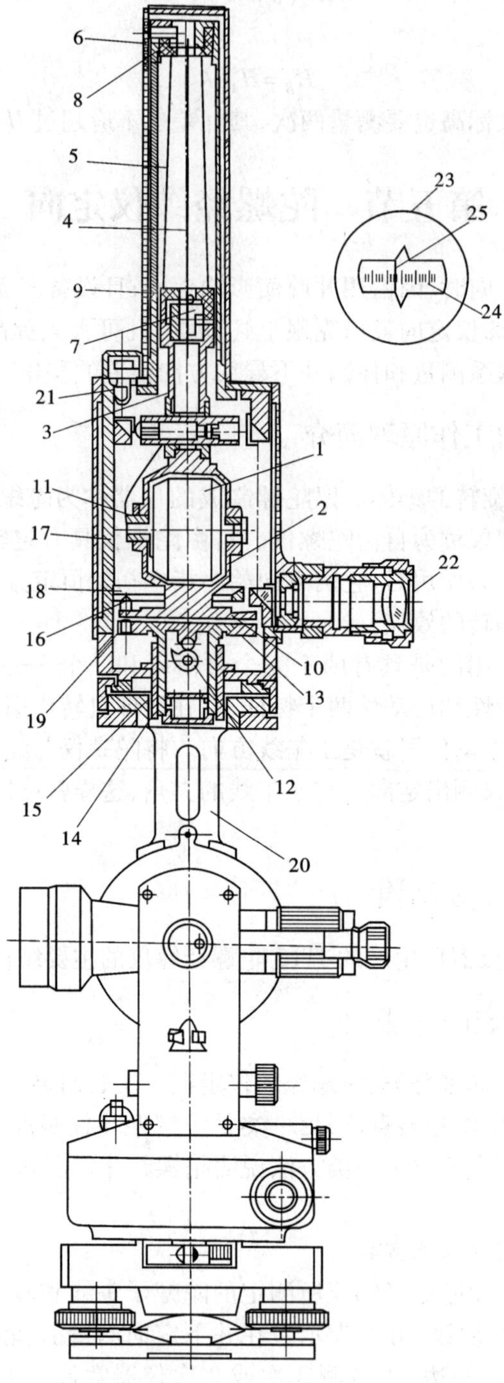

1—陀螺马达；2—陀螺房；3—悬挂柱；4—悬挂带；5—导流丝；6—上钳形夹头；7—下钳形夹头；8—上导流丝座；9—下导流丝座；10—陀螺房底盘；11—连轴座；12—限幅手轮（凸轮）；13—限幅盘；14—导向轴；15—轴套；16—顶尖；17—支撑支架；18—锁紧盘；19—泡沫塑料垫；20—联结支架；21—照明灯；22—观测目镜；23—观测目镜视场；24—分划板刻度线；25—光标线

图 3-14　陀螺经纬仪主要结构

$$T_{AB陀}=M-N_T$$

$$\Delta=T_{AB}-T_{AB陀}=\alpha_{AB}+\gamma_A-T_{AB陀}$$

式中　$T_{AB陀}$ ——AB 边一次测定的陀螺方位角；

T_{AB} ——AB 边的大地方位角；

α_{AB} ——AB 边的坐标方位角；

γ_A ——A 点的子午线收敛角。

可见，测定仪器常数实质上就是测定已知边的陀螺方位角，根据已知边的陀螺方位角，便可求出仪器常数 Δ 。

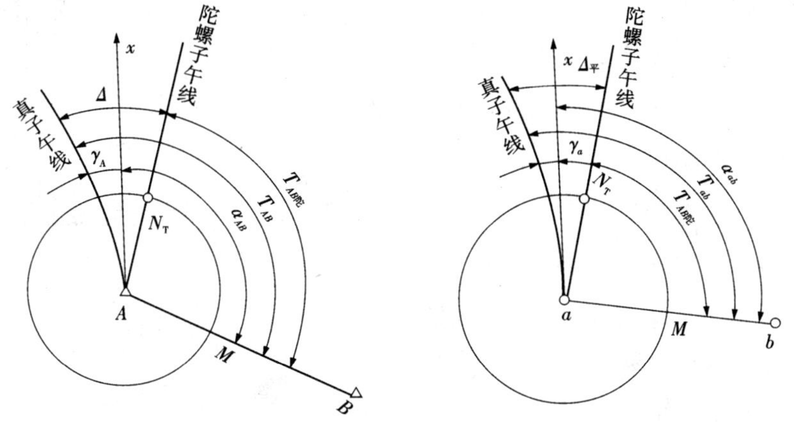

图 3-15　定向关系示意

2. 在井下定向边上测定陀螺方位角

在井下定向边上（如图 3-15（b）所示）进行精密观测，求出定向边的陀螺方位角 α_T，则定向边的大地方位角为 $A=\alpha_T+\Delta$ 。

3. 仪器升井后重新测定仪器常数

根据测前和测后的观测值计算平均值，并进行精度评定。

4. 计算子午线收敛角

对于井上下点间距离不大的情况，可认为子午线收敛角相同，其计算方法可根据地面已知控制点计算：

$$\gamma_a = ky$$

式中　γ_a —— a 点的子午线收敛角；

y—— a 点的横坐标的千米数，根据 a 的 x 坐标在高斯表中内插得出。

5. 计算井下定向边的坐标方位角

与地面的方法相同，在井下定向边上测出 ab 边的陀螺方位角 $T_{ab陀}$（如图 3-15（b）所示），则该边的坐标方位角为

$$\alpha_{ab}=T_{ab陀}+\Delta_{平}-\gamma_a$$

式中　$T_{ab陀}$ ——ab 边的陀螺方位角，$T_{ab陀}=M-N_T$；

$\Delta_{平}$——仪器常数的平均值。

(二)陀螺仪悬带零位观测

悬带零位是指陀螺马达不转时,陀螺灵敏部受悬带和导流丝扭力作用而引起扭摆的平衡位置,即扭力矩为零的位置。

在陀螺观测开始之前和结束之后,要作悬带零位观测,相应简称为测前零位观测和测后零位观测。

测定悬挂零位时,先将经纬仪整平并固定照准部,下放陀螺灵敏部,从读数目镜中观测灵敏部的摆动,即陀螺轴围绕子午线摆动时偏离子午线的两侧最远位置,如图 3-16 所示。在分划板上连续读三个逆转点的读数,估读到0.1 格。

零位计算式为

$$l = \frac{1}{2}\left(\frac{a_1 + a_3}{2} + a_2\right)$$

零位变化超过规范规定时要进行校正。零位在 0.5 格内,可进行零位改正计算:

$$\Delta\alpha = \lambda \Delta a$$

其中 $\lambda = \dfrac{T_1^2 - T_2^2}{T_2^2}$, $\Delta a = mh$

式中 T_1、T_2 ——跟踪和不跟踪的摆动周期;

λ ——零位改正系数;

$\Delta\alpha$ ——零位改正值;

Δa ——零位变动值;

m ——目镜分划板分化值;

h ——零位格数。

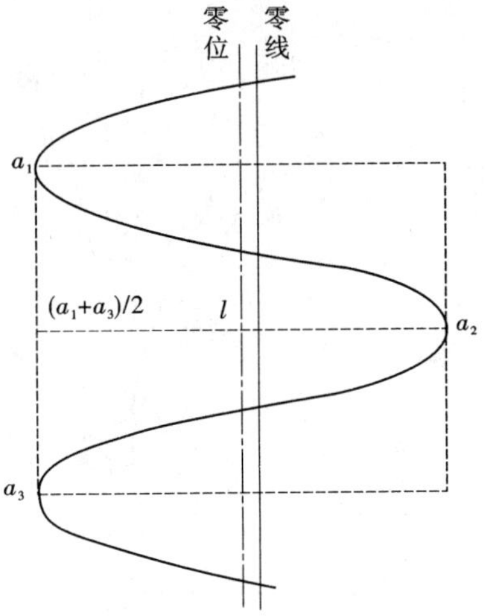

图 3-16 零位观测

(三)粗略定向

由于井下北方的近似方向无法确定,观测前先进行粗略定向,定向方法如下:

(1)配有粗略定向盘的陀螺仪,可用罗盘达到粗略定向的目的。

(2)在已知边上测定仪器常数时,可利用已知边的坐标方位角及仪器站的子午线收敛角来直接寻找近似北方。地面一般采用此方法。

(3)当在未知边上定向,而仪器本身又无粗略定向罗盘附件时,可用仪器本身来寻找北方,常用的方法为两个逆转点法。

仪器在测站安置好后,将经纬仪视准轴大致摆在北方向后,启动陀螺马达,达到额定转速后,下放陀螺灵敏部,松开经纬仪水平制动螺旋,用手转动照准部,跟踪灵敏部的摆动,使陀螺仪目镜视场移动的光标像与分划板零刻划线随时重合。当达到摆动逆转点时,读取水平度盘 μ_1;用同样的方法向反方向跟踪,到达另一逆转点时,再读取水平读数 μ_2。锁紧灵敏部,制动陀螺马达。按下式计算近似北在水平度盘上的读数:

$$N = (\mu_1 + \mu_2)/2$$

(四)精密定向观测

(1)严格整置经纬仪,架上陀螺仪,在一个测回测定待定或已知测线的方向值,然后将仪器大致对正北方。

(2)锁紧摆动系统,启动陀螺马达,待到达额定转速后,下放陀螺灵敏部,进行粗略定向。制动陀螺并托起锁紧,将望远镜视准轴转到近似北方位置,固定照准部。把水平微动螺旋调整到行程范围的中间位置。

(3)打开陀螺照明,下放陀螺灵敏部,进行测前悬带零位观测,同时用秒表记录自摆周期。零位观测完毕,托起并锁紧灵敏部。

(4)启动陀螺马达,达到额定转速后,缓慢地下放灵敏部到半脱离位置,稍停数秒钟,再全部下放。如果光标像移动过快,再使用半脱离阻尼限幅,使摆幅在 1 ~ 3 为宜。用水平微动螺旋微动照准部,让光标像与分划板零刻线随时重合,即跟踪。跟踪要做到平稳和连续,切忌跟踪不及时,例如时而落后于灵敏部的摆动,时而又很快赶上或超前很多,因这些情况都会影响结果的精度。在摆动到达逆转点时,连续读取 5 个逆转点读数 u_i 。然后锁紧灵敏部,制动陀螺马达。

陀螺子午线的方向值 N_T 按下式计算:

$$N_1 = \frac{1}{2}\left(\frac{u_1 + u_3}{2} + u_2\right), \quad N_2 = \frac{1}{2}\left(\frac{u_2 + u_4}{2} + u_3\right)$$

$$N_3 = \frac{1}{2}\left(\frac{u_3 + u_5}{2} + u_4\right), \quad N_T = \frac{1}{3}(N_1 + N_2 + N_3)$$

式中　N_1、N_2、N_3——摆动中值(三个摆动中值的互差应满足《规程》要求)。

(5)测后零位观测,同测前。

(6)测后测线方向观测,同测前,测前、测后取平均值。

第六节　陀螺全站仪简介

Y/JTD-2 陀螺全站仪(见图 3-17)是西安航光仪器厂生产的全自动阻尼式陀螺全站仪。该产品采用阻尼跟踪法测量原理,自动跟踪、自动锁放,整个测量过程中吊带不受扭,能够在较大偏北角条件下自动完成粗寻北及精寻北过程。测量结束后,在陀螺全站仪(经纬仪)上直读真北方位角。该种型号的陀螺全站仪(经纬仪)寻北速度快、体积小、环境适应性强,可为火炮、雷达提供初始方位基准,并可用于大地测量、工程测量和矿山贯通测量等领域。

一、应用领域

Y/JTD-2 陀螺全站仪可用于以下领域:

(1)大型隧道贯通测量。

(2)地铁工程测量。

(3)矿山工程测量。

(4)导弹发射瞄准系统。

(5)炮兵阵地联测。

(6)建立方位基准及导航设备表校等。

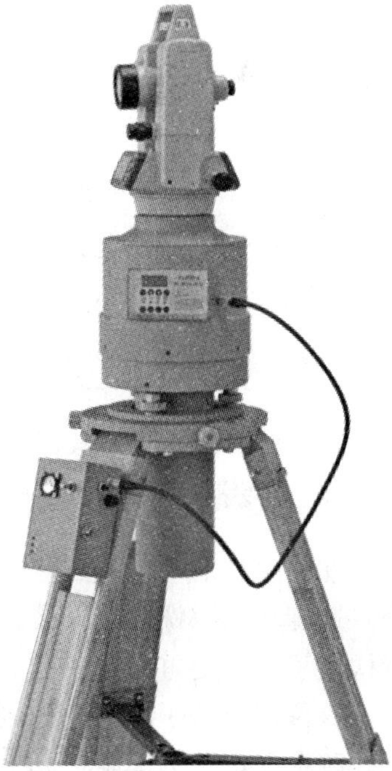

图 3-17　Y/JTD-2 陀螺全站仪

二、产品特性

Y/JTD-2 陀螺全站仪具有以下特性：

(1)采用阻尼跟踪法测量原理，吊带不受扭，仪器可靠性强。

(2)采用直流永磁陀螺电机，降低了陀螺敏感部温升，设备稳定性好。

(3)在较大偏北角(±10°)条件下，自动完成粗寻北及精寻北过程，操作简单。

(4)阻尼机构设计使陀螺自转轴快速收敛于子午面，定向速度快。

(5)陀螺敏感部上锁、解锁全自动，自动化程度高。

(6)多层磁屏机构，屏蔽外部磁场，设备抗干扰能力强。

(7)陀螺敏感部采用下挂式摆式陀螺，便于操作。

(8)仪器设计紧凑，便于携带。

三、技术规格

Y/JTD-2 陀螺全站仪的技术指标见表 3-4。

表 3-4　Y/JTD-2 陀螺全站仪的技术指标

项目	技术指标
精度	一次定向测量中误差 ≤15″
定向时间	一测回定向时间≤7 min
湿度	5% ~98%(非冷凝)
工作温度	-20 ~ +50 ℃
储存温度	-40 ~ +60 ℃
质量	陀螺仪主机 14 kg(不含全站仪)
尺寸(宽×高)	陀螺仪主机 200 mm×450 mm(不含全站仪)
可靠性	*MTBF*≥400 h，*MTTR*≤ 30 min
寿命	20 年(陀螺电机 2 000 工时更换)
定向方式	摆式下悬挂陀螺定向，积分法测量
自动化程度	全自动

四、仪器基本工作原理

摆式陀螺的基本构成包括陀螺敏感部、悬丝等。陀螺敏感部由一根金属合金丝悬挂，一台高速旋转的陀螺电机安装在陀螺敏感部内部，陀螺敏感部的质心位于其悬挂点下方，这样就构成了一个受重力约束的二自由度陀螺。由于其形式类似单摆，因此称摆式陀螺。

该仪器是基于摆式陀螺的寻北原理，采用阻尼跟踪的工作方式进行全自动寻北测量的。摆式陀螺在理想的无阻尼和无悬挂扭矩影响的状态下，陀螺自转轴将以子午面为中心做无休止的方位运动，同时以水平面为中心做俯仰运动。针对运动轨迹的特性，若对敏感部施加速度阻尼，陀螺自转轴将逐渐向子午面收敛，最终稳定在子午面内。阻尼跟踪定向就是利用这一原理，伺服电机驱动精密回转平台跟随陀螺敏感部寻北运动，力矩器对陀螺施加阻尼力矩。此时，回转平台跟随陀螺运动并逐渐稳定在北向基准位置，通过与其紧固连接的经纬仪可直接读出被测边方位。阻尼跟踪法的一个显著特点是方位输出采用的是经纬仪直读方式，即只需通过经纬仪读出目标的陀螺方位角就可确定出目标真北方位。

仪器工作主要由一个主电路驱动回转平台跟踪寻北，并配以反馈电路进行连续控制校正。悬挂机构通过吊丝连接陀螺敏感部。输电机构给陀螺敏感部供电，使其内部电机高速旋转。锁放电机控制锁放机构将陀螺敏感部锁紧及下放。准直测角装置接收陀螺敏感部的摆动光信号并将光信号转化为微电信号送至前置放大器进行处理。前置放大器将处理后的电信号一路送至跟踪控制器，驱动伺服电机通过结构上的减速机构连续调整回转平台的旋转速度，并取其反馈信号形成跟踪控制反馈电路；另一路送至阻尼控制器控制力矩器对陀螺敏感部施加阻尼，并取其反馈信号形成阻尼反馈电路。此外，引入悬带零位补偿电路通过力矩器对陀螺敏感部进行零位补偿调整。

五、仪器组成

仪器由主机、供电指示盒、连接电缆和三脚架等组成，其组成如图 3-18 所示。

（一）主机

主机包含了仪器的全部光机结构、控制电路、执行电路及部分操作显示界面，在主机上方部分是架设的经纬仪，可进行方位测量，其外型如图 3-19 所示。

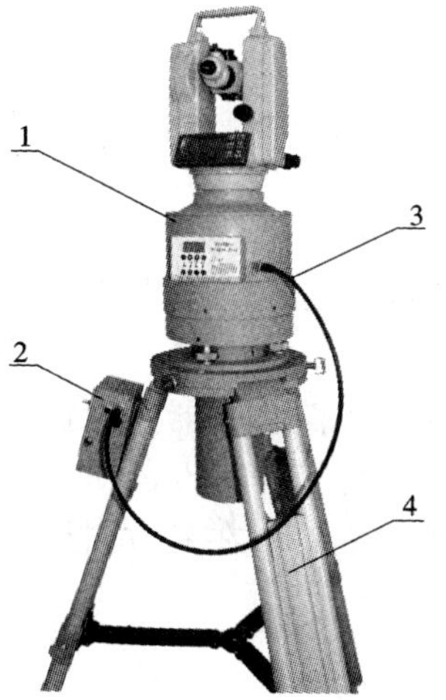

1—主机；2—供电指示盒；3—连接电缆；4—三脚架

图 3-18　仪器组成

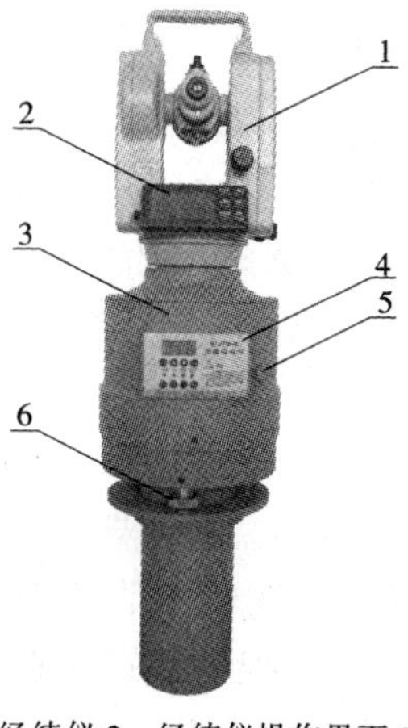

1—经纬仪；2—经纬仪操作界面；3—陀螺仪；
4—陀螺仪操作界面；5—连接电缆插座；
6—调平手轮

图 3-19　主机外型

主机操作界面主要由四位数码显示管、指示灯、按键组成，其作用是修正参数、控制陀螺状态、显示工作进程等。其操作界面如图 3-20 所示。

（二）供电指示盒

供电指示盒主要由供电和指示两部分组成，由电流表、多圈电位器、电池等组成，其作用是修正零位、监视陀螺状态、显示电池电量等。其外型如图 3-21 所示。

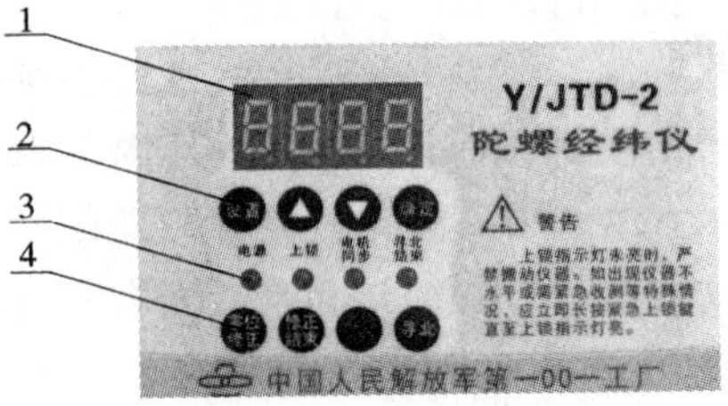

1—数码管; 2—设置按键;3—指示灯;4—操作按键

图 3-20　陀螺仪操作界面

1—指示电流表;2—调零电位计;3—电量指示灯;
4—连接电缆插座; 5—电源开关;6—保险;
7—充电插座

图 3-21　供电指示盒外型

(三)脚架

脚架用于架设仪器主机。

(四)连接电缆

连接电缆用于仪器主机与供电指示盒的连接。

(五)附件

附件用于仪器的辅助操作、调校及维护。

六、寻北操作介绍

(一)测前准备

(1)在测站架设三脚架,架设时应使三脚架的三个脚尖大致与测点标志中心基本等距,并注意脚架的张角和高度,伸缩脚架腿使圆水准器概略居中。

(2)将主机置于脚架之上,将连接电缆两端的 10 芯插头分别与主机和供电指示盒的 10 芯插座相连接。

(3)打开供电指示盒电源开关,电源指示灯及上锁指示灯亮,仪器至少预热 3 min;用地质罗盘为仪器概略定北,使仪器指北标记指于北向(±15°之内)。

(4)调节主机水平螺旋,保证经纬仪 30″管状水准器中的气泡在各方向居中(±0.5 格),调节三脚架对中手轮,保证光点对在标志中心。

(二)寻北测量

按下主机操作界面“寻北”键,陀螺电机启动,陀螺电机启动指示灯亮。约 40 s 后,陀螺电机达到额定转速,陀螺启动指示灯熄灭,陀螺敏感部开始下放,上锁指示灯熄灭,约 8 s 后下放完毕,仪器开始寻北。寻北过程中电流表指针逐渐收敛至零刻度,约 6 min 后,寻北过程结束,陀螺敏感部开始上锁。约 8 s 后,上锁指示灯及寻北结束指示灯同时亮,陀螺电机开始制动。整个过程中,电源指示灯始终保持点亮状态。关闭电源开关,所有指示灯均熄灭,寻北测量结束。

(三)方位测量

(1)按下全站仪“电源”键,将全站仪开机。

(2)盘左照准目标，记录经纬仪操作界面显示屏显示的水平方位角 $\alpha_{左}$。

(3)盘右照准目标，记录经纬仪操作界面显示屏显示的水平方位角 $\alpha_{右}$。

根据所测数据，按下式计算目标的陀螺方位角：

$$\alpha_r = \alpha_{左} + \frac{1}{2}(\alpha_{右} - \alpha_{左} - 180°) \quad (\alpha_{右} > \alpha_{左})$$

$$\alpha_r = \alpha_{左} + \frac{1}{2}(\alpha_{右} - \alpha_{左} + 180°) \quad (\alpha_{右} < \alpha_{左})$$

式中 α_r——目标陀螺方位角；

$\alpha_{左}$——目标盘左测量水平方位角读数；

$\alpha_{右}$——目标盘右测量水平方位角读数。

如果常数已键入经纬仪，目标的陀螺方位角即是目标真北方位。

七、操作注意事项

(1)仪器在寻北测量过程中应避免外界震动或触摸仪器主机。

(2)仪器在寻北测量过程中，当供电指示盒上的电量指示灯一个红灯亮时，或误操作导致仪器不水平，应立即长按"紧急上锁"键，直至上锁指示灯亮，然后松开"紧急上锁"键，并关闭电源开关。

(3)仪器在寻北测量过程中应避免阳光直射及风力的影响。

(4)仪器每测回间隔时间不得少于 5 min。仪器工作环境温度越高，间隔时间应适当加长。

(5)仪器悬带零位修正结束或上锁结束后，如发现上锁灯闪亮后熄灭，点按"紧急上锁"键，直至上锁指示灯亮。

(6)仪器上安装的电子经纬仪为自准直式经纬仪，当需要测量反射棱镜或反光镜法线方向时可使用自准直功能，按电子经纬仪上"角/坡"键，可打开自准直光源。

仪器除悬带零位修正操作外，不得调节调零电位计旋钮。如误调节此旋钮，应重新进行悬带零位修正。

八、供电及充电操作介绍

(一)陀螺仪供电使用

电池是集成在供电指示盒中的，由电量指示灯显示电池电量。连接电缆连接主机及供电指示盒后，电池即可向整机供电。当电量指示灯两个绿灯同时亮时，电池电量饱满。当电量指示灯一个绿灯亮时，电池电量已消耗一部分，仍能继续使用。当电量指示灯一个红灯亮时，电池电量已消耗完全，电池需要充电。

(二)陀螺仪电池充电

将充电器一端接在 220 V 外接电源上，充电器指示灯呈绿色。另一端接在供电指示盒充电接口上，充电器指示灯呈绿色时表示正在充电，充电器指示灯变为红色时表示充电完成。

九、仪器常数的标定及键入

将仪器置于二等以上已知天文方位边进行 6～9 次定向测量。计算所测陀螺方位角均值,即算术平均值。

(一)仪器常数的计算

根据所测的陀螺方位角均值,按下式计算仪器常数:

$$\Delta=\alpha-\alpha_r$$

式中 Δ——仪器常数;

α——已知边天文方位角;

α_r——陀螺方位角均值。

(二)常数的键入

将计算的常数取负即为经纬仪键入值。例如常数为45°,键入值为-45°,或常数为-56°,键入值为56°。

将经纬仪水平度盘旋转至与键入值一致。若键入值为负值,应加360°将其转化为正值。

按“锁定”键,仪器垂直部分显示“FFFFFFF”,此时按“左右”键3次,再按3次“锁定”键,即将常数储存并参与内部计算,此时目标的陀螺方位角即是目标真北方位。

按住“锁定”键,然后开机,能查看用户键入值。

十、仪器的检校

(一)陀螺仪悬带零位修正

(1)在测站架设三脚架,架设时应使三脚架的三个脚尖大致与测点标志中心基本等距,并注意脚架的张角和高度,伸缩脚架腿使圆水准器概略居中。

(2)将主机置于脚架上,将连接电缆两端的10芯插头分别与主机和供电指示盒的10芯插座相连接。

(3)打开供电指示盒电源开关,电源指示灯及上锁指示灯亮,仪器至少预热3 min。

(4)调节主机水平螺旋,保证经纬仪30″管状水准器中的气泡在各方向居中(不超过±0.5格)。

(5)按下主机操作界面“开始”键,陀螺敏感部开始下放,上锁指示灯熄灭,约8 s后下放完毕。仪器开始跟踪收敛陀螺敏感部,供电指示盒电流表指针逐渐向零逼近。约40 s后,电流表指针开始左右摆动。此时判断指针的摆动中心,若指针左右摆动对称度小于0.5个格值,则不需调节电位计。否则调节电位计使其指针左右对称,并连续观测2~3个周期,无明显变化后按“结束”键。陀螺敏感部开始上锁,约8 s后上锁指示灯亮,悬带零位修正结束。

(二)陀螺仪纬度输入

(1)将连接电缆两端的10芯插头分别与主机和供电指示盒的10芯插座相连接。

(2)打开供电指示盒电源开关。

(3)按“设置”键,电控箱左上方四位数码管点亮,进入纬度输入模式。此时左一位数字显示为“1”,另三位为应该输入的纬度值,精确到0.1°。按“确认”键可使后三位数码管逐个闪烁,数码管闪烁时可按“上翻”、“下翻”键调整数值输入纬度值。例如,仪器所处纬度为35.1°,输入后数码显示管显示为“1 351”。最后一位数值调整结束后按“确认”键,数码显示管熄灭,纬度输入结束。

（三）经纬仪自准直望远镜校正

在正常使用状态下，每两个月校正一次自准直望远镜。如经过运输、振动等外力影响，需检校自准直望远镜。检校时需一台经纬仪或水准仪进行辅助。检校方法可参照以下步骤进行：用任一照明光源将辅助经纬仪的分划板照亮，辅助经纬仪与待校经纬仪对瞄并将两个分划板十字重合，打开待校经纬仪自准直光源开关，检查待校经纬仪自准直像十字中心是否同时与辅助经纬仪分划板中心十字重合。

若此时待校经纬仪自准直像与辅助经纬仪分划板中心十字发生偏移，用改针改动待校经纬仪自准直系统的 4 个校正螺钉，使自准直十字中心与辅助经纬仪分划板中心相重合。注意：在要旋紧一侧的校正螺钉之前，应先旋松另一侧的螺钉，旋紧时用力不能太大，到位后应轻轻互相顶紧。

（四）经纬仪竖盘指标差校正

同时按住电子经纬仪"置零"键及"切换"键开机，松开"置零"键及"切换"键后快速按住"置零"键，直至三声峰鸣声响，进入指标差改正界面，此后可参照《电子经纬仪 ET/DT 系列操作手册》上的"竖盘指标差（i 角）和竖盘指标零点设置"进行竖盘指标差改正。

（五）经纬仪其他指标校正

电子经纬仪的 $2C$、望远镜分划板倾斜等项目的校正，参照《电子经纬仪 ET/DT 系列操作手册》完成。

十一、仪器的维护与保养

（1）仪器主机放入包装箱时，应将主机水平螺旋大概调至同样高度，并高于下箱面，保证主机在箱内均匀受压。

（2）运输时仪器应平稳放置，避免倾斜、碰撞。

（3）仪器存放在通风、阴凉、防潮和防尘的环境中。

（4）仪器主机及供电指示盒在存储期间，每 3 个月至少通电 1 次，并按有关规定进行保养。

（5）仪器长期未用，直流电池应每 3 个月充电 1 次。

（6）仪器使用后，应除去望远镜等上的灰尘。

（7）若仪器受潮或被雨淋，必须擦净、凉干后方可装箱。

十二、使用中的注意事项

（1）仪器主机不得倒置。

（2）仪器应定期作各项检校。

（3）仪器经过检校或调整、长距离运输、温度变化超过 10 ℃以上，均应重新标定常数。

（4）在仪器状态正常情况下（同一地点），每 3 个月应标定 1 次仪器常数。

（5）雨天或烈日下测量必须打伞。

（6）除可调项目外，不得随意拆开仪器。

（7）其他情况，由厂方维修。

复习题

一、选择题

1. 矿井工业广场井筒附近布设的平面控制点称为(　　)。

A. 导线点　　B. 三角点　　C. 近井点　　D. 井口水准基点

2. 以下不能用做矿井平面联系测量的是(　　)。

A. 一井定向　　B. 导入高程　　C. 两井定向　　D. 陀螺定向

3. 为了满足矿井建设和生产的需要，在矿井工业广场附近布设的高程控制点叫(　　)。

A. 近井点　　B. 井口水准基点　　C. 导线点　　D. 贯通点

4. 两井定向中不需要进行的一项工作是(　　)。

A. 投点　　B. 地面连接　　C. 测量井筒中钢丝长度　　D. 井下连接

5. 矿井平面联系测量的主要任务是(　　)。

A. 实现井上下平面坐标系统的统一　　B. 实现井上下高程的统一

C. 作为井下基本平面控制　　D. 提高井下导线测量的精度

6. 井口水准基点一般位于(　　)。

A. 地面工业广场井筒附近　　B. 井下井筒附近

C. 地面任意位置的水准点　　D. 井下任意位置的水准点

二、填空题

1. 一井定向的外业工作主要有(　　)和(　　)两项，投点的方法根据井筒的深度不同有(　　)和(　　)两种。

2. 常用的竖井导入标高的方法有(　　)、(　　)和(　　)。

3. 矿井平面联系测量的方法分为(　　)和(　　)两种。

4. 几何定向的外业测量包括(　　)和(　　)。

5. 两井定向与一井定向相比，两垂球线间的距离(　　)，因此定向精度(　　)。

6. 投点的方法按所挂工作垂球的质量分为(　　)投点法和(　　)投点法，按垂球线是否摆动又分为(　　)投点法和(　　)投点法。

三、名词解释

1. 矿井联系测量。

2. 平面联系测量。

3. 导入高程。

4. 一井定向。

5. 两井定向。

6. 近井点。

7. 投向误差。

8. 投点误差。

四、简答

1. 减少投点误差的措施有哪些?

2. 详述陀螺经纬仪定向的作业过程。

3. 试述一井定向、两井定向及陀螺经纬仪定向各自的优缺点及适用条件。

4. 联系测量的任务是什么?

5. 矿井定向的类型有哪些?

6. 什么是立井几何定向? 立井几何定向的工作有哪些?

7. 一井定向的方法有哪些? 两井定向的优点是什么?

8. 自由陀螺仪的两个特性是什么? 陀螺经纬仪定向的作业过程是什么?

9. 导入高程的方法有哪些? 通过竖井导入高程的方法有哪些?

五、计算

1. 一井定向如图 3-22 所示,参数如下: $m_\gamma = m_{\gamma_1} = \pm 7.0''$, $m_i = \pm 2.5''$,投点误差 $e=0.5$ mm,经纬仪对中及觇标对中误差 $e'=0.8$ mm, $m_{\beta上} = \pm 5.0''$, $m_{\beta下} = \pm 7.0''$。其他数据见表 3-5。

求:(1) 估算井下定向边 $D'E'$ 的定向精度。

(2) 按此进行能否满足独立两次之差小于 $2'$?

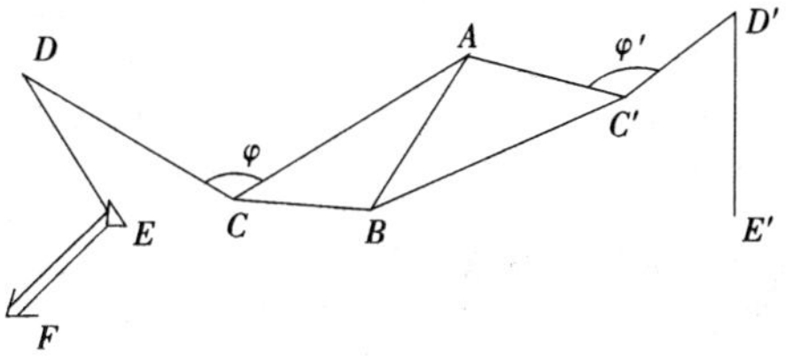

图 3-22 计算题 1 图

表 3-5 计算题 1 观测数据 (单位:m)

地面	数值	井下	数值
a	6.5	a_1	10.1
b	10.9	b_1	5.7
c	4.4	c_1	4.4
d	43.0	d_1	28.6

2. 两井定向观测数据如表 3-6 所示,计算简图如图 3-23 所示,试计算井下导线坐标及坐标方位角。

表 3-6　计算题 2 观测数据

测点	视点	水平边长(m)	水平角(° ′ ″)
R	Ⅰ		
Ⅰ	R A	46.914	112 51 32.8
Ⅰ	R Ⅱ	46.188	168 15 40.0
Ⅱ	Ⅰ B	18.160	126 10 48.0
A	1	13.270	
1	A 1	39.189	269 57 17.3
2	1 B	15.605	272 25 14.0

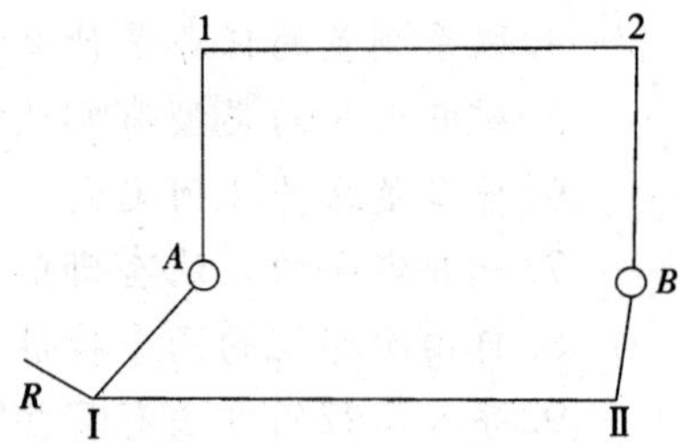

图 3-23　计算题 2 图

3. 某矿用长钢丝导入高程。在井筒内下放钢丝，下端悬挂 10 kg 重锤，用两台水准仪在井口及井下对准钢丝作标记 M、N，在地面量 MN。丈量时，对钢尺加比长时拉力为 15 kg，对钢丝施加拉力为 10 kg，外业观测记录见表 3-7，试计算井下水准基点 B 的高程。

4. 陀螺经纬仪定向整理成表 3-8，试计算井下导线边的坐标方位角。

表 3-7　计算题 3 观测数据

1	地面井口水准基点 A　　高程 = +402.376 m A 点水准尺读数　　a = 1.462 m 地面井口温度　　$t_{上}$ = +18 ℃
2	井下水准基点 B（顶板） 水准尺读数　　b = −1.626 m 井下温度　　$t_{下}$ = 16 ℃
3	在地面平地上得钢丝 MN 长度 92.105 m 钢尺方程式 $L_t = 50\times[1+0.000\,011\,5\times(t-20)+0.000\,17]$

表 3-8　计算题 4 观测数据

测线计算	正　　镜	124°12′30″	124°12′36″
	倒　　镜	304°12′18″	304°12′24″
	平　　均		
	测线方向值		
	陀螺北方向值	0°00′30.5″	
	陀螺方位角		
	仪器常数	+5′44.4″	
	收敛角	+5′12.1″	
	坐标方位角		

第四章　井下平面控制测量

第一节　井下平面控制导线的布设

在煤矿井下测量中，平面控制测量是井下给向和测图的基础。与地面测量一样，仍然遵循高级控制低级、每项测量有检查、测量精度应满足工程要求这三项原则。本节主要介绍井下平面控制测量的特点、布设形式、使用的仪器工具、测量方法及精度要求等内容。

一、井下平面控制测量的特点

矿区地面平面控制网是在国家一、二等三角网的基础上建立的。在布设地面控制网时，可以布设测角网、测边网、GPS 网和采用交会法等多种形式，但应注意在井口附近至少要设立一个控制点，这个控制点称为近井点。由近井点经过井筒将地面平面坐标系统传递到井下去，求得井下起始边的方向及起始点的坐标，这项工作称为矿井联系测量。由于井下空间条件的限制，井下平面控制网均以导线的形式布设。因而，井下平面控制测量，实际上是导线测量。

二、井下导线的分类与等级

井下导线一般是从井底车场内的起始边开始，向井田边界分段测设的。《规程》规定，井下平面控制分为基本控制和采区控制两类。基本控制导线是矿井的首级控制导线，能满足一般贯通工程的要求；采区控制导线是矿井的次级导线，主要是满足日常生产测量的要求。

基本控制导线按照测角精度分为±7″和±15″两级，一般从井底车场起始边开始，沿主要巷道（井底车场，水平大巷，集中上、下山，石门等）敷设，通常每隔 1.5～2.0 km 应加测陀螺定向边，以提供检核和方位平差条件。采区控制导线按测角精度分为±15″和±30″两级，沿采区上、下山，中间巷道或片盘运输巷道以及其他次要巷道敷设。

两类导线都应敷设成闭（附）合导线或复测支导线。其主要技术指标见表 4-1。

由表 4-1 可知，每类导线均有两种规格，可根据矿井采掘工程的实际需要，依矿井和采区范围的大小选定。

三、井下导线的发展与形式

当掘进矿井的主要巷道，由石门处开门子掘进主要运输大巷时，可先敷设低等级的±15″或±30″级采区控制导线（见图 4-1），作为给向和填绘矿图的依据。当巷道掘进 300～500 m 后，就应测设±7″或±15″级基本控制导线。基本控制导线点应尽量利用已有的±15″或±30″级导线点，并使它的起始边和最末边与±15″或±30″级采区控制导线边相重合，借以检查先前测设的低等级采区控制导线的正确性，以保证矿图的必要精度。巷道继续向前掘进时，应从所测设的基本控制导线最末边开始，继续按上述程序进行施测。如果用激光指向仪给向，则每掘进 300 ~ 500 m 便测设基本控制导线，以检查指向仪所指方向的正确性，并用调整后的正确方向指示下一段巷道的掘进方向。这样不断分段重复测量，逐渐形成闭(附)合导线和导线网等形式，如图 4-2 ~ 图 4-4 所示。

表 4-1　井下经纬仪导线的主要技术指标

导线类别	使用条件(km)		测角中误差(″)	一般边长(m)	导线全长相对闭合差	
					闭(附)合导线	复测支导线
基本控制	井田一翼长度	≥5	±7	60 ~ 200	1/8 000	1/6 000
		<5	±15	40 ~ 140	1/6 000	1/4 000
采区控制	采区一翼长度	≥1	±15	30 ~ 90	1/4 000	1/3 000
		<1	±30	—	1/3 000	1/2 000

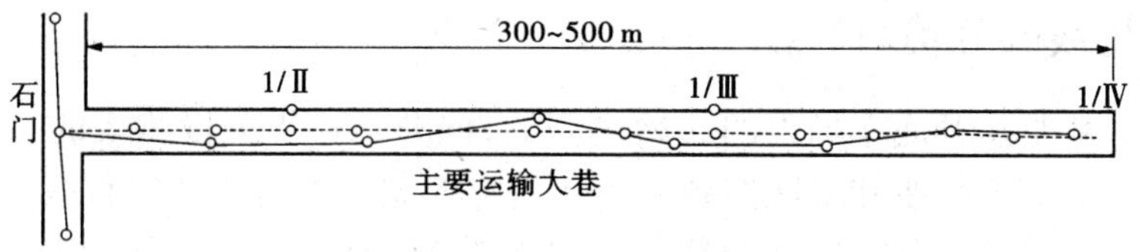

图 4-1　井下导线的发展

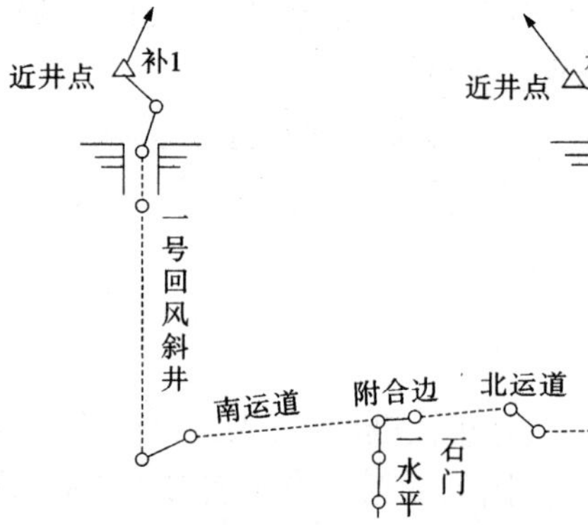

图 4-2　附合导线

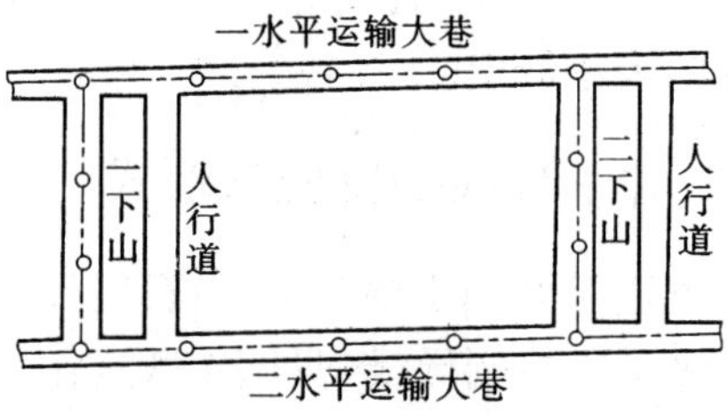

图 4-3　闭合导线

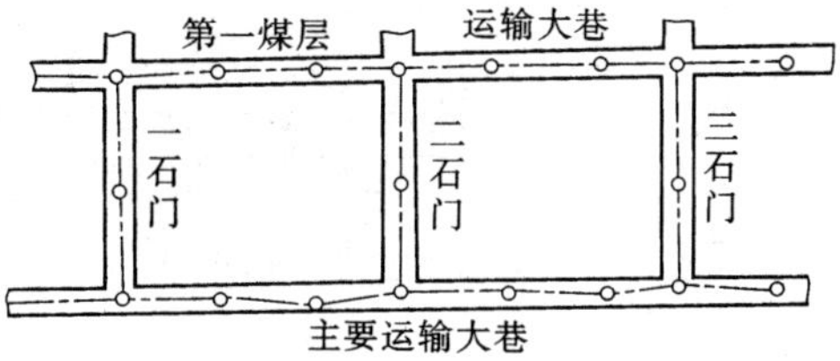

图 4-4　导线型

由于受井下巷道掘进和开拓方式的限制，导线开始多为从已知点出发的支导线形式（见图 4-2），随着已掘巷道的增多，便逐渐形成闭（附）合导线或导线网（见图 4-3、图 4-4），有时形成空间交叉闭合导线，即导线边的平面投影相交而实际上是空间交叉关系（见图 4-5(a)）；另外，还有在两井定向时在两条已知坐标的垂球线之间敷设坐标附合导线（见图 4-5(b)）以及加测陀螺定向边的方向附合导线（见图 4-5(c)）。采区控制导线一般附合在基本控制导线上或自成闭合。若为支导线，则不论基本控制和采区控制，都必须往返测量，以检查其正确性。

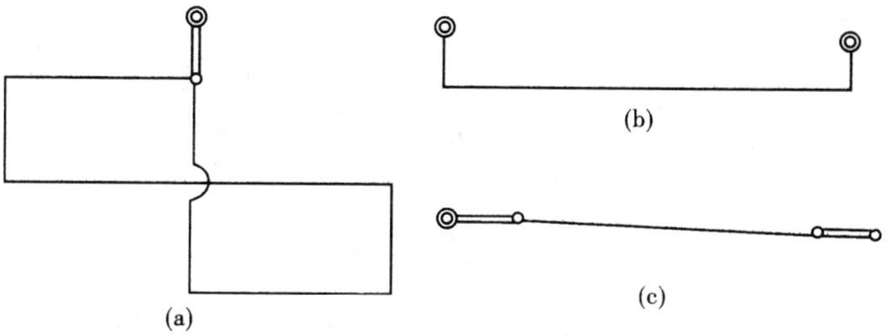

图 4-5　井下导线的特殊形式

四、井下导线点的设置

井下导线点按其使用时间的长短分为永久导线点和临时导线点两种。导线点应设置在巷道顶（底）板稳固、避开电缆和淋水、不影响来往矿车的地方，且通视良好，便于安置仪器。基本控制导线应每隔 300 ~ 500 m 设立一组永久点，每组永久点不得少于 3 个，以便用来检查其点位是否移动。

永久点的结构应以坚固耐用和使用方便为原则。用做顶板点标志的点芯铁最好焊接上一段铜头，如图 4-6(a) 所示；对于设置于巷道底板的永久点，可将一段直径约 25 mm 的钢筋用混凝土埋设于巷道底板，如图 4-6(b) 所示，钢筋的顶端磨成半球面，并钻一中心小孔作为测点中心，并至少在施测前一昼夜设好，以便充分凝固。

临时导线点保存的时间较短，一般设在顶板岩石或牢固的棚梁上，可采用图 4-7 所示的构造形式。

相邻导线点之间的距离应符合表 4-1 中相应等级导线的规定边长。所有导线点应做明显标志并统一编号，并用白漆将点位圈住，将编号醒目地漆写在设点处巷道帮上，以方便寻找。

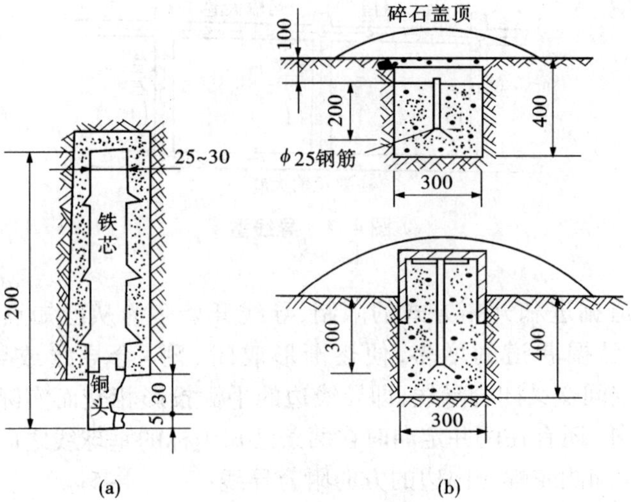

图 4-6　永久导线点的构造

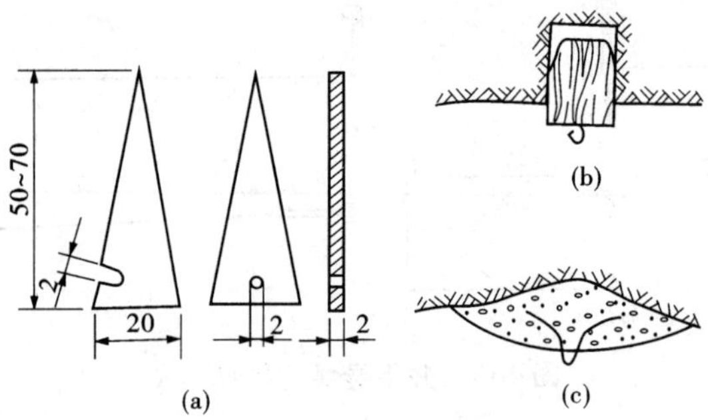

图 4-7　临时导线点的构造

第二节　井下经纬仪导线的角度测量

一、井下角度测量与地面角度测量的不同

井下的特殊环境条件使井下测角与地面测角具有以下不同点：

(1)井下测点多设于巷道顶板上，因此经纬仪要在测点下对中，如图 4-8 所示，经纬仪望远镜筒上应当刻有仪器中心，即镜上中心。

经纬仪在测点下对中时，要整平仪器，并令望远镜水平，由测点上悬挂下垂球，移动经纬仪使镜上中心对准垂球尖。对中用的垂球尖最好是可伸缩的，以利于微调。如果井下巷道中风大，可将作觇标用的垂球加重，或放入水桶中稳定，也可采取挡风措施。为利于在顶板测点下对中，最好在望远镜筒上安装点下对中器，如图 4-9 所示。由于井下导线边较短，风流较大，所以要十分注意经纬仪及觇标对中，以减少其对测角精度的不良影响。

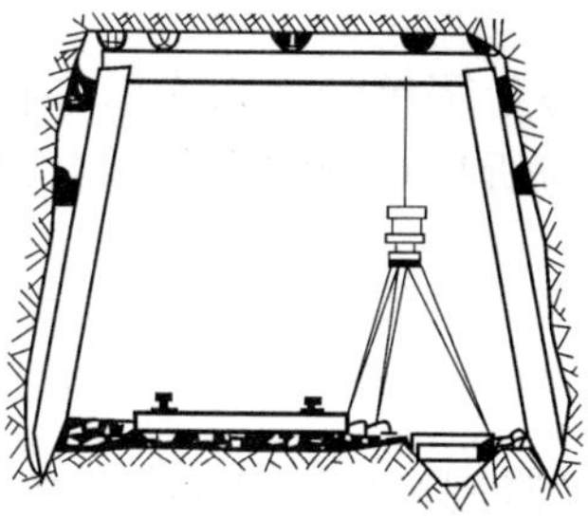

图 4-8 测点下对中

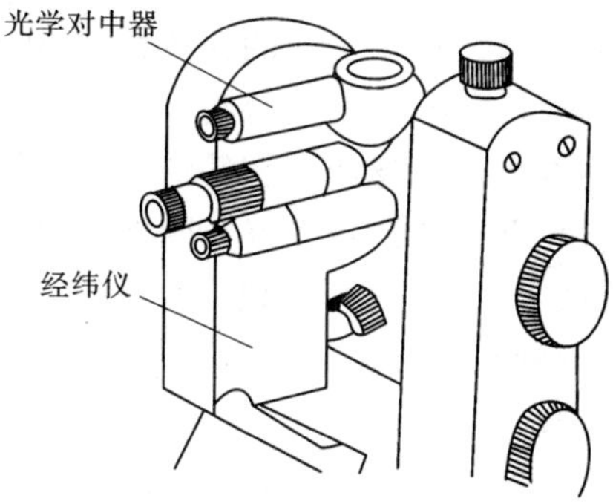

图 4-9 望远镜上对中器

(2)在倾角很大的急倾斜巷道中测角时,望远镜视线有可能被水平度盘挡住,因此望远镜镜筒要短,最好有弯管目镜或偏心望远镜等附件。另外,仪器竖轴倾斜对水平角测量精度的影响随仪器视线倾角的增大而增大,所以在倾角较大的巷道中测角时,要注意严格整平经纬仪。

(3)井下黑暗潮湿,并有瓦斯及煤尘,因此要求仪器有较好的密封性,并应具有防爆照明设备,以便于瞄准和读数。

矿山测量中,主要采用 J_2 和 J_6 级经纬仪进行井下日常测量。对于 J_2 级光学经纬仪,除用于矿区三、四等平面控制测量外,主要用于近井点测量、大型矿井定向和井下±7″级基本控制导线测量、大型贯通测量及重要工程的精密施工测量。对于 J_6 级光学经纬仪,除用于地形测量外,主要用于井下±15″级基本控制导线和采区控制导线测量,以及矿井日常测量。此外,还有低精度的悬挂式或托盘式矿山经纬仪,适用于采区次要巷道及回采工作面的测量。

二、矿用经纬仪的检校与维护

《规程》规定,为了保证测量成果的质量,对所使用的经纬仪应加强管理,精心保护,定期及在重要测量工作前进行检验和校正。

(一)矿用经纬仪的检校

1. 水准管的检校

检验目的:使水准管轴垂直于仪器竖轴。

检验方法:将仪器置于三脚架上大致整平,使水准管平行于一对脚螺旋的连线方向,调整脚螺旋使气泡居中,转动照准部 180°,若气泡仍居中,即符合要求,否则需校正。

校正方法:拨动水准管的校正螺丝,使气泡移回偏移量的一半,再调整脚螺旋使气泡居中。如此反复进行直到符合要求。

若圆水准器亦不符合要求,可利用上述校正好的水准管,拨动圆水准器的校正螺丝来校正圆水准器。

2. 十字丝的检校

检验目的:使十字丝的竖丝垂直于仪器横轴。

检验方法:安平仪器,将望远镜大致放平,用十字丝竖丝上端对准远处一明显目标点,固定照准部。旋转望远镜竖直微动螺旋,同时观察瞄准点,如它始终在竖丝上,则满足要求,否则需校正。

另一种检验方法：在距安平的仪器大约10 m远处挂一根垂球线，用十字丝竖丝瞄准，看竖丝是否与垂球线重合，如不重合则需校正。

校正方法：放松十字丝两个相邻的校正螺丝，用手将十字丝分划板作微小转动，再慢慢上下转动望远镜，使所瞄准点始终在竖丝上；或使竖丝与所挂垂球线保持重合时，即可拧好护罩。此项检校需反复进行，直到符合要求。

3. 视准轴的检校

检校目的：使视准轴垂直于仪器横轴。

检验方法：常用方法是整平仪器，瞄准远处约与仪器同高的一点，读取水平度盘读数 a_1；再倒镜瞄准该点，读取读数 a_2，若 $a_1-a_2=\pm180°$，则满足要求，否则需校正。

校正方法：微动照准部，使水平度盘读数为 $a_0=(a_1+a_2\pm180°)/2$，固定照准部，先慢慢旋松十字丝上下校正螺丝，然后拨动十字丝左右校正螺丝，使十字丝中心重新对准目标点。这项检校需反复进行，直到满足要求。

4. 横轴的检校

检校目的：使仪器横轴垂直于仪器竖轴。

检验方法：整平仪器，正镜瞄准仰角大于30°的一高处目标点 P，固定照准部，把望远镜放平，瞄准 P 点正下方的水平标尺，读取标尺读数 m_1；倒镜同法先瞄准 P 点，再平放望远镜读取标尺读数 m_2，若 $m_1=m_2$，则满足条件，否则需校正。

校正方法：微动照准部，使望远镜十字丝交点对准平均值 $m_0=(m_1+m_2)/2$，固定照准部。用望远镜仰视高处目标 P，用横轴的校正螺丝将横轴的一端上升，使十字丝交点与高处目标 P 重合。此项检校应反复进行。对 J_6 级经纬仪来说，横轴与竖轴的不垂直度应不超过 ±10″。

5. 竖盘指标差的检校

检校目的：使望远镜视准轴处于水平位置时，竖盘指标归于零位。

检验方法：安平仪器，正镜照准远处一高目标点，转动竖盘水准器微动螺旋使其气泡居中，测得该视线的倾角 $\delta_{左}$，倒镜同法再测得该视线倾角 $\delta_{右}$。若 $\delta_{左}=\delta_{右}$，则无指标差；否则其指标差 $i=(\delta_{左}-\delta_{右})/2$。对 J_6 级仪器来说，当 $i>15''$ 时，则需校正。

校正方法：转动竖盘水准器微动螺旋，使竖盘指标线在正确倾角的读数上，此时竖盘水准管气泡必然偏移，取下指标水准管护帽，拨动该水准管的校正螺丝使其气泡居中。此项检校要反复进行，直到符合要求。

6. 光学对点器的检校

检校目的：使光学对点器视准轴与仪器竖轴重合。

检验方法：分为以下三种情况。

1）安装在仪器照准部上的对点器的检验

安平仪器，在三脚架下平放一块贴有白纸的测板，按光学对点器的中心在测板上标出一点，然后把照准部旋转180°，同法再标出一点，若两点重合，说明条件满足，否则需校正。

2）安装在仪器基座上的对点器的检验

将仪器平卧在稳固的桌子边缘，使照准部固定不动，基座可以绕轴旋转。在距仪器1～2 m的墙壁上贴一张白纸，按光学对点器中心在纸上标出一点，然后把基座旋转180°，同法标出另一点，若两点重合，说明条件满足，否则需校正。

3）安装在仪器望远镜上的对点器的检验

在室内天花板上贴一张白纸，在其下方安置经纬仪并整平。使望远镜水平，按对中器的中心在白纸上标出一点，然后将照准部旋转180°，同法再按对中器中心标出一点，若两点重合，说明条件满足，否则需校正。

校正方法：对于安装在照准部上的对点器（如蔡司010经纬仪），在对点器目镜管上套有一护盖，拧下四个固定螺丝，取下护盖，微松两个固定目镜管的螺丝，用螺丝刀慢慢撬动目镜管底座，使光学对点器中心移动到两点连线的中点。对于安装在基座上（如T2、T3经纬仪）或望远镜上的对点器，调整对点器校正螺丝（松一个、紧一个），使对点器中心对准两点连线的中点。此项检验需反复进行，直到对中器中心前后两投影标志点间距小于0.5 mm。

7. 镜上中心的检校

检验目的：使望远镜水平时，镜上中心与仪器竖轴重合。

检验方法：在避风处挂一垂球，在其下安平经纬仪，使望远镜水平。将镜上中心和垂球尖精确对准，徐徐转动照准部，观察镜上中心是否偏离垂球尖。若镜上中心始终不偏离，表示镜上中心位置正确，否则需校正。

校正方法：先将镜上中心精确对准垂球尖，把照准部转动180°，此时垂球尖对准另一点，标出两点连线的中点，移动仪器使中点对准垂球尖，徐徐转动照准部，若中点始终不偏离垂球尖，则该中点即为新的镜上中心，重新刻出正确位置的镜上中心即可。对可调式镜上中心标志，可旋松其固定螺丝，移动标志对准垂球尖端，再旋紧固定螺丝。此项检校要反复进行，直到符合要求。

（二）矿用经纬仪的维护

经纬仪是一种精密测量仪器，必须注意保养和维护。针对井下特殊的环境条件，还要特别注意下列几点：

（1）在井下安置仪器之前，应对巷道顶底板及两帮进行仔细检查，即“敲帮问顶”，确认无浮石、无冒顶、无片帮等危险后，方可安置仪器。

（2）背着仪器行走，坐车和上、下罐笼时，应注意不要碰撞仪器，必要时可把仪器抱在怀中。上井后必须及时打开仪器箱，擦净凉干后存放仪器。

（3）由于井下黑暗，行人车辆较多，因而安置仪器后必须设专人看管，同时仪器箱上不准坐人。

（4）在点下安置仪器时，应特别注意点上所挂的垂球不要碰坏仪器。仪器安好后，应及时将垂球线缩短或取下垂球，再进行观测。

（5）井下作业时，若仪器上凝结有水珠，切忌用手或毛巾擦拭物镜、目镜，必要时用擦镜纸将水珠擦干；也可稍等片刻，待仪器温度与井下温度适应后，再开箱安置仪器开始工作。

三、井下经纬仪导线角度测量

（一）安置仪器

用经纬仪测角时，首先需将仪器安置在测站上，安置仪器必须对中整平。由于条件所限，井下导线边长往往很短，而且边长长短相差很大，如果对中整平不准确，会使测角误差显著增大。因而,安置仪器是测角的重要环节。关于对中方法,按测点设置在巷道顶板和底板的不同,分为点下对中和点上对中两种;因所用仪器对中装置的不同,又可分垂球对中、光学对中和自动对中(也称三架法)三种。

光学对中不受风流影响,操作也很方便。垂球对中受风流影响,精度较低,一般采取加大垂球质量及挡风措施来提高对中精度。下面着重介绍几种常用对中整平的操作方法。

1. 利用垂球进行点下对中和整平

先在测站点上挂垂球,将三脚架安置在下面,调节架腿使架头大致水平和对中,踩牢脚架,然后移去垂球,将仪器安置在脚架上,调节脚螺旋使水准管气泡居中,再将望远镜调平。挂好垂球进行对中,平移仪器使镜上中心对准垂球尖,如此反复进行,直到照准部旋转到任何位置均能对中。

2. 利用光学对点器进行点下对中和整平

利用在望远镜上的光学对中器进行点下对中和整平时,同样先用垂球使仪器大致对中和整平,然后精确整平水平度盘和望远镜,再观察对点器显微镜并平移仪器,使对点器中心和测点标志中心重合即可。如果仪器只有点上对中设备,只能先用垂球将测点中心准确投到底板上,再进行点下对中。

3. "三架法"自动对中

目前,先进的全站仪均有配套的棱镜、觇标和"三联架"基座设备,如图 4-10 为我国南方测绘公司生产的棱镜组,仪器头和棱镜觇标可共用相同的基座及三脚架,这样每个三脚架连同基座可只对中整平一次,随后在搬站时,只需取下仪器头和棱镜觇标,而不必移动三脚架和基座。这种方法可以节省工作时间,提高工作效率,减少对中误差对测角和量边的影响,具有速度快、精度高的特点。但所需设备较多,携带不便,一般情况下很少采用。

图 4-10　南方测绘公司的棱镜组

如何又快又准地安置仪器,现场也有不少经验。由于整平与对中相互影响,因而正确的操作步骤应当是:先利用脚架大致对中和整平,旋转脚螺旋使仪器精确对中,再伸缩架腿进行粗略整平,调节脚螺旋精确整平,再松开中心螺旋平移仪器精确对中。

根据《规程》规定,井下各级经纬仪导线水平角观测,采用垂球对中的方法时,应根据不同的导线边长和导线等级按表 4-2 所列要求进行。

表 4-2　井下各级导线观测所采用仪器、观测方法及对中次数

导线等级	仪器	观测方法	导线水平边长(m)					
			<15		16～30		>30	
			对中次数	测回数	对中次数	测回数	对中次数	测回数
±7″	DJ_2	测回法	3	3	2	2	1	2
±15″	DJ_6	测回法或复测法	2	2	1	2	1	2
±30″	DJ_6	测回法或复测法	1	1	1	1	1	1

注:1. 如不用表中所列的仪器,可根据仪器级别和测角精度要求适当增减测回数。

2. 由一个测回转到下一个测回观测时,应将度盘位置变换 180°/n(n 为测回数)。

3. 多次对中时,每次对中测一个测回。

4. 若用固定在基座上的光学对中器对中,每次对中应将基座旋转 360°/n;而用照准部上的光学对中器或镜上中心进行对中时,每次对中应将照准部旋转 360°/n。

(二)水平角观测

井下测角时除按上述方法在测点下安置仪器外,还要在前后视点上挂垂球线作为瞄准标志。由于井下黑暗,前后视点必须照明。其方法是将矿灯放在垂球线后侧面以照亮垂球线,并要在矿灯玻璃上蒙一张透明纸或抹上白灰,以使望远镜看到垂球线的清晰影像。为了减少风流对垂球线的影响,应适当加重垂球质量或采取一些挡风措施,并使望远镜尽量瞄准垂球线的上部。瞄准时,应先用瞄准器大致瞄准灯光,再调焦对光,这样容易在视区内找到垂球线。有时井下灯光较多,为避免找错目标,通常用“灯语”和前后视进行联系。观测者要用矿灯照亮十字丝和读数窗,才能精确瞄准和读数。

井下导线观测水平角和地面测量一样,一般采用测回法和复测法。

1. 测回法

设欲测角度 ACB 如图 4-11 所示,先在测站点 C 上安置经纬仪,对中整平。

(1)正镜瞄准后视点 A,使水平度盘读数稍大于零,并读取水平度盘读数 a_1,记入观测手簿。

(2)松开照准部,顺时针旋转照准部,瞄准前视点 B,读取水平度盘读数 b_1,记入观测手簿。

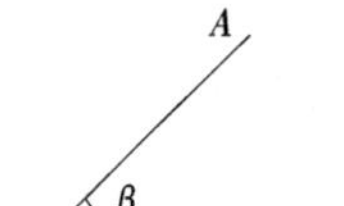

图 4-11　测回法

(3)倒镜逆时针旋转照准部,瞄准前视点 B,读取水平度盘读数 b_2,记入观测手簿。

(4)松开照准部,逆时针旋转照准部瞄准后视点 A,读取水平度盘读数 a_2,记入观测手簿。

(5)计算一测回水平角值。记录和计算见表 4-3。

$$\beta=(b_1-a_1+b_2-a_2)/2 \tag{4-1}$$

表 4-3　测回法水平角观测记录计算

点号		水平度盘读数 (°　′　″)		一测回水平角值 (°　′　″)
仪器点	照准点	盘左	盘右	
C	*A* *B*	0　00　12 58　23　54	180　00　18 238　23　48	58　23　36

当某一测站的观测方向数超过 3 个时，宜采用全圆测回法观测。

n 个测回的水平角值按下式计算：

$$\beta = \frac{[\beta]_1^n}{n} = \frac{[(b_1 - a_1) + (b_2 - a_2)]_1^n}{2n} \tag{4-2}$$

2. 复测法

复测法是用复测经纬仪（备有复测机构）进行观测的。以北光 DJ_6-1 为例，一次复测的观测步骤如下（如图 4-11 所示）：

（1）在 *C* 点置镜，扳上复测钮，松开照准部制动螺旋，使水平度盘读数指标线对在稍大于零的读数，扳下复测钮，照准后视点 *A*，读取水平度盘读数 a_1，记入观测手簿。

（2）扳上复测钮，松开照准部制动螺旋，顺时针旋转照准部照准前视点 *B*，读取水平度盘读数 a_2，记入观测手簿。

（3）扳下复测钮，再松开照准部制动螺旋，纵转望远镜，照准后视点 *A*，但不读数。

（4）扳上复测钮，再松开照准部制动螺旋，顺时针旋转照准部照准前视点 *B*，读取水平度盘读数 a_3，记入观测手簿。

（5）计算一次复测的水平角值。记录和计算见表 4-4。

$$\beta = (a_3 - a_1)/2 \tag{4-3}$$

$$\beta_{检} = a_2 - a_1 \tag{4-4}$$

当 $\beta_{检}>180°$ 时，应将 a_3-a_1 加上 360°。

表 4-4　复测法记录及计算

点号		水平度盘读数 (°　′　″)		（检验角值）一测回水平角值 (°　′　″)
仪器点	照准点	盘左	盘右	
C	*A* *B*	0　00　06 178　23　42	 356　47　36	（178　23　36） 178　23　45

进行 *n* 次复测时，可先以盘左按上述（1）、（2）步骤测角 *n* 次，只在第一次照准目标 *A* 和 *B* 时分别读取读数 a_1 和 a_2；然后纵转望远镜再以盘右按上述（3）、（4）步骤测角 *n* 次，只在最后一次照准目标 *B* 时读取读数 a_3，水平角值按下式计算：

$$\left.\begin{aligned} \beta &= \frac{a_3 - a_1 + K \cdot 360°}{2n} \\ \beta_{检} &= a_2 - a_1 \end{aligned}\right\} \tag{4-5}$$

式中 $K=\dfrac{2n\beta_{检}-(a_3-a_1)}{360°}$，取至整数。

（三）竖直角观测

倾斜视线与水平线的夹角即为倾斜角，简称倾角，通常用 δ 表示，并规定仰角取正值，俯角取负值，取值范围为 $-90° \sim +90°$。倾斜视线与铅垂线向上方向所组成的夹角称为天顶距，通常用 Z 表示，取值范围为 $0° \sim 180°$。

井下导线测量倾角的目的，是求得倾斜导线边长的水平投影长度，以及相邻两导线点间的高差。

井下测量倾角和地面测量一样，采用测回法观测一个测回，重要的测两个测回。实际工作中它与水平角同时观测，如图 4-11 所示，其观测与计算步骤如下：

(1)在正镜瞄准后视点 A 并读取水平度盘读数后，用十字丝中丝精确瞄准垂球线上的标志点（一般别一根大头针），调节竖盘指标水准管气泡居中后，读取竖直度盘读数 L_A，记入观测手簿。

(2)倒镜时同法瞄准后视点 A 垂球线上的标志点，同法读取竖盘读数 R_A，记入观测手簿。

(3)竖直角 δ 的计算方法随经纬仪竖盘注记方法的不同而异。

若竖盘以全圆顺时针方向注记，且当望远镜水平时竖盘读数为 90°或 270°，则竖直角计算方法为

$$\delta_A=(R_A-L_A-180°)/2 \tag{4-6}$$

若竖盘以全圆逆时针方向注记，且当望远镜水平时竖盘读数为 90°或 270°，则竖直角计算方法为

$$\delta_A=(L_A-R_A+180°)/2 \tag{4-7}$$

(4)竖盘指标差计算公式为

$$x=(L+R-360°)/2 \tag{4-8}$$

竖盘注记方式的简易判断：实际观测之前，先以盘左位置，大致把视线放平，看一下竖盘读数，然后将望远镜慢慢上仰，观察竖盘读数是增大还是减小，若是减小则为顺时针注记，反之则为逆时针注记。记录和计算见表 4-5。

表 4-5　竖直角观测记录和计算

测站	照准点	盘位	竖盘读数 (°　′　″)	竖盘指标差 x (″)	一测回竖直角值 (°　′　″)	说明
C	A	左	107　01　48	+5	−17　01　42	俯角
		右	252　58　24			
C	B	左	84　15　36	−6	+5　44　18	仰角
		右	275　44　12			

（四）电子经纬仪（全站仪）测角

电子经纬仪与光学经纬仪相比，其主要特点是测角设备采用了编码度盘、光栅度盘、电栅度盘或记时测角度盘，从而实现了电子数字化自动测角。将电子经纬仪、光电测距仪和微处理机组合为一个整体，就构成了全站型电子速测仪，简称全站仪。它在一个测站上能快速进行水平角、竖直角和距离测量等全部测量工作，并可通过微处理器自动记录、计算、存储测

量数据。全站仪系列型号很多,目前国内外生产的高、中、低各等级精度的全站仪多达几十种,其结构形状大同小异。图 4-12 为全站仪结构。

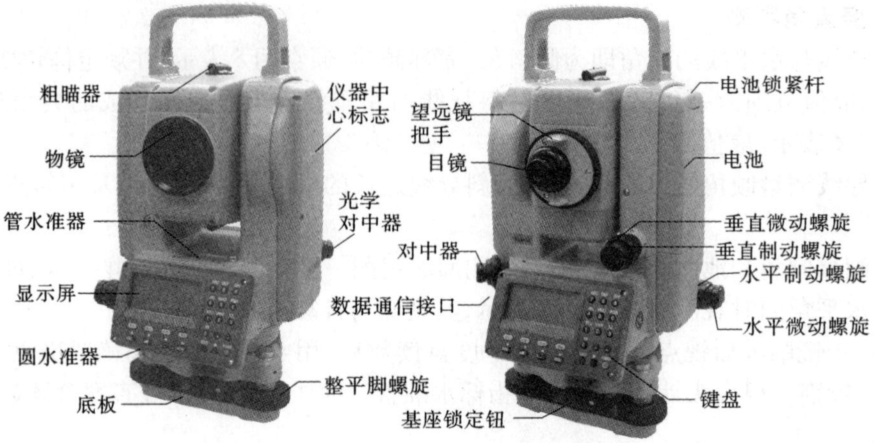

图 4-12 全站仪

1. 用电子经纬仪(全站仪)测量水平角与竖直角

不同型号的电子经纬仪(全站仪),结构不同,但其测角方法基本相同。下面以南方全站仪 NTS-310/330 系列为例,介绍测角的方法和步骤。

(1)如图 4-11 所示,在测站点 C 安置全站仪,对中整平;在目标点 A、B 安置棱镜,对中整平。

(2)打开电源,系统设置自动进入测角模式;按"ANG"键进入测角模式,如图 4-13(a)所示,屏幕显示第二行"V"为天顶距(或竖直角),第三行"HR"为视准方向水平角值。

(3)照准第一个目标点 A 的棱镜中心,按"F1"键(置零),可设置水平角起始值为 0°00′00″,屏幕显示如图 4-13(b)所示;按"F4"(是)键确认,屏幕显示如图 4-13(c)所示,则 A 方向水平角值为 0°00′00″,天顶距值为 88°30′55″。

(4)照准第二个目标 B 的棱镜中心,屏幕显示第二行"V"为 B 点天顶距,为 93°25′15″,第三行"HR"为水平角 ACB 的大小,为 168°32′24″,如图 4-13(d)所示。

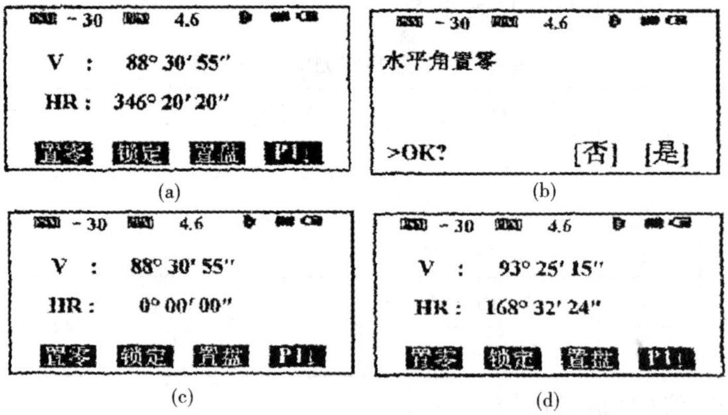

图 4-13 全站仪测角

2. 电子经纬仪(全站仪)的自动补偿与整平方法

为了自动改正仪器轴系误差对测角的影响,全站仪均装备了自动补偿设备,通常是由传感器及微处理机组成,常见的有三种类型的自动补偿,即单轴补偿、双轴补偿和三轴补偿。

1)单轴补偿

由传感器测定仪器由于竖轴倾斜而引起的竖直度盘的读数误差,并依此对天顶距(或竖直角)作实时补偿。

2)双轴补偿

传感器能同时测出仪器由于竖轴倾斜而引起的竖直度盘和水平度盘读数的误差,并依此对天顶距(或竖直角)和水平方向值作实时补偿。

3)三轴补偿

三轴补偿不仅能够补偿全站仪由于竖直轴倾斜引起的竖直度盘和水平度盘的读数误差,而且能补偿由于水平轴倾斜误差和视准误差 C 引起的水平度盘读数的误差。有了三轴补偿,即使一个镜位(正镜或倒镜)观测,也不受竖轴倾斜、水平轴倾斜及视准误差 C 的影响。

由于有了轴系自动补偿设备,所以全站仪在整平时,除了可用传统的方法,即利用水准器气泡整平,还可以采用以下两种方法来精确整平仪器。

第一种方法:利用补偿后的竖盘读数来整平。将仪器粗略整平,使其在补偿器的补偿范围(一般为±3′)之内。令望远镜筒指向一对脚螺旋连线方向,记下竖盘读数 V_1;望远镜保持不动(即不绕水平轴纵转),松开仪器照准部绕竖轴旋转180°,记下竖盘读数 V_2。若 $V_1 \neq V_2$,则可旋转望远镜筒所指向的一对脚螺旋,使竖盘读数等于 $V=(V_1+V_2)/2$,此时,沿望远镜筒的方向上仪器已水平。再旋转照准部90°,使望远镜筒指向第三个脚螺旋方向,并重复上述步骤,使仪器完全整平,即当照准部绕竖轴旋转时,在任何方向上竖盘读数 V 均保持不变。

第二种方法:利用分离出的竖盘指标补偿值来整平仪器。有的电子经纬仪(如瑞士 Kem El 电子经纬仪)可将竖盘指标补偿值分离出来,这时,可旋转脚螺旋,使照准部在任何位置时竖盘指标补偿值均为零,则此时仪器已整平。

第三节　井下经纬仪导线的边长测量

近年来,随着测距仪(全站仪)的出现和普及,许多有条件的矿井开始采用光电测距,但在一般条件下,仍采用钢尺丈量方法。下面对钢尺量距和光电测距分别加以介绍。

一、钢尺的比长

《规程》规定,井下基本控制导线的边长,应采用经过比长的钢尺悬空丈量。所谓钢尺的比长,就是将钢尺的名义长度(尺面长度)与其标准长度进行比较,求出它的实际长度,也称为钢尺检定。钢尺的实际长度与其名义长度之差,称为尺长改正数。因此,钢尺比长的目的就是求尺长改正数。钢尺的比长方法很多,一般是在专门的比长器(台)上进行。比长器分室内和室外两种,也可用检定过的钢尺作为标准尺进行比长。

(一)在室内比长器上进行比长

室内比长器常设在大楼底层走廊的墙壁上,两端用专门的标志牢固埋设,如图4-14所示。两端标志间的长度为50 m,并在中间30 m处加设一个标志点,以便检定30 m和20 m长的钢尺。在标志中心即0 m、30 m和50 m的整刻划线两侧各3~5 cm的范围内均应刻上毫米分划线备用。

用经纬仪和水准仪将标志中心固定在同一直线和同一高度上。各标志的间距，应按三等基线测量方法和要求用铟钢基线尺量出，作为比长器的标准长度 L_0。

检定钢尺时，将被检钢尺挂上 10 kg 或 15 kg 重锤，丈量与尺长相应的两标志中心的间距。丈量时要测记温度，每尺应以不同起点读数三次，估读到 0.1 mm，所测长度互差应小于 1 mm，至少进行三个测回，经计算求得由被检钢尺量出的两标志中心的间距（即名义长度）L_M，则钢尺的比长改正数为

$$\Delta k = L_0 - L_M \qquad (4-9)$$

钢尺检定时的温度 t_0 和加在钢尺上的拉力 P_0 称为检定温度和检定拉力，一般取标准温度 $t_0 = 20$ ℃，标准拉力 $P_0 = 10$ kg。

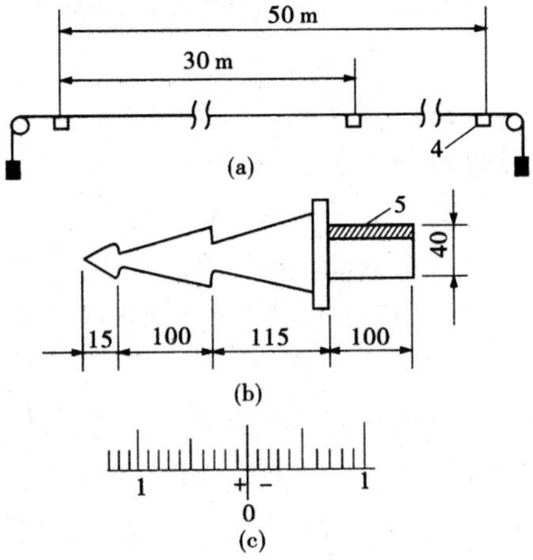

图 4-14　室内比长器

（二）在室外比长器上进行比长

图 4-15 是一个简单的室外比长器。它设在平坦、稳固和便于比长的地方。在相距稍小于 50 m 的两端，各埋设有一个带铜标柱的混凝土基墩，铜柱头要露出桩面且等高，并刻划细十字作为标志的中心。

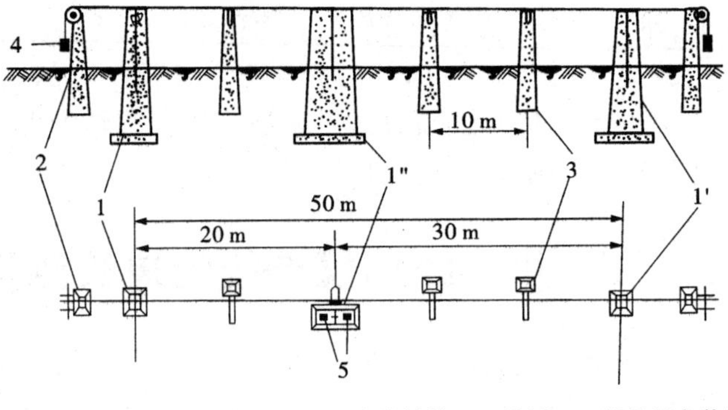

1，1′，1″—标志托桩；2—标注；3—固定滑轮桩；4—重锤；5—钢尺固定装置

图 4-15　室内比长器

为了便于 20 m 和 30 m 钢尺的比长，可在两标柱之间再加一个标柱。标柱埋好后，同样用基线尺精密丈量各标志中心间长度，作为比长器的标准长度。钢尺室外比长的方法详见下述实例。

（三）钢尺比长的实例

某矿 M501 号钢尺，在矿务局室外比长器上进行了比长。比长器的两端点基东、基西均为高出地面 1 m 的埋设水泥墩（见图 4-15），其间距曾用三根检定过的铟钢基线尺各丈量一次，求得平均值为 $L_0 = 49.988\ 0$ m，即为该比长器的标准长度，其相对精度达 1/570 000。

比长时，用 M501 号钢尺丈量三测回（即往返六次）。每次均施加 10 kg 拉力，悬空丈量，读数三次，估读至 0.1 mm，其测距较差不超过 1 mm，并实测温度。比长后计算出当拉力为 10 kg、温度为 20 ℃时，该整尺（50 m）的改正数及每米的改正数。M501 号钢尺比长记录及计算详见表 4-6。

表 4-6　钢尺比长记录与计算

测回	读数次数	往测				返测				各测回往返平均值
		温度(℃)	后端	前端	后减前	温度(℃)	后端	前端	后减前	
第一测回	1	6	50.030	0.036 7	49.993 3	6	50.050	0.057 2	49.992 8	49.984 8
	2		50.020	0.027 1	49.992 9		50.040	0.047 7	49.992 3	
	3		50.030	0.037 2	49.992 8		50.050	0.057 2	49.992 8	
	平均值	49.993 0				49.992 6				
	温度改正数	-0.008 0				-0.008 0				
	改正后长度	49.985 0				49.984 6				
第二测回	1	6	50.030	0.038 3	49.991 7	7	50.030	0.037 9	49.992 1	49.984 1
	2		50.010	0.018 2	49.991 8		50.020	0.078 4	49.991 6	
	3		50.000	0.007 8	49.992 2		50.010	0.018 2	49.991 8	
	平均值	49.991 9				49.991 8				
	温度改正数	-0.008 0				-0.007 5				
	改正后长度	49.983 9				49.984 3				
第三测回	1	7	50.030	0.038 1	49.991 9	8	50.050	0.058 2	49.991 8	49.984 8
	2		50.040	0.047 6	49.992 4		50.040	0.048 0	49.992 0	
	3		50.050	0.057 9	49.992 1		50.020	0.028 0	49.992 0	
	平均值	49.992 1				49.991 9				
	温度改正数	-0.007 5				-0.006 9				
	改正后长度	49.984 6				49.985 0				

M501 号钢尺的尺长方程式为：$L_t=50\times[L+0.000\ 011\ 5(t-20)+0.000\ 23]$

计算

已知比长台两端点间水平距离(实际长度)：$L_0=49.988\ 0$ m，标准温度 $t_0=20$ ℃，标准拉力 $P_0=98$ N，即 10 kg。钢尺丈量三测回平均值(已加入温度改正)：

$(49.984\ 8+49.984\ 1+49.984\ 8)/3=49.984\ 6$(m)

垂曲改正数 $\Delta L_f=-0.008\ 1$ m。

钢尺丈量结果再加入垂曲改正数(即名义长度)：

$49.984\ 6-0.008\ 1=49.976\ 5$(m)

则钢尺的尺长改正数为

$\Delta k = L_0-L_M=49.988\ 0-49.976\ 5$

$=+0.011\ 5$(m)

钢尺每米改正数：$K=+0.011\ 5/50$

$=0.000\ 23$(m)

钢尺比长平均值中误差为

$$m=\pm\sqrt{\frac{[vv]}{n(n-1)}}$$

$$=\pm\sqrt{\frac{90}{6\times 5}}=\pm 0.17(\text{mm})$$

v 为半测回观测值与三测回平均值之差。

比长相对误差为

$$\frac{0.17}{50\times 10^3}=\frac{1}{300\ 000}$$

二、井下钢尺量边方法

(一)钢尺量边工具

井下钢尺量边时所用的工具有钢尺、拉力计、温度计以及垂球等。钢尺长度宜采用30 m或50 m,最好整尺均有毫米刻划。拉力计是为了在精确量边时对钢尺施加一定的标准拉力,温度计用来测定钢尺量边时的温度。

(二)钢尺量边方法

井下一般采用悬空丈量方法。在水平巷道中可直接丈量平距;在倾斜巷道中,一般先丈量斜距、测出倾角,再换算成水平距离。丈量平距时,先用经纬仪水平视线瞄准前、后视点所挂的垂球线,并用大头针(小钉)标出视线与垂球线的交点。丈量时,用钢尺末端对准经纬仪水平轴(或镜上)中心,把钢尺另一端施加检定时的拉力,对准大头针,由末端测工喊号,两端同时读数,估读到1 mm。其方法与地面丈量基本相同。每尺段以不同起点读数三次,三次所测得长度互差不得大于3 mm,取其平均值作为该尺段长度。每边必须往返丈量,即每一测站都要丈量前、后视距离。

基本控制导线的边长必须用检定过的钢尺丈量,同时要测记温度。分段丈量时的最小尺段不得小于10 m,定线偏差应小于5 cm。丈量结果加入各项改正后的水平边长互差不得大于边长的1/6 000;在边长小于15 m或在15°以上的倾斜巷道中丈量边长时,往返丈量水平边长的允许互差可适当放宽,但不得大于边长的1/4 000,合格后取往返平均值作为最终结果。

丈量采区控制导线的边长可凭经验拉力,不测温度,但必须往返丈量或错动钢尺位置1 m以上丈量两次,其互差不应大于边长的1/2 000,合格后取其平均值作为最终结果,否则重新丈量。

当边长大于尺长时,则需先定线,再分段丈量。如图4-16所示在倾斜巷道中,用架设在A点处的经纬仪照准B点垂球线上所别的大头针,测出其倾角δ。定线时,利用拴石块线绳作为中间点1、2,使它们处于望远镜的视线上,并在视线与各线绳交点处别大头针,然后分段丈量A—1、1—2和2—B的斜长。为方便起见,一些矿井采用特制的定线杆作中间点。还有一些矿井则采用自制的轻便三脚架,架头安装了可上下伸缩的中心杆,用来定线也较方便。

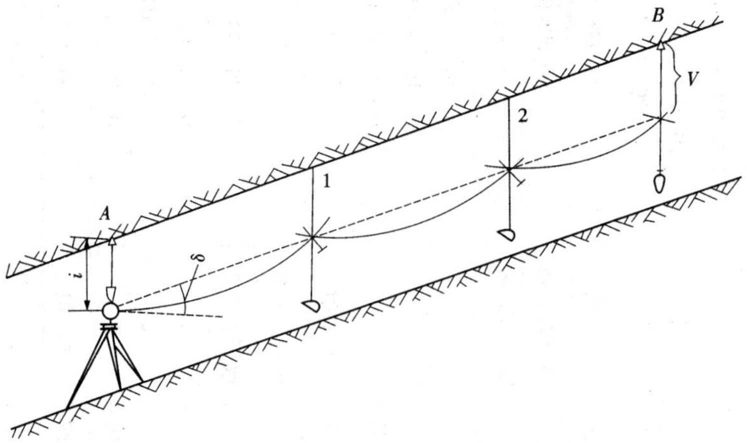

图4-16　井下悬空丈量边长

井下量边时，要注意不使钢尺碰到架空电线上，以免发生触电事故；同时要注意不使钢尺扭曲或打折，以防被拉断；也不要让过往行人或车辆踩踏碾压钢尺。

三、钢尺量边的计算

对于基本控制导线的实测边长，必须加入钢尺的尺长、温度和垂曲改正数，简称三项改正数。倾斜边长经上述改正后，还应换算为水平边长。

（一）三项改正数的计算公式

1. 尺长改正数 ΔL_k

尺长改正数的计算式为

$$\Delta L_k = KL \tag{4-10}$$

式中 K——每米的尺长改正数，$K=\Delta k/L_{尺}$；

L——实测长度。

2. 温度改正数 ΔL_t

温度改正数的计算式为

$$\Delta L_t = aL(t-t_0) \tag{4-11}$$

式中 a——钢尺的线膨胀系数，一般为 12×10^{-6} m/(m·℃)；

t——量边时钢尺的温度，一般为量边时的空气温度。

t_0——钢尺检定时的温度，一般取标准温度，为 20 ℃。

3. 垂曲改正数 ΔL_f

当悬空丈量平距时，钢尺因自重而形成一对称悬链线而非直线，使所测边长大于实际边长，因此要加入垂曲改正。按力学平衡方程式推导，可得钢尺全长垂曲改正数理论公式为

$$\Delta L_{f尺} = -\frac{Q^2 L_{尺}^3}{24P^2} \tag{4-12}$$

实测边长的垂曲改正数计算公式为

$$\Delta L_f = -\frac{Q^2 L^3}{24P^2} \tag{4-13}$$

式中 Q——钢尺每米长度的质量，kg/m；

P——量边时的拉力（一般为比长时的拉力），kN。

由以上两式还可以推出垂曲改正的另一个计算公式为

$$\Delta L_f = \Delta L_{f尺}\left(\frac{L}{L_{尺}}\right)^3 \tag{4-14}$$

钢尺全长的垂曲改正数 $\Delta L_{f尺}$，也可以在钢尺比长时实地测定，即直接测出钢尺水平状态下和水平悬空状态下的长度，其差值就是该钢尺的垂曲改正数 $\Delta L_{f尺}$；或者在钢尺比长时，直接测出钢尺的松垂距 f（松垂距 f 是钢尺中点的最大下垂高度），如图 4-17 所示。

然后按下式计算出 ΔL_f 值，即

$$\left.\begin{aligned} f &= c-(a+d) \\ \Delta L_{f尺} &= -\frac{8f^2}{3L_{尺}} \end{aligned}\right\} \tag{4-15}$$

当丈量倾斜边长时，其垂曲改正数计算公式为

$$\Delta L_{f斜} = -\Delta L_f \cos^2\delta \tag{4-16}$$

式中 ΔL_f——水平时的垂曲改正数；

δ——所测倾斜边长的倾角。

最后还要指出，当分段丈量边长时，应分别计算各尺段的垂曲改正数，其和即为该边长的垂曲改正数。垂曲改正数的符号永远为负。

钢尺量边时，应用拉力计对钢尺施加比长时的标准拉力 P_0，这样就不必加入拉力改正数了。

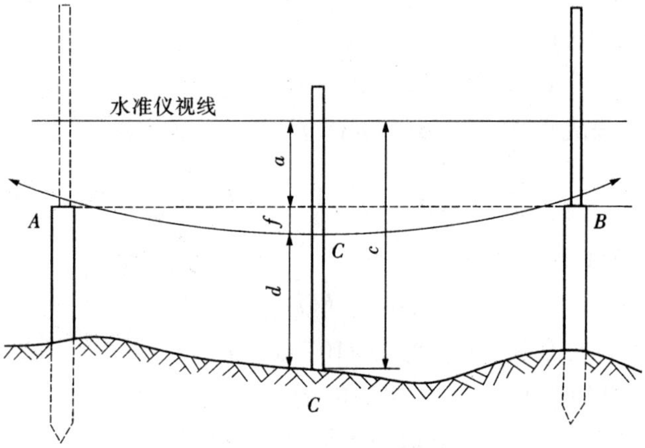

图 4-17 实测松垂距 f

4. 三项改正数的计算方法实例

【例 4-1】 已知一把 50 m 钢尺在 $P_0 = 15$ kg、$t_0 = 20$ ℃时的尺长改正数为 $\Delta k = +6.94$ mm，整尺长的垂曲改正数为 $\Delta L_{f尺} = -14.18$ mm（$Q = 0.024\ 75$ kg/m），求当 $t = 15$ ℃、$P = P_0$、$L = 40.153$ m 时的三项改正数及改正后的长度。

解：尺长改正数为

$$\Delta L_k = kL = +\frac{0.006\ 94}{50} \times 40.153 = +0.005\ 6\ (\mathrm{m})$$

温度改正数为

$$\begin{aligned}\Delta L_t &= aL(t - t_0)\\ &= 12\times10^{-6}\times40.153\times(15-20) = -0.002\ 3(\mathrm{m})\end{aligned}$$

垂曲改正数为

$$\begin{aligned}\Delta L_f &= \Delta L_{f尺}\times(L/L_{尺})^3\\ &= -14.18\times(40.153/50)^3 = -0.007\ 3(\mathrm{m})\end{aligned}$$

三项改正之和为

$$\Delta L = \Delta L_k + \Delta L_t + \Delta L_f = -0.004\ \mathrm{m}$$

改正后的长度为

$$40.153 - 0.004 = 40.149(\mathrm{m})$$

用公式计算三项改正数比较麻烦，实际工作中，可以用计算机编程序计算，也可事先编制好“三项改正数表”来查表求算。

(二)倾斜边长化算为水平边长

如果所量边长是倾斜边长 L,则在加入上述三项改正数之后,还应将其化算为水平长度 D,如图 4-18 所示。其计算公式为

$$D=L\cos\delta \tag{4-17}$$

式中　δ——所测倾斜边长的倾角。

如果已知倾斜边长 L 和其两端点间的高差 h,则水平长度 D 为

$$D=\sqrt{L^2-h^2} \tag{4-18}$$

(三)其他改正

除上述几项改正和化算外,《规程》还规定,在重要贯通测量工作中,还应当考虑导线边长归化到投影水准面的改正 ΔL_M 和投影到高斯-克吕格平面的改正 ΔL_G,如图 4-19 所示。

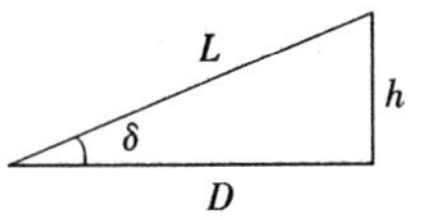

图 4-18　倾斜边长化算为水平边长

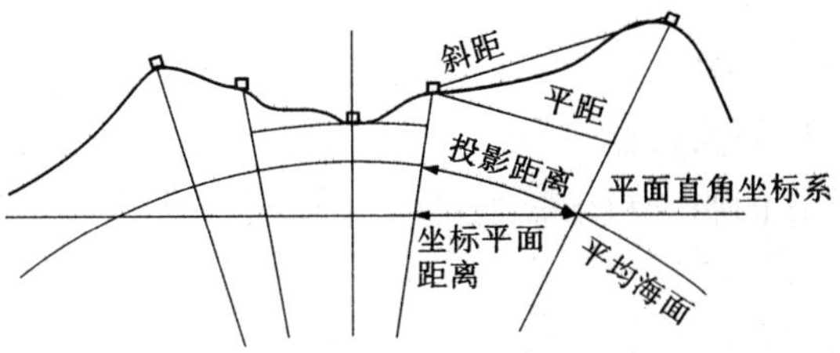

图 4-19　距离的投影归化改正

下面列出该两项改正计算的公式。

1. 将导线边长归化到投影水准面的改正

矿区高程应尽可能采用 1985 国家高程基准,所以导线边长也应投影到这个水准面上。当无条件时,方可采用假定高程系统,并将导线边长投影到该假定高程的起算水准面上。

井下导线边长化算为平距 D 后,再归化到投影水准面的改正数计算公式为

$$\Delta L_M=\frac{-H_m}{R}D \tag{4-19}$$

式中　H_m——导线边两端点的高程平均值,km;

R——地球的平均曲率半径,$R=6\ 371$ km。

2. 将导线边长投影到高斯-克吕格平面上的改正

$$\Delta L_G=\frac{y_m^2}{2R^2}D \tag{4-20}$$

式中　y_m——导线两端点的平均横坐标值,km;

R——地球的平均曲率半径,km。

例如:设导线边的水平长度为 $D=60$ m,导线边两端点的平均高程 $H_m=+465$ m,平均横坐标为 $y_m=150$ km,则该两项改正数为

$$\Delta L_M=\frac{-H_m}{R}D=\frac{-0.465}{6\ 371}\times 60=-0.004\ 4(\text{m})$$

$$\Delta L_G=\frac{y_m^2}{2R^2}D=\frac{150^2}{2\times 6\ 371^2}\times 60=+0.016\ 6(\text{m})$$

加入两项改正后的边长为

$$60-0.0044+0.0166=60.0122(m)$$

四、光电测距仪测边

目前，光电测距仪已成为光学、电子学、激光技术、计算机技术和精密仪器制造等多种高新技术的综合体现，尤其是适合于在矿井下使用的短程光电测距仪及全站仪得到迅速推广和使用。由煤炭科学研究总院唐山分院和山东济宁激光研究所等单位研制的防爆型REDmini2 型红外测距仪，如图 4-20 所示，已在许多矿山得到应用。目前，防爆型电子经纬仪和防爆型煤矿测量数据采集器（电子手簿）SDC-1 已由煤炭科学研究总院唐山分院开发研制成功。

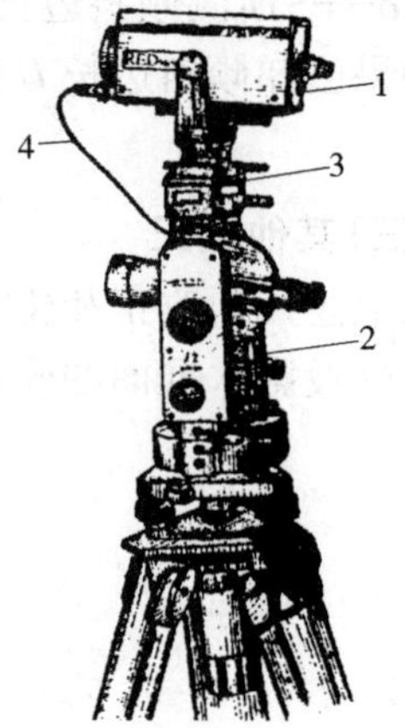

1—测距头；2—经纬仪；
3—连接器；4—电源线

图 4-20　RED 光电测距仪

（一）REDmini2 型红外测距仪的使用方法

1. 安置仪器

在测站上对中整平经纬仪 2，将测距头 1 通过连接器 3 安装在经纬仪上，把电源线 4 的一端插入测距头物镜旁的电源插座内，另一端与电池相连。同时，在镜站安置反射棱镜对中整平，并用反射棱镜上的准星照准测距头。

2. 检查仪器是否正常

按下测距头面板上的电源键（POWER），读数窗应显示 888888，如图 4-21（a）所示，5 s 后显示出反射棱镜常数和气象修正值（人为预置数），则说明仪器内部工作正常，由自动光量调节机构控制接收光量，若能进行测量，则显示器便显示出记号＊，如图 4-21（a）所示。

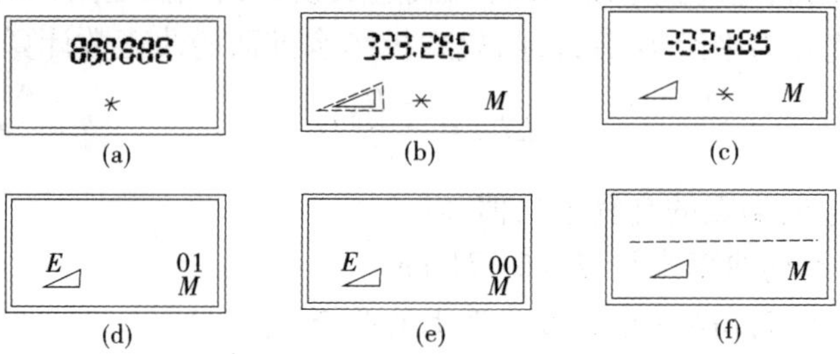

图 4-21　显示器显示状态

3. 测距

按下测距键（MEAS），开始测距。在测距过程中符号◿不断闪烁，如图 4-21（b）所示。测距结束时，音响装置发出短促声响，显示器上的数据和记号＊暂时消失，4 s 后所测的距离值显示出来，同时再显示出记号＊，如图 4-21（b）所示，4 s 后，再显示一次距离值，如图 4-21（c）所示。

如果按下测距键（MEAS）后记号＊消失，且音响装置发出断续响声，显示器显示出光路受阻（如图 4-21（d）、（e）所示），或者没有瞄准反射棱镜（如图 4-21（f）所示），此时应当检查中间是否有障碍物或重新瞄准反射棱镜。

若在测距过程中显示出“……LO”，则说明电池电量不足，应更换电池。

4. 井下光电测距的精度要求

(1)在测距的同时,应测定气象元素,测定气压读至 100 Pa(hPa),气温读至 1 ℃。

(2)每条边的测回数不得少于两个(一测回是指照准棱镜一次,读数四次)。采用单向观测或往返观测(或不同时间观测)时,其限差为:一测回内 4 个读数较差不大于 10 mm;单程测回间较差不大于 15 mm;往返(或不同时间)观测同一边长时,化算为水平距离(经气象改正和倾斜改正)后的较差,不得大于边长的 1/6 000。

5. 在井下使用光电测距仪的注意事项

(1)仪器严禁被淋水和拆卸,上井后应及时将仪器擦干净,置于阴凉通风处存放。

(2)该仪器的电源为镍镉蓄电池组,采用安全火花型防爆措施。在井下使用时,应当严格遵守安全规程的有关规定。要建立电源(电池)使用卡片,定期充电,切忌过充或过放电。充电应在地面上进行,在 10 ~ 40 ℃的环境条件下,连续充电 15 h 可将电充足。即使没有使用,在充电一个月后应再次充电。在将电池与仪器相连接或由仪器上拔下电源线时,必须先关掉电源键(POWER)。

(3)测距时,应避免在测线两侧及镜站后方有反射物体。当巷道内水汽过大或充满煤尘、炮烟时,不宜进行测距。

(4)目前,市场上销售的气压计最大读数约为 800 mmHg(106 658 Pa),当井下巷道高程低于-500 m 时,气压超过 106 658 Pa,就会读不出气压计读数。所以应当购买特制的适用于井下的大量程气压计。另外,由于井下是一个半封闭的人工气象环境,有风扇、风门等风流调节装置,所以不能像地面上那样由气压来计算高程,也不能由高程计算气压,必须用气压计实测气压,用以对测距结果进行气象改正。

(5)无线电对讲机在井下巷道中使用效果较差,当待测边较长时,要用事先约定好的"灯语"进行测站与镜站之间的联系。即使边长较短时可以用对讲机联系,也必须在测距读数时关闭对讲机,以免无线电信号干扰测距。

6. 光电测距仪的检测

新购置或经过修理的光电测距仪及其主要附件,应进行下列项目的检测:

(1)经纬仪视准轴和测距头光轴之间平行性的检验与校正。

(2)照准误差的测定。

(3)幅相误差的测定。

(4)周期误差的测定。

(5)加常数、乘常数的测定。

(6)棱镜常数的测定。

(7)测程的检测。

(8)内部符合精度的检测。

(9)精测尺频率值的测定。

(10)电源电压对测距影响的检测。

(11)气压计和温度计的检验与校正。

(12)光学对中器的检验与校正。

对于日常使用的光电测距仪,应当经常定期检查其加常数 C。一般常用的方法为"六段法",但比较复杂。下面介绍一种较为简单的方法。

（1）在一平坦的场地上，设置 A 和 B 两点，其距离大约为 100 m，如图 4-22（a）所示。

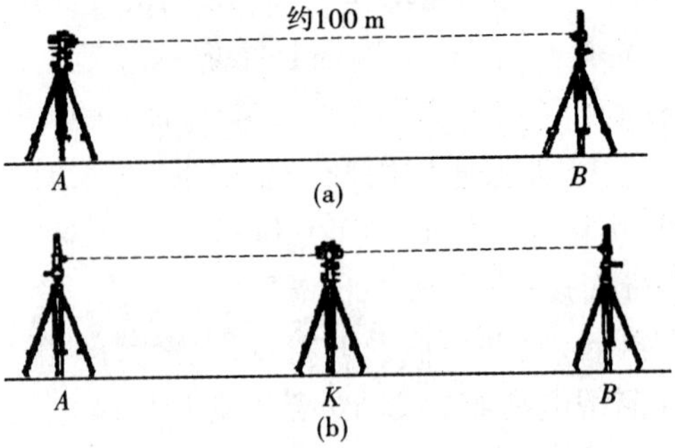

图 4-22　加常数 C 的简易测定

（2）在 AB 连线的大致中点处设置 K 点。

（3）在 A 点安置测距仪，测量距离 AB。

（4）在 K 点安置测距仪，测量距离 AK 和 KB，如图 4-22（b）所示。

（5）计算加常数 $C=AB-(AK+KB)$。　　（4-21）

（6）按上述步骤（3）、（4）反复操作 2～3 次，求出加常数 C 的准确值，并将其调整为零，具体调整方法见仪器说明书。

（二）全站仪测距

1. 南方 NTS-332R 的测距方法

在进行距离测量前要确认大气改正的设置和棱镜常数的设置。打开温度气压自动补偿开关，仪器自动检测温度、气压进行补偿。南方全站仪的棱镜常数出厂设置为-30。

（1）在测站点安置仪器对中整平。

（2）打开电源，确认处于测角模式，如图 4-23（a）所示。

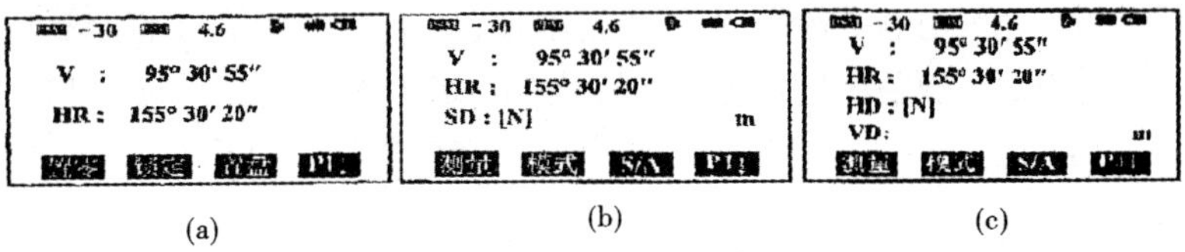

图 4-23　距离测量

（3）照准棱镜中心，南方 NTS-310R/NTS-330R 系列全站仪，合作目标有三种：选择棱镜模式，测量时照准棱镜中心；选择反射板模式，测量时照准反射板；选择无合作目标模式，测量时照准被测物体。

（4）按“距离测量”键开始测距，这时可以按“F2”键（模式）在连续测量[N]、单次测量[1]、跟踪测量[T]三种测距模式间进行转换，如图 4-23（b）所示。

（5）显示测量的距离，对于距离测量，可以显示斜距（SD），如图 4-23（b）所示，再次按下“距离测量”键，显示变为水平距离（HD）和高差（VD），如图 4-23（c）所示。

2. 全站仪的简易检测

全站仪作为一种多功能的测量仪器，操作简单，携带方便，实际应用较测距仪更为广泛。但在新购进或经过大修之后，或进行重要测量作业之前，应对其测角、测距及微处理机等各部分功能和精度进行全面检测。这里，仅介绍一种较为简易的检测方法，其目的是在日常测量工作中，随时对全站仪的主要功能进行必要的检查，做到心中有数。根据日本建设部国土地理院所发行的“全站仪公共测量手册”，其具体方法步骤如下：

1）场地选择及点位布置

选择平坦的场地，布设 A、B、C 三点一条直线（如图 4-24 所示），AB 与 BC 相距约 50 m。另外，再在距 B 点约 50 m 的高处（建筑物的顶层平台或高坡处）选择一点 D，令 BD 大致垂直于 AC，且 BD 连线的倾角大于 10°。D 点可位于 AC 连线的左侧或右侧。

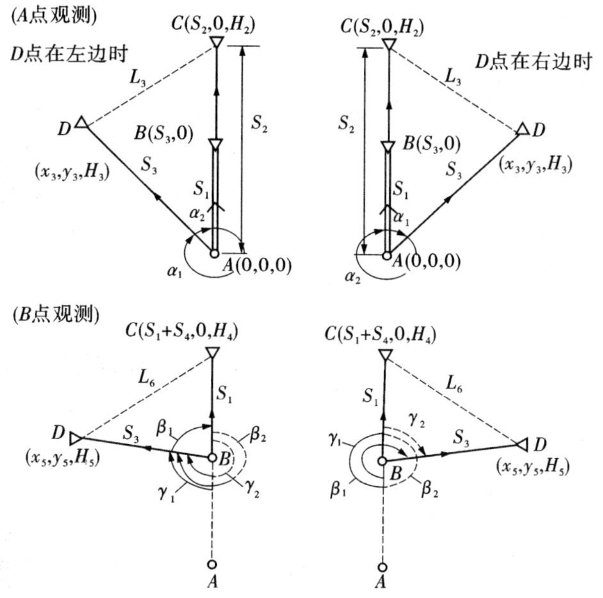

图 4-24　全站仪的简易检测

2）A 点观测

（1）把全站仪置于 A 点整平对中，在 B 点和 C 点安置棱镜，测量水平距离 $S_1 = AB$，$S_2 = AC$。

（2）把 B 点棱镜移到高处的 D 点，以 C 点为后视零方向，正镜观测 C 及 D，得水平方向值 $\alpha_0 = 0°00'00''$，$\alpha_1 = \angle CAD \approx 315°$，高差 $h_2 = \Delta h_{AC}$，$h_3 = \Delta h_{AD}$（此高差是 A 点仪器横轴与棱镜觇标中心之间的高差，而不是 A 与 C、D 的地面点之间的高差），此外，还测得水平距离 $S_3 = AD$。A 点正镜观测记录见表 4-7。

（3）倒镜，以 D 点为后视零方向，观测 D 及 C，得水平方向值 $a'_0 = 0°00'00''$，$\alpha'_1 = \angle DAC \approx 45°$，并测得水平距离 $S'_2 = AC'$ 和 $S'_3 = AD'$。高差 $h'_2 = \Delta h'_{AC}$ 和 $\Delta h'_3 = \Delta h'_{AD}$。$A$ 点倒镜观测记录见表 4-8。

表 4-7　*A* 点正镜观测记录

目标		*C*	*D*
测定项目	水平角	$\alpha_0=0°00'00''$	$\alpha_1\approx315°$（*D* 点在左） 或 $\alpha_1\approx45°$（*D* 点在右）
	水平距离	$S_2=AC$	$S_3=AD$
	比　高	$h_2=\Delta h_{AC}$	$h_3=\Delta h_{AD}$

表 4-8　*A* 点倒镜观测记录

目标		*D*	*C*
测定项目	水平角	$\alpha_0'=0°00'00''$	$\alpha_1'\approx45°$（*D* 点在左） 或 $\alpha_1'\approx315°$（*D* 点在右）
	水平距离	$S_3'=AD'$	$S_2'=AC'$
	比　高	$h_3'=\Delta h_{AD}'$	$h_2'=\Delta h_{AC}'$

（4）检查正、倒镜观测值之差，若在限差范围之内，可计算其平均值，具体计算见表 4-9。

表 4-9　*A* 点正倒镜观测值比较

检查项目	条件公式	限差
水平角	$\alpha_1+\alpha_2=(\alpha_1-\alpha_0)+(\alpha_1'-\alpha_0')=360°$	15″
水平距离	$S_2=S_2',\quad S_3=S_3'$	3 mm
高　差	$h_2=h_2',\quad h_3=h_3'$	5 mm

（5）如果全站仪具有直接测定坐标的功能，以 *A* 为原点（$x_A=0, y_A=0$），以 *AC* 为后视起始方向（$\alpha_{AC}=0°00'00''$），测出 *D* 点的坐标值（x_D, y_D）。

（6）如果全站仪具有对边测量功能，测出 *C*、*D* 之间的边长 *CD*。

3）*B* 点观测

（1）将全站仪移到 *B* 点整平对中，并在 *A* 点安置觇标整平对中，*C* 点和 *D* 点的棱镜和觇标均不动。

（2）以 *A* 点为后视零方向，正镜观测 *C* 点和 *D* 点，记录见表 4-10。

表 4-10　*B* 点正镜观测记录

目标		*A*	*C*	*D*
测定项目	水平角	$b_0=0°00'00''$	$b_4\approx180°$	$b_5\approx90°$（*D* 点在左） 或 $b_5\approx270°$（*D* 点在右）
	水平距离		$S_4=BC$	$S_5=BD$
	比　高		$h_4=\Delta h_{BC}$	$h_5=\Delta h_{BD}$

(3)倒镜,以 C 点为后视零方向,观测 A 点和 D 点,记录见表4-11。

表4-11　B 点倒镜观测记录

目标		C	D	A
测定项目	水平角	$b_0'=0°00'00''$	$b_5'\approx270°$(D 点在左) 或 $b_5'\approx90°$(D 点在右)	$b_4'\approx180°$
	水平距离	$S_4'=BC'$	$S_5'=BD'$	
	比　高	$h_4'=\Delta h_{BC}'$	$h_5'=\Delta h_{BD}'$	

(4)检查 B 点正、倒镜观测值之差,若在限差范围之内,可计算平均值,具体计算见表4-12。

表4-12　B 点正倒镜观测值比较

检查项目	条件公式	限　差
水 平 角	$(b_4-b_0)+(b_4'-b_0')=360°$ $(b_5-b_0)-(b_5'-b_0')=-180°$($D$ 点在左) $(b_5-b_0)-(b_5'-b_0')=+180°$($D$ 点在右)	30″ 15″ 15″
水平距离	$S_4=S_4',S_5=S_5'$	
高　差	$h_4=h_4',h_5=h_5'$	

(5)有直接测定坐标的功能时,以 B 点的坐标($x_B=S_1=AB,y_B=0$)为原点,以 BC 为后视起始方向($\alpha_{BC}=0°00'00''$),测出 D 点的坐标(x_D',y_D')。

(6)有对边测量功能时,测出 C、D 间的边长 CD'。

4)综合检定

确定 A 点和 B 点观测误差均在容许限差范围之内时(参阅表4-9及表4-12),则可综合 A 点及 B 点的观测结果,对全站仪作出最终检定结论(见表4-13)。

表4-13　A 点正倒镜观测值比较

检定项目	条件公式	限差
水平距离	$S_1+S_4=S_2$	20 mm
比　高	$h_3-h_2=h_5-h_4$	20 mm
坐　标	$x_D=x_D',y_D=y_D'$	20 mm
对 边 长	$CD=CD'$	20 mm

第四节　井下经纬仪导线测量的外业

井下导线测量外业，与地面导线基本相同，但由于井下环境的特殊性，也使得井下导线测量外业具有一些特点，如导线不是一次全面布设，而是随巷道掘进而不断延长，每次延长之前都要对上次测设的最后一个导线角度进行检查；井下导线点多设于顶板，仪器要在点下对中；井下黑暗，仪器及觇标均需照明；井下巷道狭窄，运输繁忙，观测条件不利等。本节针对井下特点对导线测量外业工作程序进行阐述。

一、劳动组织

井下光电测距一般需要 4 人，1 人观测，1 人记录，前后视镜站各一人；钢尺经纬仪导线一般需要 5 人，测角量边可同时进行，测角合格后即可进行量边，2 人拉尺，2 人读数，1 人记录兼测记温度。在下井之前要作出明确分工，并约定好“灯语”或其他一些联络方式，一到井下工作地点就各司其职，迅速投入观测工作。

二、选点和埋点

选择井下导线点时，应综合考虑以下几点：

(1) 导线点应尽量埋设在顶板岩石稳固、避开淋水和电缆、不影响运输之处，并便于观测和保存。

(2) 相邻导线点之间通视良好，间距尽量均匀，并应尽可能使点间距离大些。基本控制导线边尽量不小于 30 m，采区控制导线边尽量不小于 15 m。

(3) 在巷道的拐弯处、交叉口处、边坡点和已停工的掘进工作面等处均应当埋设导线点。从选定该类点之前的 2 ~ 3 个测点开始，就应当注意调整边长，以避免出现过短或过长的导线边。

(4) 为了避免运输干扰，应尽量将点设在远离运输轨道的一侧。

(5) 永久点应按《规程》要求，于施测前 1 ~ 2 天埋好，所有导线点要统一编号，并用白漆涂写在点旁，便于寻找，并最好在数字的右下角注一“·”，防止混淆出错，如“6.”、“9.”等。

选点工作通常由三人完成，彼此用矿灯表示点位，当相邻两面相互看见矿灯时，则固定中间点，依法选定所有导线点。

三、测角和量边

(一) 钢尺经纬仪导线测量

当测角量边同时进行时，一般至少要有 5 人组成作业小组，记录者帮助观测者安置仪器，量取仪器高；后测手在后视点挂垂球线；尺手先帮前测手到前视点找点和挂垂球线，并用大头针做好标志点，按要求用小钢尺量取觇标高；再到后视点量取觇标高；最后返回仪器旁准备量距。观测者用“灯语”指挥前后测手照明并稳定垂球线，用灯光照亮十字丝和度盘进行观测读数；记录者应靠近观测者，认真听记，同时要复诵，发现错误或超限时，及时告知观测者重测，负起把质量关和保护仪器的责任。测角合格后，观测者接过尺柄，尺手持尺的零端走向前视点与前测手共同量边。与此同时，记录者通知后测手回到仪器旁与观测者共同量边。此为量前视边，合格后同法量取后视边，所有测量结果合格后迁到下一站继续进行观测。

测量工作中大家要团结协作，积极配合，快速完成任务，并时刻注意人身和仪器安全。

（二）光电测距导线测量

1．“三架法”导线测量

有条件的矿井，可采用全站仪“三架法”导线测量。

如图 4-25 所示，欲从已知导线点 *A* 和 *B* 开始施测导线 *A*—*B*—1—2—3…。

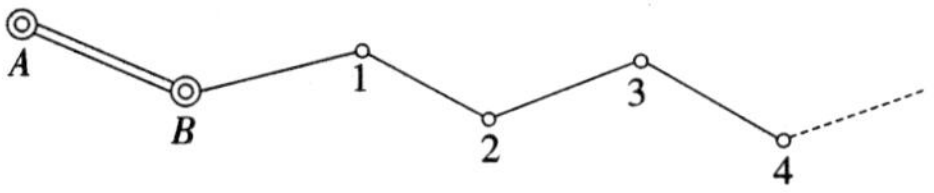

图 4-25　三架法导线测量

首先在 *B* 点安置全站仪对中整平，在后视点 *A* 和前视点 1 安置棱镜觇标对中整平。测完 *B* 站后，*B* 点及 1 点的三脚架和基座保持不动，将 *B* 点的仪器取下装到 1 点的三脚架基座中，将 *A* 点的棱镜插入 *B* 点的三脚架基座中，而将 *A* 点的三脚架及基座搬到 2 点对中整平，再将 1 点的棱镜插入其中，即可开始第二站（1 点）的观测。由此可见，每测完一站，只需在新的测点上对中整平三脚架一次，从而大大提高了工作效率。

2．“四架法”导线测量

有时还可以配备第四个三脚架和基座，将其提前在下一个测点 2 上安置好，这样在 *B* 站测完后，马上将仪器和棱镜安装到相应的三脚架基座中开始第二站的观测。这种方法适合于突击性导线测量，如趁节假日或井筒及设备大修期间，巷道内空闲，组织较多人力进行导线测量。

3．“省点法”导线测量

如图 4-26 所示，当井下测量复测支导线或对于已经测过的导线进行检查测量时，往往只需由原已知起始点 *A* 开始，测到另一端的最终边 *CD*，这时可不在原中间点 1，2，3…上对中整平，只在开始时在 *A*、*B* 上分别安置棱镜和仪器进行对中整平，而前视点 1′，2′，3′…可临时选定，这样就只需整平不需对中，直到最后终点 *D* 时，才需对中整平，从而节省大量时间，提高了工作效率。

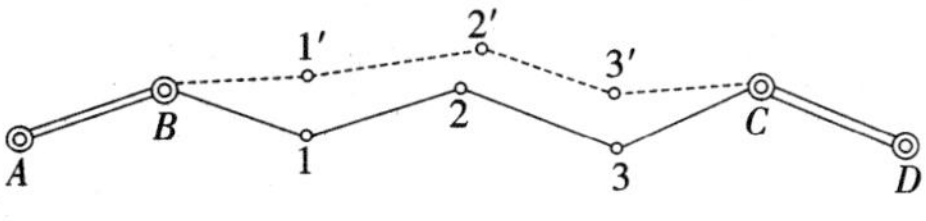

图 4-26　省点法导线测量

四、作业要求及有关限差

为了保证井下导线测量的精度，《规程》对所使用的仪器和观测方法，以及对不同边长时的对中次数，均有明确规定，具体要求见表 4-2。

在每一测站上测角时，均应在现场检查是否符合限差要求，如果超限应立即重测。根据

《规程》规定，在倾角小于30°的巷道中，各项限差应符合表4-14的要求。在倾角大于30°的巷道中，各项限差可放宽至1.5倍，并且要特别注意整平仪器，观测过程中水准管气泡偏离不得超过一格，否则应整平后重测。在倾角大于15°或视线一边水平而另一边倾角大于15°的巷道中观测水平角时，为避免竖轴倾斜对测角的影响，宜采用测回法。

表4-14　经纬仪导线水平角的观测限差

仪器级别	同一测回半测回互差	两测回间互差	两次对中测回间互差
DJ_2	20″	12″	30″
DJ_6	40″	30″	60″

测倾角时，应注意先将竖盘水准管气泡精确居中，然后读数。观测倾斜角的精度应符合表4-15的要求。

表4-15　倾斜角的观测限差

观测方法	DJ_2经纬仪			DJ_6经纬仪		
	测回数	倾斜角互差	指标差互差	测回数	倾斜角互差	指标差互差
对向观测（中丝法）	1	—		2	25″	25″
单向观测（中丝法）	2	15″	15″	3	25″	25″

五、导线测量的记录

（一）手工记录

井下测角量边记录手簿格式很多，表4-16为测回法测角的一种记录格式，表4-17为边长丈量的一种记录格式。记录者均应完整填写各项内容并绘制草图。

（二）电子手簿自动记录

一般生产全站仪的厂家均配有电子手簿（电子数据采集器）。它能与全站仪、电子经纬仪和测距仪直接连接，自动把观测数据记录下来，进行计算和判断其是否超限，并可通过与微机连接和通信，将所有记录的观测数据输入微机形成数据文件，为内业数据处理和计算机成图提供基础。也可手工将数据输入电子手簿，以适应某些小型矿山用经纬仪测角、钢尺量距的现状。

由全站仪、电子手簿、电子计算机以及与其相连的其他外围设备（绘图仪、数字化仪、打印机等）组成综合测绘系统，是当今测绘技术发展的一个重要方向，如图4-27所示。

表 4-16　测回法测角记录手簿

测量地点：-215 水平石门大巷　　　　仪器号：　　　　测量者：　　　　前测手：

测量日期：　　　　钢尺号：　　　　记录者：　　　　后测手：

仪器点	照准点	水平度盘读数(° ′ ″)									垂直度盘读数(° ′ ″)						cosδ、sinδ	斜距离 L(m)	水平距离 Lcosδ	Lsinδ	觇标高 v(m)	仪器高 i(m)	高差 (m)	备注及草图
		正镜读数			倒镜读数			平均读数			正镜读数 / 倒镜读数			倾角 δ							顶 / 底			
1	8	0	46	00	180	45	54	0	45	57	89	46	54	0	13	12					-1.010	-1.150		
											270	13	18											
	2	31	05	36	211	04	54	31	05	15	89	45	30	0	14	32					-1.500			
											270	14	34											
水平角		30	19	36	30	19	00	30	19	18											-1.920			
2	1	0	01	30	180	00	30	0	01	00	90	28	54	0	28	57						-1.380		
											269	31	00											
	3	179	54	06	359	53	24	179	53	45	90	31	30	0	31	15					-1.230			
											269	29	00											
水平角		179	52	36	179	52	54	179	52	45														
3	2																							
	4																							
水平角																								

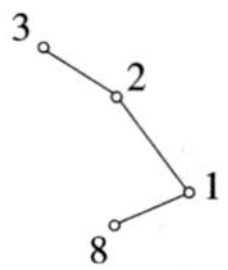

表 4-17　基本控制导线边长丈量记录手簿

测量地点:-215 水平石门大巷　　记录者:

测量日期:　　前读尺:

钢 尺 号:　　后读尺:

测线号	往测(m)				返测(m)				说明
	读数		边长后减前	温度 t (℃)	读数		边长后减前	温度 t (℃)	
	后端	前端			后端	前端			
5—6	18.300	0.071	18.229	23.0	18.290	0.085	18.205	23.0	$\delta_{往}=-1°13'55''$ $\delta_{返}=+1°09'34''$ 抄自角度观测手簿
	18.230	0.000	18.230		18.281	0.076	18.205		
	18.270	0.040	18.230		18.271	0.068	18.203		
平均			18.230				18.204		
6—7	26.702	0.052	26.650	22.5	26.681	0.027	26.654	22.8	$\delta_{往}=+1°02'10''$ $\delta_{返}=-0°17'56''$ 抄自角度观测手簿
	26.720	0.071	26.649		26.697	0.044	26.653		
	26.731	0.080	26.651		26.669	0.014	26.655		
平均			26.650				26.654		

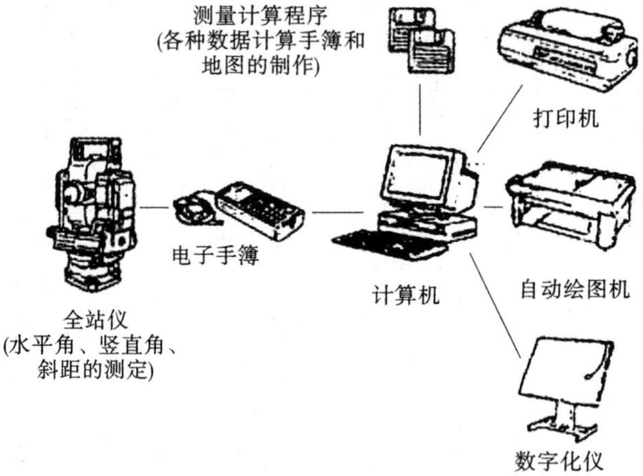

图 4-27　综合测绘系统示意

六、碎部测量

碎部测量的目的就是要测得井巷的细部轮廓形状,作为填绘矿图的依据。一般碎部测量与井下导线测量可同时进行。即在完成测角量边之后,丈量仪器中心到巷道顶板、底板和两帮的距离(俗称为量上、量下、量左和量右)。此外,还要测量巷道、硐室或工作面的轮廓,通常是用支距法或极坐标法进行碎部测量。

如图 4-28 所示为支距法碎部测量,在丈量完导线边长 3—4 之后,将钢尺拉紧,然后用皮尺或小钢尺丈量巷道两帮特征点到钢尺(即导线边)的垂直距离(横距)b_i和垂足到仪器站点的距离(纵距)a_i,同时绘制草图。极坐标法多用在硐室碎部测量中,如图 4-29 所示,导线测至硐室,在支点 M 上用仪器测出 M 点至硐室各特征点方向线与导线边之间的夹角 β_i,并丈量出仪器至特征点的水平距离 S_i,同时绘制草图。内业时根据所测数据和草图填绘矿图。

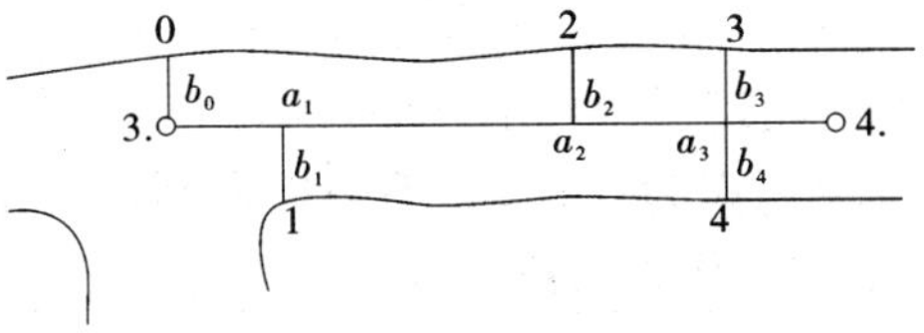

图 4-28 支距法巷道碎部测量

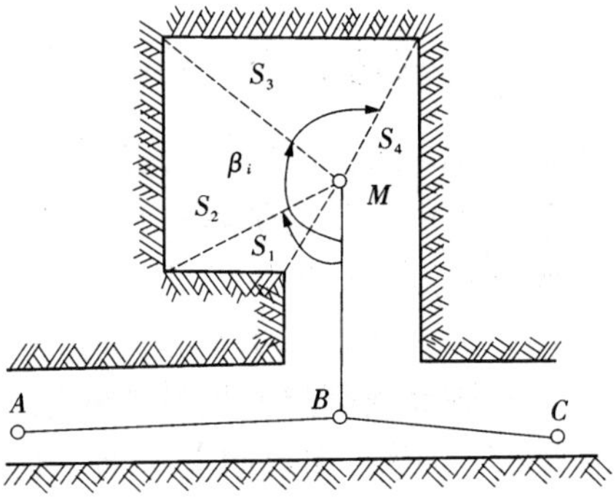

图 4-29 极坐标法碎部测量

七、导线的延长与检查

本章开始已经指出,随着采掘工程的进展,井下导线是逐段向前延长,而不是一次全面布网的。《规程》规定基本控制导线一般每隔 300 ~ 500 m 延长一次,采区控制导线应随巷道掘进每 30 ~ 100 m 延长一次。当掘进工作面接近各种安全边界(水、火、瓦斯、采空区及重要采矿技术边界)时,除应及时延长导线外,还必须以书面形式把情况报告矿(井)技术负责人,并通知安全检查和施工区、队等有关部门。

导线延长之前,为了避免用错测点并检查所依据的已知点是否移动,应对上次所测导线的最后一个水平角及最后一条边长按原观测的相应精度进行检查。此次观测与上次观测的水平角之差 $\Delta\beta$ 不应超过由下式所计算出的容许值:

$$\Delta \beta_{容} \leqslant 2\sqrt{2}\, m_\beta \tag{4-22}$$

式中 m_β——相应等级的导线测角中误差。

《规程》规定,井下 7″、15″和 30″导线的 $\Delta\beta_{容}$分别为±20″、±40″和±80″。

边长检查值与原丈量结果之差也不应超过相应等级导线量边的限差,基本控制导线为边长的 1/6 000 或 1/4 000,采区控制导线为边长的 1/2 000。

如果检查结果不符合上述要求,则应继续向后检查,直到符合要求方可以此点为起始点,继续向前延长导线。

第五节 井下经纬仪导线测量的内业

内业整理的目的就是求出导线各边的坐标方位角 α 及各导线点的平面坐标(x,y),并填绘矿图。它和地面导线计算一样,各项工作应有严密的检核。

一、检查整理外业测量记录及抄录起算数据

室内计算之前,要重新检查外业记录手簿,审查是否有超限结果和记错、算错等问题。检查时,切忌只看分、秒,而忽视度数。发现有不合格而又未算错时,要及时重测,直到满足要求。要正确转抄起算边的方位角和起算点的坐标,这是带有全局性的一步工作,必须严肃认真、反复核对无误后,方可进行下一步计算。

二、计算导线边长的各项改正数和平均边长

检查边长记录手簿,并转抄到边长计算表中。抄录后要仔细进行核对。井下基本控制导线用钢尺丈量的边长应加入比长、温度、垂曲等改正数后化算为水平边长。如有必要,还应加入归化到投影水准面的改正和投影到高斯-克吕格平面的改正。将往、返测边长分别加入相应改正数并化算为水平边长后,如果互差不超过限差要求,则可取其平均值作为最终成果。采区控制导线则只需把量得的往、返测斜距化算为平距,而不必加入其他改正,如果往、返测平距的互差不超过限差要求,则可取其平均值作为最终边长。

三、计算角度闭合差及其分配

(一)计算角度闭合差 f_β

不同的导线形式,其角度闭合差的计算公式各不相同,现分述如下。

1. 闭合导线

闭合导线的角度闭合差 f_β 是按下式计算的:

$$\left.\begin{aligned} f_\beta &= \sum \beta_{内} - 180^\circ \times (n-2) \\ f_\beta &= \sum \beta_{外} - 180^\circ \times (n+2) \end{aligned}\right\} \tag{4-23}$$

式中 $\sum \beta_{内}$、$\sum \beta_{外}$ ——闭合导线的内角总和与外角总和;

n——闭合导线的角度个数。

2. 附合导线

设附合导线起始边和最终边的坚强坐标方位角为 α_0 和 α_n,测角总个数为 n,则角度闭合差 f_β 为

$$\left.\begin{aligned} f_\beta &= \sum \beta_{左} - n \cdot 180^\circ - (\alpha_n - \alpha_0) \\ f_\beta &= \sum \beta_{右} - n \cdot 180^\circ - (\alpha_0 - \alpha_n) \end{aligned}\right\} \tag{4-24}$$

3. 复测支导线

复测支导线的角度闭合差 f_β 是按照最末公共边第Ⅰ次和第Ⅱ次所测得的坐标方位角 $\alpha_{n\text{Ⅰ}}$ 和 $\alpha_{n\text{Ⅱ}}$ 之差来计算的,即

$$f_\beta = \alpha_{n\,\mathrm{I}} - \alpha_{n\,\mathrm{II}} \tag{4-25}$$

4. 空间交叉闭合导线

如图 4-30 所示，设空间交叉闭合导线中共有内角图形 P 个、外角图形 K 个，则交叉点应有 $P+K-1$ 个，当沿导线前进方向测左角时，则经过交叉点后，便由内（外）角变成了外（内）角，所以交叉导线的角度总和（包括实际观测的角度和交叉点上的虚拟角度）应为内角图形与外角图形的角度总和，即

$$\begin{aligned}\sum\beta' &= 180^\circ\times[(n_1-2)+(n_2-2)+\cdots+(n_P-2)]+\\&\quad 180^\circ\times[(n_1'+2)+(n_2'+2)+\cdots+(n_K'+2)]\\&=180^\circ\times[(n_1+n_2+\cdots+n_P)+(n_1'+n_2'+\cdots+n_K')-2(P-K)]\end{aligned}$$

式中 $n_1, n_2, \cdots$——每个内角图形中的角度个数；

$n_1', n_2', \cdots$——每个外角图形中的角度个数。

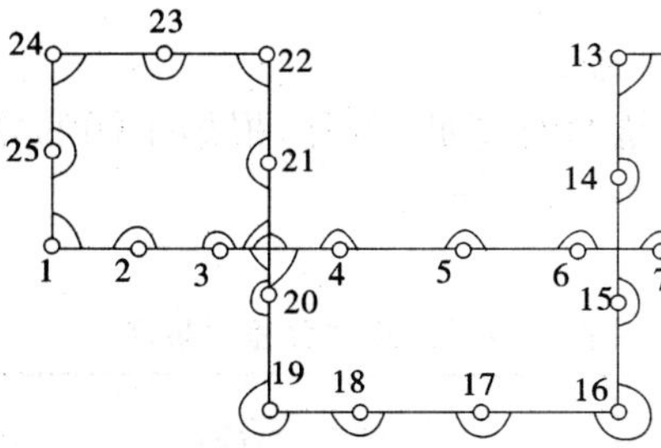

图 4-30 井下交叉闭合导线

这些图形的角度个数中包括交叉点上的虚拟角度，但每个交叉点上的两个虚拟角度对相邻两个对顶图形来说总是 $\alpha+\beta=360^\circ$，所以应当从上式的 $\sum\beta'$ 中减去这些虚拟角度，即减去 $360^\circ(P+K-1)$，则实测的角度总和应为

$$\sum\beta_{实测} = \sum\beta' - 360^\circ\times(P+K-1) = 180^\circ\times[n-2(P-K)] \tag{4-26}$$

式中 n——实测角度总个数；

P——内角图形的总个数；

K——外角图形的总个数。

经理论分析可知，当交叉点个数为偶数时，$\sum\beta = 180^\circ\times(n\pm2)$；当交叉点个数为奇数时，$\sum\beta = 180^\circ n$。

其角度闭合差为

当交叉点个数为偶数时

$$f_\beta = \sum\beta_{实测} - 180^\circ\times(n\pm2) \tag{4-27}$$

当交叉点个数为奇数时

$$f_\beta = \sum\beta_{实测} - 180^\circ n \tag{4-28}$$

值得注意的是，应用上述公式的先决条件是：一律沿前进方向全部测左角或全部测右角。

5. 方向附合导线

当用陀螺经纬仪测定了支导线的起始边和最末边的坐标方位角时，则这种导线叫做方向附合导线，它与一般附合导线的区别在于其终点 K 及 D 的坐标不是已知坚强值，如图 4-31所示。

其角度闭合差的计算方法与一般附合导线相同。

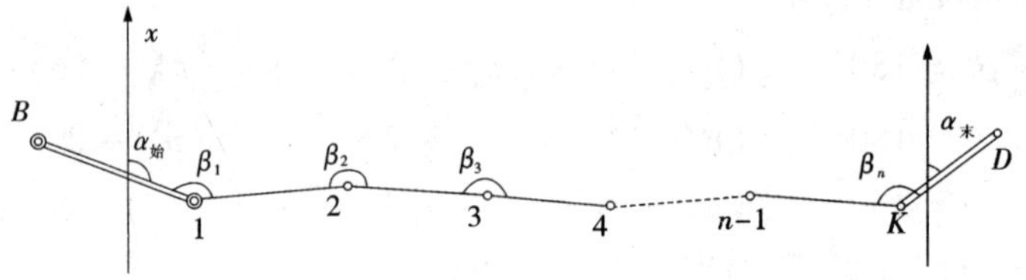

图 4-31　支导线始末端加测陀螺定向边的方向附合导线

(二)角度闭合差的分配(简易平差)

角度闭合差的大小反映着测角精度的高低，为此，根据不同的导线级别，《规程》规定，各级导线的角度闭合差不得超过表 4-18 的要求。

表 4-18　井下导线角度闭合差的规定

导线类别	最大闭合差		
	闭合导线	复测支导线	附合导线
7″导线	$\pm 14'' \sqrt{n}$	$\pm 14'' \sqrt{n_1 + n_2}$	$\pm 2\sqrt{m_{\alpha 0}^2 + m_{\alpha n}^2 + n m_\beta^2}$
15″导线	$\pm 30'' \sqrt{n}$	$\pm 30'' \sqrt{n_1 + n_2}$	
30″导线	$\pm 60'' \sqrt{n}$	$\pm 60'' \sqrt{n_1 + n_2}$	

注：1. n 为闭(附)合导线的总站数。

2. n_1、n_2 分别为复测支导线第一、第二次测量的总站数。

3. $m_{\alpha 0}$、$m_{\alpha n}$ 分别为附合导线起始边和附合边的坐标方位角中误差，m_β 为导线测角中误差。

如果 f_β 超过限差规定，则需检查测角情况，找出超限原因，进行返工重测。如果 f_β 不超过限差要求，则可进行角度闭合差的分配。

对于闭合、附合导线和交叉闭合导线，角度闭合差的分配原则是：将 f_β 反号平均分配给各观测角值，由于凑整而产生的残差分给短边的邻角，则每个观测角值的改正数为

$$V_{\beta i} = \frac{-f_\beta}{n} \tag{4-29}$$

检核计算

$$\sum V_\beta = -f_\beta \tag{4-30}$$

改正后的角值为

$$\beta_i = \beta_{测 i} + V_{\beta i} \tag{4-31}$$

对于复测支导线，可按下述方法计算其角度改正数。

设第一、第二次测支导线的站数分别为 n_{I}、n_{II}，当观测精度相同时，其最终边方位角的最或是值为

$$\alpha_n=(n_{\mathrm{I}}\alpha_{n\mathrm{II}}+n_{\mathrm{II}}\alpha_{n\mathrm{I}})/(n_{\mathrm{I}}+n_{\mathrm{II}}) \tag{4-32}$$

相应导线的角度改正数为

$$\left.\begin{aligned} V_{\beta\mathrm{I}} &= -(\alpha_n-\alpha_{n\mathrm{I}})/n_{\mathrm{I}} \\ V_{\beta\mathrm{II}} &= -(\alpha_n-\alpha_{n\mathrm{II}})/n_{\mathrm{II}} \end{aligned}\right\} \tag{4-33}$$

但是，方向附合导线角度闭合差的容许值 $f_{\beta容}$，除考虑测角误差 m_β 的影响外，还应考虑陀螺起始定向边和附合定向边的坐标方位角误差 $m_{\alpha0}$、$m_{\alpha n}$ 的影响。其角度闭合差可采取下列方法进行分配。

先算出两定向边误差在导线测角总误差中的比值，设 $m_{\alpha0}=m_{\alpha n}=m_0$。

(1)按照下面的判别式来判别陀螺定向边是否可视为坚强方向控制边：

$$\frac{m_0\sqrt{2}}{m_\beta\sqrt{n}}\leqslant 1/3 \tag{4-34}$$

若上式成立，说明定向边误差在导线测角总误差中的比重很小，可认为两定向边为坚强方向控制边而不加改正。此时，全部角度闭合差按反符号平均分配给各观测角，即

$$V_{\beta i}=-f_\beta/n$$

检核计算

$$\sum V_\beta=-f_\beta$$

(2)陀螺定向边为非坚强方向时的平差方法。

当上式不成立时，说明陀螺定向边的误差在导线测角总误差中所占比重较大，不能视为坚强方向，即两端定向边的坐标方位角 $\alpha_{始}$ 和 $\alpha_{末}$ 也应参与平差。其平差方法是：先计算两定向边的方位角误差相当于测角误差的个数，即

$$n_{\alpha0}=\frac{2m_{\alpha0}^2}{m_\beta^2} \tag{4-35}$$

若整个导线等精度观测的总站数 $N=n+n_{\alpha0}$，则每个角度改正数为

$$V_{\beta i}=-\frac{f_\beta}{N} \tag{4-36}$$

定向边方位角的改正数为

$$V_{\alpha0}=\frac{m_{\alpha0}^2}{m_\beta^2}V_{\beta i} \tag{4-37}$$

四、计算各导线边的坐标方位角

各导线边的坐标方位角是按下式计算的：

$$\left.\begin{aligned} \alpha_i &= \alpha_{i-1}+\beta_{i左}\pm180^\circ \\ \alpha_i &= \alpha_{i-1}-\beta_{i右}\pm180^\circ \end{aligned}\right\} \tag{4-38}$$

式中　α_i、α_{i-1}——第 i 边与第 $i-1$ 边的坐标方位角；

β_i——改正后的角值。

在闭合导线中，从第一边开始，经各导线边再推算回到该边的坐标方位角应相等；附合

导线中,推算出的最后一边的坐标方位角应与原最终坚强边的坐标方位角相等;复测支导线两次推算的最后一条公共边的坐标方位角应当相等。否则,便是计算有误,应检查角度闭合差f_β、角度改正值$V_{\beta i}$及各边坐标方位角α_i的计算,发现错误及时纠正。

五、计算坐标增量闭合差及分配

为计算坐标增量闭合差,须先计算各条导线边的坐标增量,其方法同地面导线计算。

(一)计算坐标增量

坐标增量的计算式为

$$\left.\begin{aligned}\Delta x_i &= D_i\cos\alpha_i\\ \Delta y_i &= D_i\sin\alpha_i\end{aligned}\right\} \tag{4-39}$$

(二)计算坐标增量闭合差

1. 闭合导线

闭合导线坐标增量闭合差的计算式为

$$\left.\begin{aligned}f_x &= \sum \Delta x_i\\ f_y &= \sum \Delta y_i\end{aligned}\right\} \tag{4-40}$$

2. 附合导线

附合导线坐标增量闭合差的计算式为

$$\left.\begin{aligned}f_x &= \sum \Delta x_i - (x_n - x_1)\\ f_y &= \sum \Delta y_i - (y_n - y_1)\end{aligned}\right\} \tag{4-41}$$

3. 复测支导线

复测支导线坐标增量闭合差的计算式为

$$\left.\begin{aligned}f_x &= \sum \Delta x_{\text{I}} - \sum \Delta x_{\text{II}}\\ f_y &= \sum \Delta y_{\text{I}} - \sum \Delta y_{\text{II}}\end{aligned}\right\} \tag{4-42}$$

(三)计算导线的相对闭合差

导线的精度是用导线全长相对闭合差表示的,即导线全长闭合差与导线总长度的比值。用公式表示为

$$\frac{f_l}{[l]} = \frac{\sqrt{f_x^{\ 2} + f_y^{\ 2}}}{[l]} \tag{4-43}$$

式中 f_l——导线的全长闭合差,即导线点的点位误差,$f_l = \sqrt{f_x^{\ 2} + f_y^{\ 2}}$。

[l]——导线的总长度,复测支导线为两次测量的边长总和。

(四)增量闭合差的分配

当导线的全长相对闭合差符合表4-1的精度要求时,方可将坐标增量闭合差f_x和f_y反号,按与边长成正比的原则分配于各边的坐标增量之中,由于凑整而产生的残差分配给长边的坐标增量。即

$$\left.\begin{aligned}V_{xi} &= \frac{-f_x}{[l]}l_i\\ V_{yi} &= \frac{-f_y}{[l]}l_i\end{aligned}\right\} \tag{4-44}$$

检核计算：加入上述改正数后的坐标增量之和，对于闭合导线应等于零；对于附合导线应等于始、末两坚强点的坐标之差；对于复测支导线，第一、第二次应该相等。

六、计算各导线点坐标

根据起算点坐标和各改正后的坐标增量，按下式计算各导线点的坐标：

$$\left.\begin{aligned} x_i &= x_{i-1} + \Delta x_{i-1,i} \\ y_i &= y_{i-1} + \Delta y_{i-1,i} \end{aligned}\right\} \tag{4-45}$$

作为检核，如为闭合导线，则由起始点起算，经各导线点再算至起始点的坐标应相等；附合导线由起始点推算到最终已知坚强点坐标应相等；而复测支导线和方向附合导线两次算得的最末点的坐标应相等。

此处导线的计算方法是一种近似（简易）平差，因为它先分配角度闭合差，然后用改正后角度计算坐标增量闭合差，并将 f_x 和 f_y 分别平差，故不是将角度条件和纵横坐标条件联合进行的严密平差。但由于井下导线一般先分段布设为支导线，且精度要求不很高，导线也不是一次全面布网而是随巷道掘进而逐步延长，故这种简易平差方法还是适用的。当井下导线精度要求较高而又确有必要采取严密平差方法时，也可采用计算机进行严密平差。

根据《规程》规定，对于井下经纬仪导线的观测值、记录值及计算值的取位，应符合表 4-19的要求。

表 4-19　井下经纬仪导线的观测值、记录值及计算值取位规定

导线类别	边长（mm）				角度（″）	坐标增量和坐标（m）
	读数	观测平均值	改正数	改正后值		
基本控制	1	0.1	0.1	1	1	0.001
采区控制	1	1	—	—	1	0.001

七、导线点的展绘

各点坐标算好后，即可按各点坐标及绘图比例尺在图纸上进行展点，然后将巷道轮廓、硐室及其他碎部点填绘于图上。

上述导线计算步骤，一般是在专门的经纬仪导线成果计算表中进行，为防止计算错误，通常应由两人分别独立计算，最后相互对照校核，保证成果的正确可靠性。导线计算具体见表 4-20。

表 4-20　井下经纬仪闭合导线成果计算

测量地点：-215 水平石门大巷

日　　期：　　　　测量者：　　　　计算者：　　　　校核者：　　　　计算日期：

测站	测点	水平边长 (m)	水平角 (°　′　″)	方位角(° ′ ″) 象限角(° ′ ″)	cosα	sinα	坐标增量(m) Δx	坐标增量(m) Δy	坐标(m) x	坐标(m) y	导线点号	备注与草图
1	8			289　05　04					-372.868	-3 069.726	1	角度及边长抄自导线测量手簿表。
1	8 2	59.044	+2 30　19　18	319　24　24 N40　35　36W	+0.759 347	-0.650 686	-5 +44.835	-2 -39.419	-328.038	-3 108.147	2	$V_{\beta i}=-f_\beta/n$
2	1 3	20.830	+3 179　52　45	319　17　12 N40　42　48W	+0.757 982	-0.652 275	-2 +15.789	-1 -13.587	-312.251	-3 121.735	3	$f_1=\pm\sqrt{f_x^{\ 2}+f_y^{\ 2}}$ $=\pm0.019$(mm)
3	2 4	36.324	+2 26　15　36	165　32　50 S14　27　10E	-0.968 354	+0.249 582	-3 -35.174	-1 +9.066	-347.428	-3 112.670	4	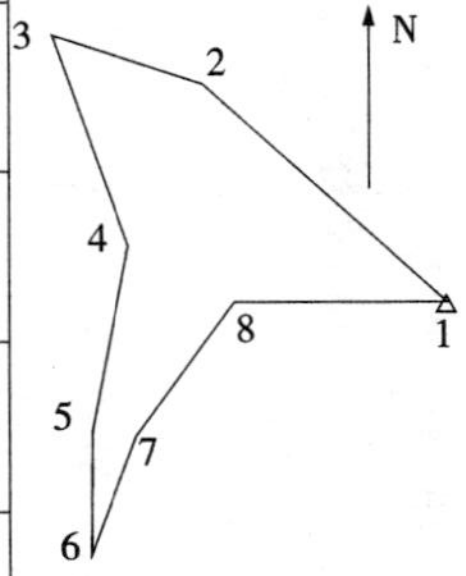
4	3 5	24.226	+2 198　06　48	183　39　40 S3　39　40W	-0.997 959	-0.063 855	-2 -24.177	-1 -1.547	-371.607	-3 114.218	5	
5	4 6	17.782	+2 177　15　09	180　54　51 S0　54　51W	-0.999 873	-0.015 955	-1 -17.780	0 -0.284	-389.388	-3 114.502	6	
6	5 7	17.851	+3 10　53　12	11　48　06 N11　48　06E	+0.978 861	+0.204 525	-1 +17.474	-1 +3.651	-371.915	-3 110.852	7	
7	6 8	19.212	+3 236　29　42	68　17　51 N68　17　51E	+0.369 787	+0.929 116	-1 +7.104	-1 +17.850	-364.812	-3 093.003	8	
8	7 1	24.632	+3 220　47　10	109　05　04 S70　54　56E	-0.326 961	+0.945 038	-2 -8.054	-1 +23.278	-372.868	-3 069.726	1	
	$\sum$	219.901	1 079　59　40				+0.017 (f_x)	+0.008 (f_y)				
	$\sum\beta_{理}=1\ 080°00'00''$，$f_\beta=-20''$，$f_{\beta允}=\pm30''\sqrt{8}=\pm84''$											

第六节　井下导线测量的误差分析

一、井下测量水平角的误差

井下测角误差主要来源于仪器误差、测角方法和对中误差。外界条件，如井下湿度、风力、矿尘、照明度等，也会给测角带来误差。但由于井下条件较稳定，在短暂的测角时间内变化很小，且难以估计其影响，故不考虑。下面仅对这三个主要误差来源及其对水平角的影响进行讨论分析。

（一）仪器误差对井下测量水平角的影响

所使用的仪器机械加工和装配校准不完善而产生的误差，通常称为仪器误差。目前生产的经纬仪，其公差与稳定性对井下测角影响很小，可不予考虑。在仪器的几何关系中，"三轴"之间的相互关系是主要的。"三轴"之间的正确关系是：视准轴应垂直于水平轴，水平轴应垂直于竖轴，竖轴应居于铅垂位置；否则将产生视准轴误差、水平轴倾斜误差和竖轴倾斜误差，总称为"三轴误差"。

1. 视准轴误差 C 的影响

视准轴不与水平轴垂直的误差，称为视准轴误差，简称视轴差，用 C 表示。视轴差对用一个镜位观测的水平方向值的影响 ΔC 的计算公式为

$$\Delta C = \frac{C}{\cos\delta} \tag{4-46}$$

式中　δ——观测方向的倾角。

测量水平角时，若只用半测回测角，视轴差 C 对其水平角的影响为

$$\Delta\beta_C = C\left(\frac{1}{\cos\delta_2} - \frac{1}{\cos\delta_1}\right) \tag{4-47}$$

式中　δ_1、δ_2——前、后视方向线的倾角。

由上式可以看出，ΔC 的大小不但与视轴差 C 有关，还与观测方向的倾角 δ 有关。在平巷或倾角大致相同的斜巷中测角时，$\Delta\beta_C$将很小；在平巷与斜巷相交处测角时，随 δ 的增大，$\Delta\beta_C$逐渐增大。

实际工作中，常采取两个镜位观测取平均值的方法来消除视轴差 C 的影响。

在观测工作中，常用 $2C$ 值来检定仪器的稳定性和观测的质量。对于 DJ_2级和 DJ_6级经纬仪，要求在一个测回中上下半测回角值互差分别不超过 20″和 40″，其实质就是要求 $2C$ 值的变化范围分别不超过 20″和 40″。

为了使 C 值保持稳定，在镜下导线测量中尽量使导线边长大致相等，避免特长和特短边相邻，从而避免在观测过程中调焦望远镜而引起 C 值变化。

2. 水平轴倾斜误差 i 的影响

水平轴不与竖轴垂直的误差，称为水平轴倾斜误差，用 i 表示。水平轴倾斜误差对用一个镜位观测的水平方向值的影响 Δi 为

$$\Delta i = i\tan\delta \tag{4-48}$$

式中　δ——观测方向的倾角。

测量水平角时，水平轴倾斜误差对半测回角值的影响为

$$\Delta\beta_i = i(\tan\delta_2 - \tan\delta_1) \tag{4-49}$$

由式(4-49)看出，在平巷中或前后视倾角相同(同时为仰角或俯角，且大小相等)时，$\Delta\beta_i$很小；但在同一斜巷中，前后视倾角大小相近，但符号相反，其影响最大，为单方向影响值的2倍，即 $\Delta\beta_i \approx 2i\tan\delta$。在实际工作中，常采取两个镜位观测取平均值的方法来消除此项误差的影响。

3. 竖轴倾斜误差 v 的影响

竖轴与铅垂线之间的夹角称为竖轴倾斜误差，用 v 来表示。竖轴倾斜误差对用一个镜位观测的水平方向值的影响为

$$\Delta v = v\cos\theta\tan\delta \tag{4-50}$$

式中 θ——竖轴倾斜方向与观测方向间的夹角。

测量水平角时，竖轴倾斜误差对半测回角值的影响为

$$\Delta\beta_v = v(\cos\theta_2\tan\delta_2 - \cos\theta_1\tan\delta_1) \tag{4-51}$$

由上式可以看出，在平巷中观测水平角时，由于 $\delta_1 \approx \delta_2$，因而 $\Delta\beta_v$很小；而在平斜巷相交处 $\Delta\beta_v$将会很大。特别指出的是，由于竖轴的倾斜在一个测站上是不变的，因此不能用两个镜位观测取平均值的方法来消除此项误差。因此，在斜巷中测角时，应特别注意整平仪器，精确地使仪器竖轴铅直。

当进行重要贯通测量时，应根据需要加入这项改正数。下面说明测定竖轴倾斜误差及计算其改正数的方法步骤。

(1)为了在观测过程中便于读记水准管两端读数，需在刻划线旁没有数字注记的水准管上贴上分划注记，如图4-32所示。

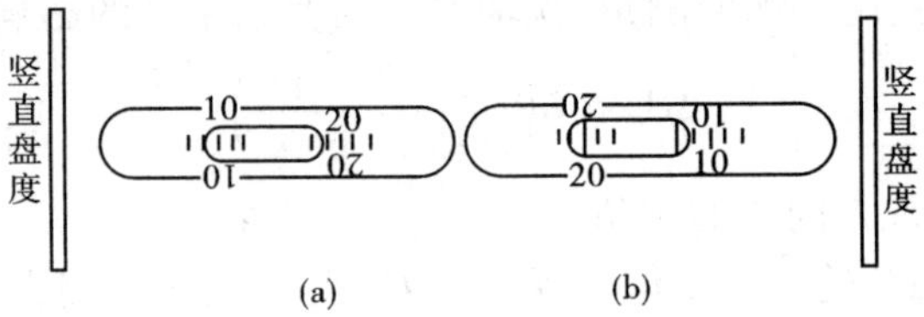

图4-32

(2)盘左照准一目标，在读取水平度盘和竖直度盘后，读取照准部水准管气泡左端和右端读数，$左_{盘左}=9.1$，$右_{盘左}=18.9$。

(3)观测完其余方向后，纵转望远镜，盘右再照准该目标，在读取水平度盘和竖直度盘后，再读取照准部水准管气泡左端和右端读数，$左_{盘右}=21.1$，$右_{盘右}=11.2$。

(4)按下式计算该目标方向平均值的竖轴倾斜改正数 Δv：

$$\Delta v = (左_{盘右}+右_{盘右}-左_{盘左}-右_{盘左})\frac{\tau}{4}\tan\delta \tag{4-52}$$

式中 τ——水准管格值。

例如：用苏光 J_2 级经纬仪观测某目标时，水平方向平均读数为153°24′53.2″，$\delta=30°30'$，水准管格值 $\tau=20''$，水准管气泡读数如上述格值，则该方向的竖轴倾斜改正数为

$$\Delta v = (21.1+11.2-9.1-18.9)\times\frac{20''}{4}\times\tan30°30' = +12.7''$$

改正后的方向值为

$$153°24'53.2''+12.7''=153°25'05.9''$$

对电子经纬仪而言，由于采用了单轴、双轴或三轴补偿装置，可将三轴误差的影响自动消除或降低在极小范围之内，即使只用一个镜位测角，也可不受或基本上不受三轴误差的影响。

（二）测角方法误差对井下测水平角的影响

由于瞄准和读数不准确所引起的误差随测角方法不同而不同，故称为测角方法误差。

1. 瞄准误差 m_v

用经纬仪望远镜的十字丝瞄准觇标中心时，由于人眼视力的临界角、望远镜的放大倍数、十字丝的结构、觇标的形状、颜色及其照明状况、视线长度及空气透明度等诸多因素的影响，从而产生了瞄准误差。确定瞄准误差的方法有两种。

1）以人眼的最小视角（临界角）$\alpha_{\min}$ 为依据来确定 m_v

最小视角就是人用肉眼所能区分开的两个方向间的最小角度。一般为 50″～124″。当用放大率为 V 倍的望远镜瞄准觇标时，人眼的鉴别能力也可提高 V 倍，即最小视角可比人眼的原最小视角缩小 V 倍。取中误差为极限误差的 1/2，则用望远镜观测时，人眼的瞄准中误差为

$$m_v = \pm \frac{\alpha_{\min}}{2V} = \pm \left(\frac{30''}{V} \sim \frac{60''}{V} \right) \tag{4-53}$$

2）以人眼确定十字丝的纵丝与垂球线重合或相对称的精度来确定

目前，经纬仪十字丝的纵丝大多是单丝或单双丝结合，如图 4-33 所示。而井下测角所用的觇标多为垂球线。如果瞄准时是用单纵丝与垂球线重合，可以望远镜的物镜中心所看到的纵丝宽度所成角度的一半作为瞄准误差，即

$$m_v = \pm \frac{1}{2} \frac{b}{f} \rho \tag{4-54}$$

式中　b——单纵丝的宽度；

f——望远镜的焦距。

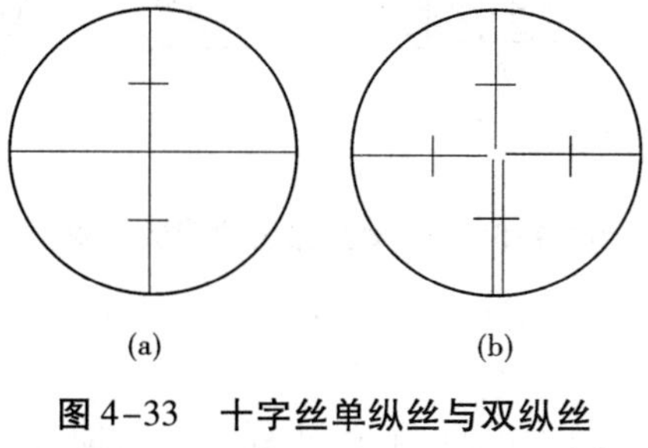

(a)　　(b)

图 4-33　十字丝单纵丝与双纵丝

如果瞄准时是将垂球线夹在双纵丝中央（如图 4-34 所示），只有当宽度 ab 和 bc 之比大于 2∶1 时，人眼才能觉察出垂球线未在正中央。由此可知，b 偏离正中央的极限误差为

$$\Delta v = \frac{1}{2}d - \frac{2}{3}d = -\frac{1}{6}d$$

或 $\Delta v = \frac{1}{2}d - \frac{1}{3}d = \frac{1}{6}d$

取极限误差 Δv 的一半作为瞄准中误差 m_v，则

$$m_v = \pm \frac{d}{12} \tag{4-55}$$

式中　d——双丝所夹的角值。

d 的大小可以用下述方法来确定。在距离经纬仪 l 远处，水平放置一带毫米刻划的三棱尺，用望远镜在三棱尺上读取双纵丝之间的距离 n，则

$$d = \frac{n}{l}\rho \tag{4-56}$$

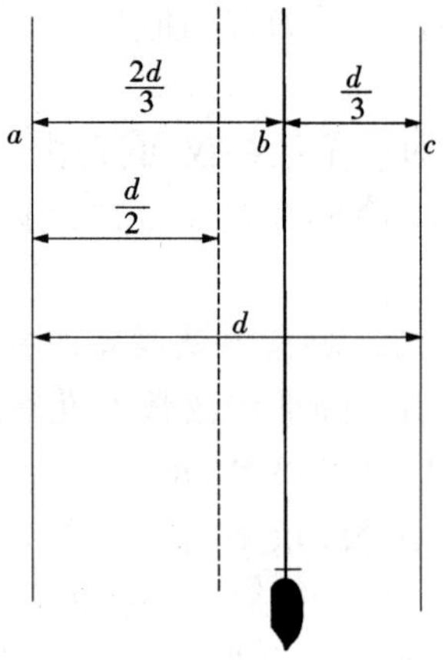

图 4-34　垂球线平分双纵丝

2. 读数误差 m_0

光学经纬仪最常见的读数设备为显微带尺和光学测微器，现分别讨论其读数误差。

1）显微带尺的读数误差

如图 4-35(a)所示，由于结构和制造条件的限制，显微带尺的读数精度不可能很高，因此它目前仅用于中等精度的光学经纬仪，即 J_6 级、J_{15} 级的仪器上。显微带尺的读数方法是利用度盘分划线的影像在带尺上的位置进行估读，一般可估读到带尺最小格值 t 的 1/10，故其极限误差约为 $t/10$，则读数中误差 m_0 为

$$m_0 = \frac{1}{2} \times \frac{t}{10} = \pm 0.05t \tag{4-57}$$

式中　t——显微带尺的最小格值。

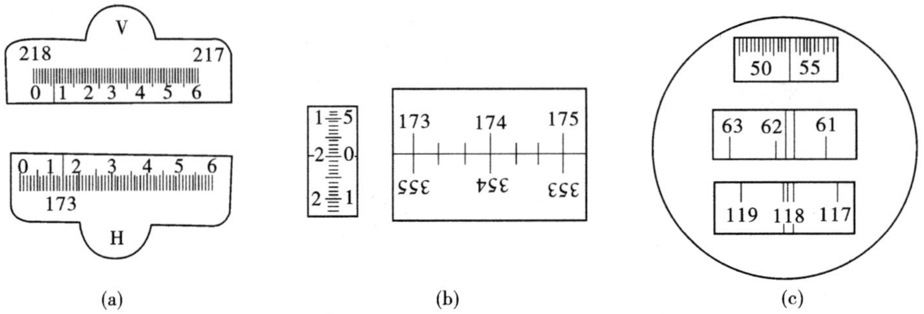

图 4-35　光学经纬仪的读数方法

2）光学测微器的读数误差

用光学测微器读数时，包括下面两个过程：首先使度盘的对径分划线重合（如图 4-35(b)所示）或使度盘分划线平分双指标线（如图 4-35(c)所示），以读取整数部分；其次是在测微盘或测微尺上读取小数部分。设读取整数部分的误差为 m_r，读取小数部分的误差为 m_t，则总的读数误差为

$$m_0 = \pm\sqrt{m_r^2 + m_t^2}$$

式中 m_t 的确定方法与前述显微带尺相同，即 $m_t = \pm 0.05t$，这里 t 是测微盘或测微尺的最

小刻划值。m_r的大小可按下列公式求得：

$$m_r = \pm \frac{1\ 250}{ru}$$

或

$$m_r = \pm \frac{1\ 250D}{L\rho}$$

式中　r——度盘的半径；

u——读数显微镜的放大率；

D——度盘的最小格值；

L——度盘的最小格子在显微镜中的可见宽度（$L=ul$，l为度盘一格的实际宽度）。

由此可得光学测微器的读数误差为

$$\left.\begin{aligned} m_0 &= \pm\sqrt{\left(\frac{1\ 250}{ru}\right)^2 + (0.05t)^2} \\ \text{或}\quad m_0 &= \pm\sqrt{\left(\frac{1\ 250D}{L\rho}\right)^2 + (0.05t)^2} \end{aligned}\right\} \tag{4-58}$$

3）用试验方法求得光学经纬仪的读数误差 m_0

（1）在度盘的某一位置重复读取 n 个读数为一组，则一次读数的中误差为

$$m_{0i} = \pm\sqrt{\frac{[vv]}{n-1}}$$

式中　v——i 组的算术平均值与组内每次读数之差。

（2）按上述方法在度盘和测微器的不同位置读取读数。设共在 N 个不同位置读取了 N 组读数，则该仪器的一次读数中误差为

$$m_0 = \pm\sqrt{\frac{[vv]}{N(n-1)}}$$

此外，也可以按度盘和测微器的不同位置，在每个位置上取两次读数，计算两次读数的差值 d，设共有 n 个，然后按双次观测到的公式求得该仪器一次读数中误差为

$$m_0 = \pm\sqrt{\frac{[dd]}{2n}}$$

现将我国各矿山常用光学经纬仪按上述理论公式和试验法测定的读数误差列于表4-21，仅供参考。

表4-21　我国各矿山常用光学经纬仪的读数误差　（单位：（″））

仪器名称	苏光 JGJ2	北光 红Ⅱ	蔡司 Theo			威特			克恩 DKM1	阿司卡尼亚 TK 型
			010	030	2	T3	T2	T1		
实测值	0.58	2.9	0.72	3.6	0.77	0.36	0.75	4.0	5.3	5.3
估算值	0.83	3.1	0.68	3.0	0.82	0.48	0.82	4.4	5.1	5.1

（三）测角方法的误差

这里主要讨论测回法测角时的测角方法误差。

当用 n 个测回测角时，其最终角值 β 是 n 个测回的平均值，即

$$\beta=\frac{[b_{左}-a_{左}+b_{右}-a_{右}]_1^n}{2n} \tag{4-59}$$

每次瞄准和读数的误差 m_v 和 m_0 均对最终角值 β 有影响，故一个镜位观测一个方向时的瞄准误差和读数误差的综合影响为

$$m^2=m_v^2+m_0^2$$

根据误差传播定律可知，由瞄准误差和读数误差所引起的测角误差为

$$m_i^2=\frac{1}{4n^2}[m^2+m^2+m^2+m^2]_1^n=\frac{m^2}{n}=\frac{m_v^2+m_0^2}{n}$$

最后可得测回法测角时的测角方法误差为

$$m_i=\pm\sqrt{\frac{m_v^2}{n}+\frac{m_0^2}{n}} \tag{4-60}$$

常用几种仪器测回法测角的方法误差值列于表 4-22，当测回数 n 大于 1 时，测角方法误差值为表中所列相应值的 $\frac{1}{\sqrt{n}}$。

表 4-22　几种常用仪器测回法测角方法误差值　　（单位：(″)）

仪器名称	m_v（井下）	m_0		m_i（一个测回）
		估算	实测	
苏光 JGJ2	3.3	0.58	0.83	3.4
北光红Ⅱ	3.6	3.1	2.9	4.8
蔡司 Theo 010	3.2	0.68	0.72	3.3
蔡司 Theo 030	4.0	3.0	3.6	5.1
蔡司 Theo 2	3.2	0.82	0.77	3.4
威尔特 T2	3.6	0.82	0.75	3.7
威尔特 T1	3.6	4.4	3.5	5.7

（四）觇标和仪器对中误差对井下测量水平角的影响

1. 觇标对中误差

觇标中心与测点标志中心不在同一铅垂线上所引起的测角误差简称为觇标对中误差。

如图 4-36 所示，欲测角度 $\beta=\angle ACB$，设觇标 B 与仪器 C 均无对中误差，仅由于觇标 A 没有与测点中心重合而偏离到 A_1，线段 AA_1 叫做对中线量误差，用 e_A 表示，使所测角度为 β_1，从而产生了一个真误差 $\delta_A=\beta_1-\beta$。在 $\triangle ACA_1$ 中，因为 e_A 很小，所以可认为 $b'\approx b$，按正弦公式得

$$\sin\delta_A=\frac{e_A}{b}\sin\varphi_A$$

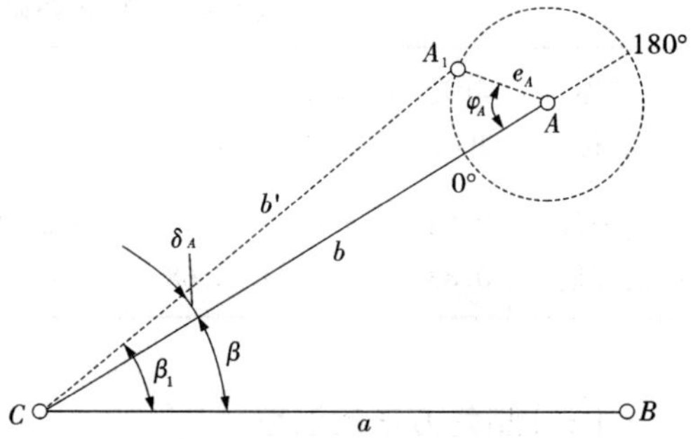

图 4-36　觇标对中误差

由于δ_A很小，故可将上式简化为

$$\delta_A = \frac{e_A \rho}{b} \sin\varphi_A \tag{4-61}$$

从上式可看出，δ_A的大小除与e_A和b的大小有关外，还与e_A所处的位置有关。由于A_1可以处在以A为圆心、以e_A为半径的圆周上，也就是说，φ_A可以为0°~360°，由此可得由于觇标A偏心而引起的测角误差为

$$m_{eA} = \pm \frac{e_A \rho}{\sqrt{2}\, b} \tag{4-62}$$

同理可求得由觇标B偏心所引起的测角误差为

$$m_{eB} = \pm \frac{e_B \rho}{\sqrt{2}\, a} \tag{4-63}$$

由以上两式看出，觇标对中误差与对中线量误差e成正比，与所测角度的两边长成反比，与所测角度本身的大小无关。

2. 仪器对中误差

由于仪器中心与测站中心不重合所引起的测角误差简称为仪器对中误差。如图4-37所示，设两觇标均无对中误差，仅仪器安置在偏离C点一段微小距离的C_1点上，线段CC_1叫做仪器对中线量误差，用e_T表示。显然，在C_1点上所测角度β'不是欲测角β，两者的关系可由过C_1点作$C_1A' /\!/ CA$及$C_1B' /\!/ CB$得到：$\beta + C_A = \beta' + C_B$，故真误差$\delta_{eT} = \beta - \beta' = C_B - C_A$。

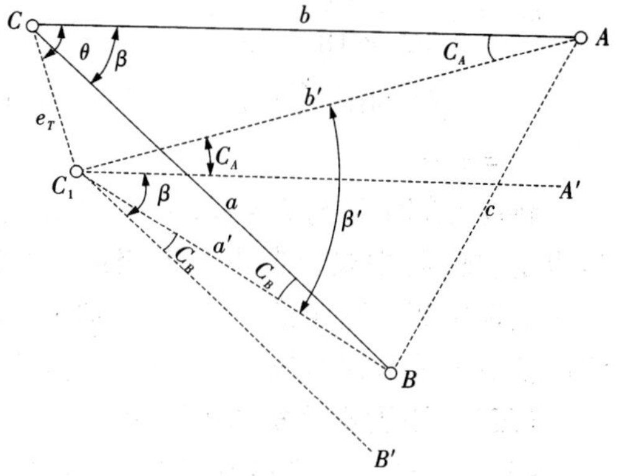

图4-37 仪器对中误差

在$\triangle ACC_1$中，$b \approx b'$，e_T很小，故有

$$C_A = \rho \frac{e_T}{b} \sin\theta$$

同理，在$\triangle BCC_1$中有

$$C_B = \rho \frac{e_T}{a} \sin(\theta - \beta)$$

所以得

$$\delta_{eT} = C_B - C_A = \rho e_T \left[\frac{\sin(\theta - \beta)}{a} - \frac{\sin\theta}{b} \right]$$

由真误差δ_{eT}求中误差m_{eT}可得由于仪器偏心而引起的测角中误差为

$$m_{eT} = \pm \frac{e_T c}{\sqrt{2}\, ab} \rho \tag{4-64}$$

由上式可得：

(1)仪器对中误差与其对中线量误差成正比，与所测角度的两边长度成反比。

(2)仪器对中误差与所测角度的大小有关，当所测角值在0°~180°时，随角度增大而增大，当增至180°时为最大；在180°~360°时，随角度增大而减小。

3. 总对中误差

因为觇标及仪器的对中误差均是独立的偶然误差，故其总对中误差应为

$$m_e^2 = m_{eA}^2 + m_{eB}^2 + m_{eT}^2$$

即

$$m_e = \pm \frac{\rho}{\sqrt{2}} \sqrt{\frac{e_B^2}{a^2} + \frac{e_A^2}{b^2} + \frac{c^2 e_T^2}{a^2 b^2}} \tag{4-65}$$

一般在井下测角时，前后视觇标的对中方法是一样的，可以认为 $e_A = e_B = e_C$，以此代入上式，得总的对中误差为

$$m_e = \pm \frac{\rho}{\sqrt{2}ab} \sqrt{e_C^2(a^2 + b^2) + e_T^2(a^2 + b^2 - 2ab\cos\beta)} \tag{4-66}$$

众所周知，在井下巷道测水平角时，一般边长较短而且角度近于180°，因此由对中不精确所引起的测角误差可达到相当大的数值。例如 $a = 18$ m，$b = 25$ m，$e_C = 0.001$ m，$e_T = 0.002$ m，$\beta = 173°$时，代入上式可得

$$\begin{aligned} m_e &= \pm \frac{206\ 265''}{\sqrt{2} \times 18 \times 25} \times \\ &\sqrt{0.001^2 \times (18^2 + 25^2) + 0.002^2 \times (18^2 + 25^2 - 2 \times 18 \times 25\cos 173°)} \\ &= \pm 29.6'' \end{aligned}$$

将此计算结果与表4-22的测角方法误差 m_i 相比，对中误差是测角误差的最主要来源。这也是《规程》中规定当井下7″级或15″级导线的边长小于30 m时增加对中次数的原因。至于是选用测回法还是复测法，差别不大，对于 J_6 级以上精度的仪器宜选用测回法，低于 J_6 级的仪器因读数误差较大，宜选用复测法。

（五）井下测水平角总中误差

综上所述，由于仪器不完善所引起的测角误差，一般可用适当的方法加以消除或减小到最低限度。至于外界条件的影响，除采取相应的有效措施外，目前尚难用数学公式加以估算，且相对上述主要误差来源而言也是很小的，因此不予考虑。因此，井下测量水平角的总误差主要来自测角方法误差和对中误差，即

$$\begin{aligned} m_\beta &= \pm \sqrt{m_i^2 + m_e^2} \\ &= \pm \sqrt{m_i^2 + \frac{\rho^2}{2a^2 b^2}[e_C^2(a^2 + b^2) + e_T^2(a^2 + b^2 - 2ab\cos\beta)]} \end{aligned} \tag{4-67}$$

综上所述，对中误差是井下测水平角误差的最主要来源，而且对中误差的大小与所测角度的两边长度成反比。为了进一步证明这一结论的正确性，下面以某矿井实测资料为例，按角的短边以20 m为间隔分组，分别按式（4-67）计算各组的测角中误差 m_β，列于表4-23中。

表4-23　不同边长时的测角中误差值

按短边长度分组（m）		10～29	30～49	50～69	70～89	90～110
平均长度（m）	短边	21.56	42.06	58.53	80.32	96.65
	长边	53.46	77.18	86.59	102.15	124.54
每组测站数（个）		65	79	31	27	38
每组一次测角误差（″）		12.4	8.1	6.6	6.2	5.8

从表中可以看出，当边长小于50 m时，对中误差对测角误差的影响比较明显，占主要地位；当边长大于50 m时，测角误差变化甚小，说明对中误差已不起主导作用了，这就进一步说明当导线边长较短时，必须十分注意仪器和觇标的对中；否则，即使采用精密经纬仪、电子经纬仪及全站仪也不会获得理想的测角精度。

（六）求井下实际测角误差及各误差要素的方法

我们在理论分析的基础上，得到了估算井下测角误差的公式，并且阐明了在实际测量中应该注意的问题。但也应当指出：这些估算公式只考虑了主要误差来源，还有一些因素没有考虑在内，因此用来估算井下测角误差，肯定与客观实际有出入，需经实践检验及补充完善。此外，公式中的e_A、e_B、e_T等误差基本要素，尚需从实际测角资料中或通过专门试验求得。同时，还要考虑由于各矿的具体条件不同，虽用同一种仪器和相同的测角方法，其测角误差也不可能完全一样。为了符合各矿井的实际情况，应对各矿井的实测资料进行分析，求出测角误差值，这样做一方面能评定所完成的测量工作的精度，另一方面又可为将来测量方法的设计和精度预计提供可靠的依据，并且为修订有关测量规程积累宝贵的资料。

1．根据实际测角资料求测角中误差及其要素的方法

1）根据多个闭合导线的角闭合差f_β求测角中误差m_β

设某矿用同精度的仪器及相同的测角方法观测了N条闭合导线，各条闭合导线的角度个数分别为$n_1,n_2,\cdots,n_N$，其相应的角闭合差分别为$f_{1\beta},f_{2\beta},\cdots,f_{N\beta}$。因为$f_{i\beta}$是内角和的真误差，各角又是等精度独立观测值，各个$f_{i\beta}$的权相应为$P_1=\dfrac{1}{n_1}$，$P_2=\dfrac{1}{n_2}$，$\cdots$，$P_N=\dfrac{1}{n_N}$，故测角中误差$m_\beta$为

$$m_\beta=\pm\sqrt{\frac{[Pf_\beta f_\beta]}{N}}=\pm\sqrt{\frac{\left[\frac{f_\beta f_\beta}{n}\right]}{N}} \tag{4-68}$$

若为N条复测支导线，其最终边坐标方位角之差相应为$\Delta\alpha_i$，则测角中误差m_β可按下式求得

$$m_\beta=\pm\sqrt{\frac{\left[\frac{\Delta\alpha\Delta\alpha}{n_1+n_2}\right]}{N}} \tag{4-69}$$

式中　n_1、n_2——支导线往测和返测角度个数。

根据偶然误差的性质及其传播规律，上述导线条数N愈多，则求得的测角中误差m_β值愈能反映实际情况，也就愈加可靠。通常用式（4-68）或式（4-69）求测角中误差m_β时，N应大于8～10。也可将本矿区各矿井同精度观测的多条闭合导线及复测支导线联合求出其测角中误差，作为矿井测量设计及贯通测量精度预计的参考。

为了掌握具体计算方法，现以某矿井15″级闭合导线及复测经纬仪支导线为例，将各导线的测站数及角度闭合差列于表4-24中，求得其测角中误差$m_\beta=\pm9.7''$，满足了15″级导线精度的要求，同时，导线边长较长也是测角精度提高的主要原因。

表 4-24 按井下多个闭合导线(复测支导线)计算测角中误差

序号	导线名称	平均边长(m)	测站数	角度闭合差 f_β(″)
1	330 m 水平三号井附近闭合导线	40.1	11	+11
2	430 m 水平主副井贯通闭合导线	36.5	19	+51
3	430 m 斜井定向闭合导线	49.8	13	−45
4	180～240 m 水平闭合导线	48.8	62	+142
5	180 m 水平闭合导线	55.7	42	+33
6	330 m 水平二号井至东三石门闭合导线	44.6	53	+58
7	330 m 水平东三至东四石门闭合导线	40.0	26	−12
8	330 m 水平东四至东六石门闭合导线	27.4	51	+33
9	430 m 水平东运道复测支导线	81.8	24	+50
				$\left[\frac{f_\beta f_\beta}{n}\right]=850$

注:1. 测角误差计算:$m_\beta=\pm\sqrt{\frac{\left[\frac{f_\beta f_\beta}{n}\right]}{N}}=\pm\sqrt{\frac{850}{9}}=\pm 9.7''$。

2. 复测支导线中:$n=n_1+n_2$。

2)根据多个双次观测值求测角中误差

设有许多独立的同精度的双次观测角值,可根据两次观测值的差数,依照下列公式求得测角中误差

$$m_\beta=\pm\sqrt{\frac{[dd]}{2n}} \tag{4-70}$$

式中 d——同一角度双次独立观测值之差;

n——差值的个数。

当$[d]\neq 0$时,则说明有系统误差,应在 d 中消去系统误差的影响,即

$$d_i'=d_i-\frac{[d]}{n}$$

$$\left.\begin{aligned} m_\beta&=\pm\sqrt{\frac{[d'd']}{2(n-1)}}\\ \text{或}\quad m_\beta&=\pm\sqrt{\frac{[dd]-\frac{[d]^2}{n}}{2(n-1)}}\end{aligned}\right\} \tag{4-71}$$

在某些矿井常采用一次对中两次测角,或一次对中测左右角的观测方法,根据这种双次观测求得的不是测角误差,其中不包含对中误差的影响,而只是测角方法误差:

$$m_i=\pm\sqrt{\frac{[dd]}{2n}}$$

或

$$m_i=\pm\sqrt{\frac{[d'd']}{2(n-1)}}$$

式中　d——同一角度一次对中两次观测值之差，若观测左、右角，$d=\beta_{左}+\beta_{右}-360°$；

d'——当存在系统误差时，即$[d]\neq 0$，$d'_i=d_i-\frac{[d]}{n}$。

表 4-25 中所列为根据 100 个双次观测值的 d 求水平角测角中误差 m_β，由于$[d]=3$，很小，可以认为无系统误差。

表 4-25　由双次观测列求测角中误差 m_β

序号	第一次角值 (°　′　″)	第二次角值 (°　′　″)	d_i (″)	d_id_i	m_β的计算
1	186　30　25	186　30　20	+5	25	$m_\beta=\pm\sqrt{\frac{[dd]}{2n}}$ $=\pm\sqrt{\frac{5\ 202}{2\times 100}}$ $=\pm 5.1''$
2	179　26　51	179　26　54	-3	9	
3	88　20　10	88　20　16	-6	36	
⋮					
99	163　25　43	163　25　35	+8	64	
100	253　07　16	253　07　19	-3	9	
Σ			+3	5 202	

2. 用试验法求测角中误差 m_β及其要素的方法

在井下有代表性的地点和条件下，设置一个两边相等的角度，然后用本矿所采用的测角仪器和方法，作下列三组观测：

(1)经纬仪和前后视点觇标均不动，重复测角 n 次，按白塞尔公式求测角中误差 $m_{\beta \mathrm{I}}$：

$$m_{\beta \mathrm{I}}=\pm\sqrt{\frac{[vv]}{n-1}}$$

式中　v——各次角度观测值与其算术平均值之差。

由于观测过程中仪器与觇标均不动，显然 $m_{\beta \mathrm{I}}=m_i$。

(2)每测角一次后，将一个觇标例如 A 重新对中，另一个觇标和仪器均不动，重复测角 n 次，仍按白塞尔公式求测角中误差 $m_{\beta \mathrm{II}}$：

$$m_{\beta \mathrm{II}}=\pm\sqrt{\frac{[vv]}{n-1}}$$

此时，$m_{\beta \mathrm{II}}$中包含了测角方法误差和一个觇标的对中误差，即

$$m_{\beta \mathrm{II}}^2=m_i^2+m_{eA}^2$$

将第一组求得的 $m_{\beta \mathrm{I}}=m_i$代入上式可得

$$m_{eA}=\pm\sqrt{m_{\beta \mathrm{II}}^2-m_{\beta \mathrm{I}}^2}$$

按式(4-62)可求得觇标 A 的对中线量误差 e_A为

$$e_A=\pm\frac{b\sqrt{2}}{\rho}m_{eA}$$

(3)每测角一次后，两觇标 A 与 B 均不动，仅将仪器重新对中整平，同样观测 n 次，仍按

白塞尔公式求得测角中误差 $m_{\beta Ⅲ}$，则其中只包含了测角方法误差和仪器对中误差，故

$$m_{eT} = \pm \sqrt{m_{\beta Ⅲ}^2 - m_{\beta Ⅰ}^2}$$

将 $a=b$ 代入式(4-64)，化简后可得仪器对中线量误差为

$$e_T = \pm \frac{a}{\sqrt{2}\sin\left(\frac{\beta}{2}\right)} \cdot \frac{m_{eT}}{\rho}$$

此外，还可采取直接观测方法求得 e_C 和 e_T 的值。在井下选择有代表性的地点，按照本矿仪器和觇标的对中方法，用视线正交的两架经纬仪同时观测仪器或觇标中心与测点中心的偏斜线量，便可求得对中线量误差 e_C 和 e_T 的值。

最后还应指出，在同一矿井，用上述各方法所求得的实际测角中误差值常有出入。一般是按试验法求得的偏小。这是因为试验法所选择的地点条件较好，能安定细致地工作，并且在同一地点重复观测，对环境也比较熟悉，这样所求得的测角中误差值自然就会小些。采用双次观测值或复测支导线差值求得的测角中误差，由于最大限度地消除了系统误差的影响，一般也偏小。按多个闭合导线角度闭合差所求得的测角中误差值，能较全面地反映各种因素的综合影响，因此是比较可靠的。

根据井下试验与实际资料求得的各种对中方法线量误差为垂球对中 1.2 ~ 1.5 mm，光学对中 0.8 ~ 1.0 mm，强制归心 0.5 ~ 0.8 mm。

二、井下测量竖直角的误差

（一）测量竖直角的误差

测量竖直角（倾角）的误差也包括仪器误差、测量方法误差和对中误差。但是，由于仪器误差和对中误差对竖直角的影响甚微，故不必考虑。校正后剩余的竖盘指标差可用正倒镜位观测来消除。因此，测量竖直角误差的主要来源是测量方法误差。用测回法测竖直角时，用望远镜十字丝的水平中丝瞄准垂球线的标记或觇标中心，使竖盘水准管气泡严格居中后再读数。因此，n 个测回测竖直角的误差为

$$m_\delta = \pm \sqrt{\frac{m_v^2 + m_0^2 + m_\tau^2}{2n}} \tag{4-72}$$

式中 m_v——瞄准误差；

m_0——读数误差；

m_τ——竖盘水准管气泡居中误差，一般水准器可取 $m_\tau = \pm(0.1 \sim 0.5)\tau$（$\tau$ 为水准管分划值），符合水准器可取 $m_\tau = \pm(0.07 \sim 0.1)\tau$，对竖盘采用自动安平补偿器的 J_2 级经纬仪取 $m_\tau = \pm 2''$，J_6 级取 $m_\tau = \pm 3''$。

（二）测量井下导线边竖直角必要精度的确定

测量井下导线边竖直角的目的有两个：一是将倾斜边长化为水平边长，二是在斜巷中用三角高程测量方法求得相邻导线点之间的高差，因此在考虑观测井下导线边竖直角的必要精度时，要兼顾以上两个方面对精度的要求。

1. 化算水平边长对测倾角的要求

由理论分析井下导线边长的容许误差时，得出测量倾角 δ 的容许误差应满足

$$m_\delta \leqslant \frac{10''}{\sin\delta}$$

由上式可知，倾角越大，测量时越精确。

2. 计算三角高程对测倾角的要求

用三角高程方法计算导线边两端点的高差的公式为

$$h = L\sin\delta + i - v$$

根据误差传播定律可得高差中误差为

$$m_h^2 = m_L^2 \sin^2\delta + L^2 \cos^2\delta \frac{m_\delta^2}{\rho^2} + m_i^2 + m_v^2$$

式中 L——导线边斜长；

δ——导线边倾角；

i、v——仪器高、觇标高。

上式中第二项为测倾角误差对高差 h 的影响，即

$$m_{h\delta} = L\cos\delta \frac{m_\delta}{\rho}$$

或

$$\frac{m_{h\delta}}{L} = \cos\delta \frac{m_\delta}{\rho}$$

按《规程》规定，基本控制导线相邻两点往返测高差的允许互差 $d = (10+0.3l)$ mm（l 为以米为单位的水平边长）。

例如：设边长 $L = 50$ m，$\delta = 40°$（斜井及井下斜巷的倾角 δ 一般小于 40°）。

则

$$d_{容} = 10 + 0.3 \times 50 \times \cos40° = 21.5(\text{mm})$$

高差中误差为

$$m_h \leqslant \pm \frac{d_{容}}{2\sqrt{2}} = \pm 7.6(\text{mm})$$

高差相对中误差为

$$\frac{m_h}{L} = \frac{7.6}{50 \times 10^3} = \frac{1}{6\ 580}$$

考虑到 m_h 是由四项误差引起的，则由 $m_{h\delta}$ 项所引起的相对误差为

$$\frac{m_{h\delta}}{L} \leqslant \frac{1}{13\ 200}$$

由此得

$$\frac{m_\delta}{\rho}\cos\delta \leqslant \frac{1}{13\ 200}$$

或

$$m_\delta \leqslant \frac{15''}{\cos\delta} \qquad (4-73)$$

由上式可看出，倾角愈小，测量时愈精确。

3. 观测竖直角的合理精度要求

综上分析，上述两项对测倾角的精度要求恰好相反。理论证明当倾角等于 33°41′24″时要求相同。因此，以 34°为临界值，当倾角小于 34°时，应按计算高差的精度要求进行测量；当倾角大于 34°时，应按化算水平边长的要求进行测量，即

$\delta = 0.5° \sim 34°$时，按式(4-72)算得 $m_\delta = 15'' \sim 18''$

$\delta=34°\sim80°$时，按式(4-85)算得 $m_\delta=10''\sim18''$

目前，我国各矿井一般采用 J_6 级及以上经纬仪测角，一测回测竖直方向的精度一般不低于±9″，由此可知，用这类仪器一测回测竖直角就能满足上述两方面的要求，无须分别考虑。

三、井下钢尺量边的误差

(一)井下钢尺量边误差的来源

井下用钢尺悬空丈量边长时，不可避免地会产生一系列误差，这些误差的主要来源有以下几个方面：

(1)钢尺的尺长误差。

(2)测定钢尺温度的误差。

(3)测定钢尺拉力的误差。

(4)测定钢尺松垂距的误差。

(5)定线误差。

(6)测量边长倾角的误差。

(7)测点投到钢尺上的误差。

(8)读取钢尺读数的误差。

(9)风流的影响。

上述误差对边长的影响按其性质可分为以下三类。

1. 系统误差

钢尺的尺长误差、测定钢尺松垂距的误差对量边的影响是系统性的。

2. 偶然误差

测定钢尺温度的误差、测定钢尺拉力的误差、测量边长倾角的误差、测点投到钢尺上的误差、读取钢尺读数的误差都是偶然误差。

3. 其符号是系统的、但大小是偶然的误差

定线误差和风流的影响都使所测边长大于实际边长，因此对量边的影响其符号是系统性的，但其大小却随定线的精度和风流的大小而变化，因而是偶然性的。

上述各种误差来源所引起的量边误差的大小及性质，主要取决于测量条件及方法，并不是固定不变的。而且由于偶然误差与系统误差在观测中经常是同时产生的，并在一定条件下相互转化，所以要严格划分哪些误差属于哪一类就较为困难。因此，在下面的量边误差分析中，应当以辩证的观点，综合考虑其影响。

(二)量边误差的积累

由上可知，量边误差按其性质可分为系统误差、偶然误差及大小为偶然而符号为系统的三类，后者实质上也属于系统误差。下面对量边偶然误差及系统误差的累积规律分别加以研究。

1. 量边偶然误差的积累

设 L 为所量的导线边长，以长度为 l 的钢尺丈量了 n 段，即

$$L=l+l+\cdots+l(\text{共 } n \text{ 个})$$

若每段丈量的偶然误差均为 $m_{l\Delta}$，则按偶然误差积累规律可得出量边偶然中误差为

$$m_{L偶} = \pm\sqrt{m_{L\Delta}^2 + m_{L\Delta}^2 + \cdots + m_{L\Delta}^2} = \pm m_{L\Delta}\sqrt{n}$$

将 $n=L/l$ 代入上式得

$$m_{L偶} = \pm m_{L\Delta}\sqrt{\frac{L}{l}} = \pm\frac{m_{L\Delta}}{\sqrt{l}}\sqrt{L}$$

令 $a = \dfrac{m_{L\Delta}}{\sqrt{l}}$，则可得

$$m_{L偶} = \pm a\sqrt{L} \tag{4-74}$$

或

$$\frac{m_{L偶}}{L} = \frac{a\sqrt{L}}{L} = \frac{a}{\sqrt{L}} \tag{4-75}$$

当 $L=1$ m 即单位长度时，则 $m_{L偶}=a$，所以 a 是由于偶然误差所引起的单位长度的量边中误差，通称为偶然误差影响系数。显然，当 $m_{L偶}$ 及 l 均以 m 为单位时，a 的单位为 $\sqrt{m}$ 即 $m^{\frac{1}{2}}$。由以上两式得出：

(1)由偶然误差引起的量边误差与边长 L 的平方根成正比。

(2)偶然误差所引起的量边相对误差，随边长的增加而减小。

2. 量边系统误差的积累

设 $m_{l\lambda}$ 为每尺段丈量的系统误差，$m_{L系}$ 为所丈量边长的系统误差，则

$$m_{L系} = m_{l\lambda} + m_{l\lambda} + \cdots + m_{l\lambda} = nm_{l\lambda}$$

即

$$m_{L系} = \frac{L}{l}m_{l\lambda} = \frac{m_{l\lambda}}{l}L$$

令 $b = \dfrac{m_{l\lambda}}{l}$，$b$ 为单位长度的系统误差，通称为系统误差影响系数，则

$$m_{L系} = bL \tag{4-76}$$

从而

$$\frac{m_{L系}}{L} = b \tag{4-77}$$

由上两式得出：

(1)由系统误差引起的量边误差与边长 L 成正比。

(2)系统误差所引起的量边相对误差与边长 L 无关，在一定条件下为常数，即系统误差影响系数 b。

3. 量边的总中误差

按照误差传播定律，可知偶然误差与系统误差综合影响所引起的量边总中误差为

$$M_L = \pm\sqrt{m_{L偶}^2 + m_{L系}^2} = \pm\sqrt{a^2L + b^2L^2} \tag{4-78}$$

(三)量边误差估计公式中 a、b 系数的确定方法

系数 a、b 可以用分析实际量边资料的方法或试验的方法求得。

1. 按实测资料求 a、b 系数

按实测资料求 a、b，可以按多个不同边的双次观测列来求。设两次独立丈量或往返丈量同一边长的差值为 d，则

$$d_i = L_{i1} - L_{i2}$$

应当指出的是，同一边长两次丈量时的条件往往基本相同，量边系统误差对 L_{i1} 及 L_{i2} 的

影响也基本相同，从而使在计算 $d_i = L_{i1} - L_{i2}$ 时，系统误差的影响大部分互相抵消，d_i 中只能反映出部分系统误差的剩余影响，则剩余系统误差影响系数 b 为

$$b = \frac{[d]}{[L]} \tag{4-79}$$

若 $b = \frac{[d]}{[L]} \approx 0$，则说明没有剩余系统误差或其影响很小，则往返丈量平均值的偶然误差影响系数为

$$a = \pm \frac{1}{\sqrt{2}} \sqrt{\frac{\left[\frac{dd}{L}\right]}{2n}} \tag{4-80}$$

若 $b = \frac{[d]}{[L]} \neq 0$，则应当从每个差值 d_i 中减去剩余系统误差的影响 b_{Li}，然后得到偶然误差影响的部分，即

$$d'_i = d_i - b_{Li} \tag{4-81}$$

再按下式计算往返丈量平均值的偶然误差影响系数 a 为

$$a = \pm \frac{1}{\sqrt{2}} \sqrt{\frac{\left[\frac{d'd'}{L}\right]}{2(n-1)}} \tag{4-82}$$

或

$$a = \pm \frac{1}{2} \sqrt{\frac{\left[\frac{dd}{L}\right] - b[d]}{n-1}} \tag{4-83}$$

2. 误差系数 a、b 的数值

有条件时，应分析本矿量边资料，求得 a、b 系数，以供预计误差时使用。对尚未求得 a、b 系数的，根据我国现场实际资料，参照有关规定，建议采用表 4-26 中所列的钢尺量边误差系数 a、b 值。

表 4-26　井下钢尺量边误差系数值

导线等级	巷道倾角 $\delta<15°$		巷道倾角 $\delta>15°$	
	a	b	a	b
基本控制	0.000 3 ~ 0.000 5	0.000 03 ~ 0.000 05	0.001 5	0.000 1
采区控制	0.000 8	0.000 1	0.002 1	0.000 2

(四) 各种误差对量边影响的估算及容许值的确定方法

前面提到井下钢尺量边时有 9 种误差来源，为了使井下导线的量边误差不超过一定的范围，以保证导线的必要精度，需对这 9 种误差规定一个极限，即容许值，设用 m_{Li}($i=1, 2, \cdots, 9$) 来表示 9 种误差所引起的量边中误差，并设各种误差来源对量边误差的影响相等（等影响原则），则所量边长 L 的中误差 M_L 应为

$$M_L = \pm\sqrt{m_{L1}^2 + m_{L2}^2 + \cdots + m_{L9}^2} = 3m_L$$

由 $M_L = \pm\sqrt{a^2 L + b^2 L^2}$，并取 $a = 0.000\ 5$，$b = 0.000\ 05$，导线平均边长 $L = 50$ m，可得

$M_L=\pm 4.3$ mm，容许误差为中误差的 2 倍，即 $M_{L容}=2M_L=\pm 8.6$ mm，$\frac{M_{L容}}{L}=\pm\frac{0.008\ 6}{50}\approx\pm\frac{1}{6\ 000}$，因此 9 种误差来源中每个来源所引起的量边容许相对误差为

$$\frac{m_{L容}}{L}=\frac{M_{L容}}{L}\frac{1}{\sqrt{9}}\approx\pm\frac{1}{20\ 000} \tag{4-84}$$

下面分别研究各种来源误差的容许值。

1. 尺长误差及其容许值

设用长度为 L_R 的钢尺丈量边长 L，其尺长改正数为

$$\Delta L_k=\frac{\Delta_k}{L_R}L$$

则由尺长误差 m_k 所引起的量边误差 m_{Lk} 为

$$m_{Lk}=\frac{L}{L_R}m_k\ ,\quad \frac{m_k}{L_R}=\frac{m_{Lk}}{L}$$

对照式(4-84)可得，尺长误差所引起的量边误差的相对容许值应为

$$\frac{m_{k容}}{L_R}=\frac{1}{20\ 000}$$

也就是说，钢尺比长检定的精度应不低于 $\frac{1}{20\ 000}$，达到这个精度是不困难的。

2. 测定温度 t 的误差及其容许值

量边的温度改正是按下式计算的：

$$\Delta L_t=La(t-t_0)$$

若以 m_t 表示测定温度 t 的误差，则由它引起的量边误差为

$$m_{Lt}=Lam_t$$

对照式(4-84)可得

$$m_{t容}=\pm\frac{L}{20\ 000}\frac{1}{L\alpha}=\pm\frac{1}{20\ 000\alpha}=\pm\frac{1}{20\ 000\times 12\times 10^{-6}}=\pm 4(℃)$$

由此可知，测定温度的容许误差为±4 ℃。

3. 测定拉力的误差及其容许值

钢尺量边施加的拉力一般为比长时的拉力，当拉力 p 有误差 m_p 时，将引起拉力改正数和垂曲改正数产生误差，从而引起量边误差。

拉力改正数为
$$\Delta L_p=\frac{p-p_0}{EF}L$$

故
$$m_{Lp}^{\mathrm{I}}=\frac{L}{EF}m_p$$

垂曲改正数为
$$\Delta L_f=-\frac{q^2}{24}\frac{L^3}{p^2}$$

故
$$m_{Lp}^{\mathrm{II}}=\frac{q^2L^3}{12p^3}m_p$$

则
$$m_{Lp}=\left(\frac{L}{EF}+\frac{q^2L^3}{12p^3}\right)m_p$$

对照式(4-84)可得

$$m_{p容} = \pm\frac{L}{20\ 000\left(\frac{L}{EF}+\frac{q^2L^3}{12p^3}\right)} = \pm\frac{1}{20\ 000\left(\frac{1}{EF}+\frac{q^2L^2}{12p^3}\right)}$$

设 $L=50$ m, $q=0.165$ N/m, $F=0.023$ cm^2, $p=98.067$ N,代入上式得

$$m_{p容} = \pm 6.3(\mathrm{N})$$

此值很小,因此量边时要用拉力计较精确地对钢尺施加标准拉力。

4. 测定松垂距 f 的误差及其容许值

按实际测定松垂距 f 计算垂曲改正的公式为

$$\Delta L_f = -\frac{8f^2}{3L}$$

若测定松垂距 f 的误差为 m_f,则由此引起的垂曲改正的误差为

$$m_{Lf} = \frac{16f}{3L}m_f$$

对照式(4-84)可得

$$m_{f容} = \pm\frac{L}{20\ 000}\times\frac{3L}{16f} = \pm\frac{L^2}{1.08\times10^5 f}$$

设 $L=50$ m, $f=0.546$ m,代入上式得

$$m_{f容} = \pm 42\ \mathrm{mm}$$

由此可知,测定松垂距 f 的精度要求不高,很容易达到。

5. 定线误差及其容许值

如图 4-38 所示,直线 AB 为欲丈量边长,由于大于尺长而分为三段。因为定线误差 m_e 使中间点 1、2 分别位于 AB 连线的两侧,这是最不利的情况,因为这时中间段 12 的长度 l' 与相应真长 l 相差最大。

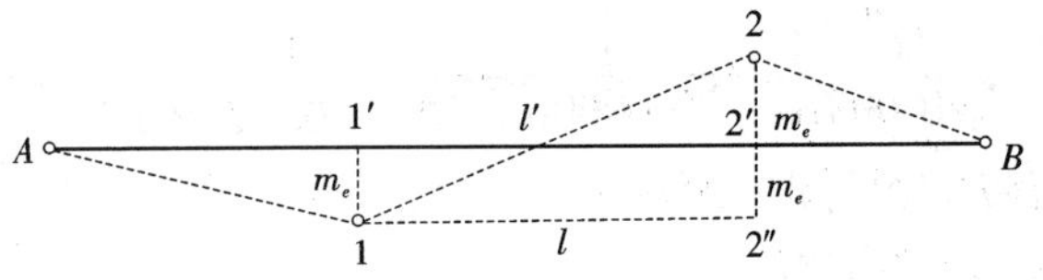

图 4-38 定线误差

由 $\triangle 122''$ 可得

$$l = \sqrt{(l')^2 - (2m_e)^2}$$

将上式按二项式展开,并仅取前两项得

$$l = l' - \frac{2m_e^2}{l'}$$

则由定线误差 m_e 所引起的量边误差为

$$m_{le} = l' - l = \frac{2m_e^2}{l'}$$

对照式(4-84)得

$$m_{e容} = \pm\sqrt{\frac{l}{20\ 000} \times \frac{l}{2}} = \pm 0.005l$$

当 $l=50$ m 时，$m_{e容}=\pm0.25$ m；当 $l=30$ m 时，$m_{e容}=\pm0.15$ m。

对于末段余长，同法可推得

$$m_{le} = \frac{m_e^2}{2l_{余}}$$

$$m_{e容} = \pm 0.01l_{余}$$

当 $l_{余}=10$ m 时，$m_{e容}=\pm0.1$ m；当 $l_{余}=20$ m 时，$m_{e容}=\pm0.2$ m。

综上分析可知：分段长度愈小，定线的容许误差愈小。所以《规程》规定，分段丈量边长时，最小尺段不得小于 10 m。而当分段长度较大时，对定线的精度要求较低，甚至可以用肉眼而不必用仪器定线。

6. 测倾角的误差及其容许值

由倾斜边长化算为平距 l 时，采用公式为

$$l = L\cos\delta$$

若测量倾角 δ 的误差为 m_δ，则由它引起的平距 l 的误差为

$$m_{l\delta} = \frac{L\sin\delta}{\rho}m_\delta$$

对照式(4-84)得

$$m_{\delta容} = \pm\frac{L}{20\ 000}\frac{\rho}{L\sin\delta} = \pm\frac{10''}{\sin\delta} \tag{4-85}$$

由上式可以看出，倾角 δ 愈大，对测量倾角的精度要求愈高。

7. 投点误差及其容许值

利用垂球线将测点中心投到钢尺上的误差有：

(1)垂球线与测点标志中心不重合，这项误差可达 0.5 mm，甚至更大。

(2)由风流引起的垂球线偏斜或摆动。

(3)钢尺碰到垂球线而引起的偏斜或摆动。

此外，如果量边时，钢尺的一端对着经纬仪的横轴外端中心读数或对着望远镜镜上中心读数，则经纬仪对中误差以及横轴外端中心或镜上中心偏离测点标志中心所在的铅垂线，也属于投点的误差。

钢钢尺两端均需投点，故由投点误差 m_E 所引起的丈量一段边长 L 的量边误差为

$$m_{LE} = m_E\sqrt{2}$$

对照式(4-84)可得

$$m_{E容} = \pm\frac{L}{20\ 000\sqrt{2}}$$

用 50 m 的钢尺丈量 50 m 的边长时，$m_{E容}=\pm1.8$ mm，而丈量 30 m 的边长时，$m_{E容}=\pm1.1$ mm，所以在丈量较短的边长(或较短的分段长)时，应十分注意精确投点。为此，在精密量边时，应采用长钢尺和加重垂球质量，并采取挡风措施或用光学投点器等。此外，还可以通过往、返丈量边长以抵消风流对垂球线投点的影响。如图 4-39 所示，(a)为往测时风流对量边的影响，(b)为返测时的影响，当在丈量边长时风流及仪器高均不变时，取往返测

平均值可最大限度地消除风流引起的垂球线偏斜影响。当然，在这种情况下，往返测边长的较差中却包含了两倍垂球线偏斜 Δl，因此其限差应适当放宽。

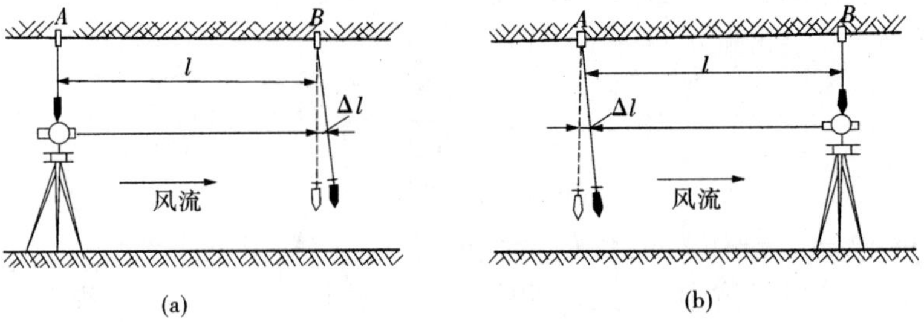

图 4-39　风流对量边的影响

8. 读数误差及其容许值

读数时，钢尺一端对准整厘米或整分米分划线，另一端估读小数，这种读数误差 m_0 是偶然性的，它对丈量一段边长的影响为

$$m_{L0} = \pm m_0 \sqrt{\frac{2L}{kl}}$$

式中　k——读数次数，一般 $k=3$；

L——边长；

l——钢尺长。

对照式(4-84)可得

$$m_{0容} = \pm \frac{L}{20\ 000}\sqrt{\frac{3}{2}} = \pm \frac{L}{16\ 400}$$

当 $L=50$ m 时，$m_{0容}=\pm 3$ mm；当 $L=30$ m 时，$m_{0容}=\pm 1.8$ mm。

9. 风流的影响

风流除使垂球线偏斜而产生投点误差外，还将使钢尺抖动或呈波状曲线形，从而使量得的边长大于真长。其大小与风流强弱有关，但其符号却是系统性的。减小风流影响的措施已在前面讨论投点误差时提到过，这里不再重复。此外，还可以采取适当加大拉力的方法尽量将钢尺拉直。

最后应当指出：

(1) 以上分析大部分是以尺长和边长都是 50 m 为基础的，而实际上并不完全是这样。一般来说，边长愈短，则要求丈量时的精度愈高，否则就难以保证其相对误差小于规定的限值。

(2) 在确定各种误差来源的容许值时，采用了等影响原则，这种原则可使所讨论的问题简化，但只能帮助我们大致得出一个数值范围，绝不能机械地去理解和运用。例如，对有的误差容许值(如测量拉力的容许误差等)较难达到，而有些项目(如测定温度 t 和松垂距 f 等)则又很容易达到。为此，必须统筹兼顾，使之能相互补偿，以最终达到总的量边精度要求。此外，对引起量边系统误差的尺长、定线等误差以及测定松垂距 f 的容许误差值，应当从严掌握。

四、光电测距仪测边的误差

(一)光电测距误差的主要来源

短程红外测距仪大都采用相位测距,所测距离是用下式计算的:

$$D=\frac{c_0}{2nf}\left(N+\frac{\Delta\varphi}{2\pi}\right)+K \tag{4-86}$$

式中 c_0——真空中光速;

n——大气折射率;

f——调制频率,即单位时间内正弦波变化的次数;

N——整周期个数,零或正整数;

$\Delta\varphi$——不足整周期的相位尾数;

K——剩余加常数。

上式中各要素与边长 D 的中误差 M_D 之间的关系式可写成:

$$M_D^2=\left\{\left(\frac{m_{c0}}{c_0}\right)^2+\left(\frac{m_n}{n}\right)^2+\left(\frac{m_f}{f}\right)^2\right\}D^2+\left(\frac{\lambda}{4\pi}\right)^2m_\varphi^2+m_K^2 \tag{4-87}$$

由上式可以看出,测距中误差 M_D 由两部分组成:一部分是与被测距离 D 成正比的误差,即上式等号右边的前三项误差;另一部分是与被测距离 D 无关的误差,即上式等号右边的后两项误差。而实际测距过程中还存在测距仪对中误差、反射镜对中误差及周期误差。因此,用光电测距仪测距的误差通常用固定误差(与边长大小无关的随机性偶然误差)A 和比例误差 BD(与边长大小成比例的随机性系统误差)来表示,即

$$M_D=\pm(A+BD) \tag{4-88}$$

式中 A——固定误差,mm;

B——比例系数,mm/km。

(二)光电测距的误差分析

1. 比例误差

1)真空中光速 c_0 的测定误差 m_{c0}

国际大地测量与地球物理协会于 1995 年建议的真空中光速值为 $c_0=(299\ 792\ 458\pm1.2)$ m/s,则 $\frac{m_{c0}}{c_0}=\frac{1.2}{299\ 792\ 458}\approx\pm0.4\times10^{-8}$,即每千米的 m_c 约为±0.004 mm,故可以忽略不计。

2)大气折射率的误差

大气折射率的误差将使光波在大气中的传播速度发生变化,从而影响测尺长度,引起测距误差。m_n 主要是由气象参数(气压 p、温度 t、水蒸气压 e)的测定误差,在测线的一端或两端测定气象参数不能完全代表整个测线上的平均气象参数,从而带来代表性误差,以及大气折射率计算公式本身的误差三个来源组成的。

对于载波波长为 0.632 8 μm 的氦氖气体激光测距仪,其在实际气象条件下的大气折射率 n 可按下式计算:

$$n=1+\frac{300.23\times10^{-6}}{1+at}\frac{p}{760}-\frac{0.055\times10^{-6}}{1+at}e$$

对上式全微分得

$$\mathrm{d}n = \left[- \frac{300.23 \times 10^{-6}}{(1 + at)^2} \frac{p}{760} + \frac{0.055 \times 10^{-6}}{(1 + at)^2} e \right] a\mathrm{d}t + \left[\frac{300.23 \times 10^{-6}}{(1 + at)760} \right] \mathrm{d}p - \left(\frac{0.055 \times 10^{-6}}{1 + at} \right) \mathrm{d}e$$

若取一般气象条件：$p = 760$ mmHg = 101 050 Pa，$t = 20$ ℃，$e = 10$ mmHg = 1 330 Pa 及空气膨胀系数 $\alpha = 0.003\ 661$，代入上式得

$$\mathrm{d}n = -0.95 \times 10^{-6}\mathrm{d}t + 0.37 \times 10^{-6}\mathrm{d}p - 0.05 \times 10^{-6}\mathrm{d}e$$

设求定折射率的精度与测距精度相适应，即 10^{-6}（百万分之一），由上式可以看出，各气象参数测定的必要精度为

$$m_t = \pm 1\ ℃, m_p = \pm 2.7\ \text{mmHg} = 359.1\ \text{Pa}, m_e = \pm 20\ \text{mmHg} = 2\ 660\ \text{Pa}$$

由上式还可以看出，各气象参数的误差对折射率的影响，以 t 为最大，p 次之，e 最小，它们之间的比例约为 19∶7.4∶1。

上面的分析结果对其他载波波长的测距仪也是适用的。对于井下来说，由于 t、p、e 等参数较为稳定，因此主要应注意气象参数的测定精度，至于气象代表性误差则是次要的，折射率本身的计算公式误差很小，可以忽略不计。

3）频率误差 m_f

光电测距仪的频率误差主要是指精测频率误差。频率误差是由频率校准误差和频率漂移误差构成的，前者取决于测定频率的准确度，后者取决于频率的稳定度。当用高于 10^{-7} 的高精度频率计来校准测距仪的频率 f 时，频率校准误差可以忽略不计。因此，频率的误差 m_f 主要是由晶体振荡器不够稳定而使频率 f 漂移所造成的。由频率的相对误差所引起的测距的相对误差为

$$\frac{m_{Df}}{D} = \frac{m_f}{f}$$

值得指出的是，目前中短程光电测距仪加常数 C 和乘常数 R 的检定，大多采用六段基线比较法在长度不同的野外基线进行。但是，许多不同型号的测距仪在同一条检定基线上不同时间所做的大量检定结果，却产生某些问题。

（1）不同时间的检定结果不完全一致，甚至若对同一时间的检定数据取不同的基线段组合，所得的仪器“常数”也不同，且乘常数 R 的数值可能变化很大（$10\times10^{-6} \sim 30\times10^{-6}$）。例如，同样的两台测距仪在同一基线上多次检定所得的 R 值可能变化很大，分别是 17×10^{-6}（$-14 \sim +3$）和 11×10^{-6}（$-8 \sim +3$）。

（2）由六段基线比较法检定所得 R 值与用精确测定测距仪调制频率所获得的 R 值相差可能很大，有时达到 30×10^{-6}。

由上述分析可知，获得乘常数 R 用以对所测距离加入改正的较好方法是测定测距仪的精测调制频率，并且最好是在测距的同时测定其频率。

2. 固定误差

1）仪器加常数的测定误差 m_K

在仪器出厂之前，对每台测距仪都进行了精确的测定，对短程测距仪，大都采用预置加常数的方法加以消除，对所观测的每条边都加入了加常数的改正，因此加常数的测定误差对

每条边都是系统误差，所以应当尽量提高测定仪器加常数的精度。短程红外测距仪的加常数虽然预置，但仪器老化、震动等可能使加常数发生变化，因此应定期检测。若加常数值超过允许范围，应当重新预置或对所测距离加入改正数。

2）棱镜常数的测定误差

普通的平面镜只能反射测距仪发出的光，但不能将光返回到测距仪中去，反射棱镜则不同，它能将数千米长或入射光线不完全与反射棱镜表面垂直的光再返回到测距仪中。由于光在玻璃内部的折射率为 1.5～1.6，而在空气中的折射率约为 1，因此光在玻璃内部的传播速度比空气中慢，增加的行进时间使测距仪所显示的距离比实际距离要大，因此棱镜常数取决于玻璃的折射率和反射棱镜的大小，它恒为负值，一般变动为-71～-28 mm。应当指出的是，反射棱镜常数也并非常数，随着光束入射角的不同而发生变化。

综上分析可知，测距仪在测距前必须确认反射棱镜常数与原先输入测距仪的棱镜常数是否相符，测距时应尽量使反射棱镜的前表面垂直于入射光束。

（三）光电测距边长的精度评定

1. 对向观测边长时的精度评定

（1）一次测量（往测或返测）的观测值中误差按下式计算：

$$m_0 = \pm\sqrt{\frac{[dd]}{2n}}$$

（2）对向观测平均值中误差按下式计算：

$$M_D = \frac{m_0}{\sqrt{2}} = \pm\frac{1}{2}\sqrt{\frac{[dd]}{n}}$$

式中 d——化算到同一高程面的每对水平距离之差；

n——所有差数的个数。

（3）边长相对中误差按下式计算：

$$\frac{M_D}{D} = \frac{1}{\frac{D}{M_D}}$$

式中 D——测距边的水平距离平均值。

2. 单向观测边长的精度评定

根据测距误差来源和大小估算测距精度。测距中误差公式采用经验公式（4-88）。

五、经纬仪支导线的误差

（一）支导线终点的位置误差

1. 由测角、量边误差所引起的支导线终点 K 的位置误差

如图 4-40 所示，任意形状的支导线终点 K 的坐标为

$$\left.\begin{aligned} x_K &= x_1 + l_1\cos\alpha_1 + l_2\cos\alpha_2 + \cdots + l_n\cos\alpha_n \\ y_K &= y_1 + l_1\sin\alpha_1 + l_2\sin\alpha_2 + \cdots + l_n\sin\alpha_n \end{aligned}\right\} \tag{4-89}$$

而任一导线边 l_i 的坐标方位角是所测角度 β_i 的函数，即

$$\alpha_i = \alpha_0 + \sum\beta_i \pm i \cdot 180° \tag{4-90}$$

式中 $\beta_1, \beta_2, \cdots, \beta_n$——所测导线各左角；

l_1，l_2，…，l_n——所量导线各边水平边长；

α_1，α_2，…，α_n—— 导线各边的坐标方位角；

α_0—— 起始坚强边的坐标方位角；

x_1，y_1——起始坚强点 1 的平面坐标。

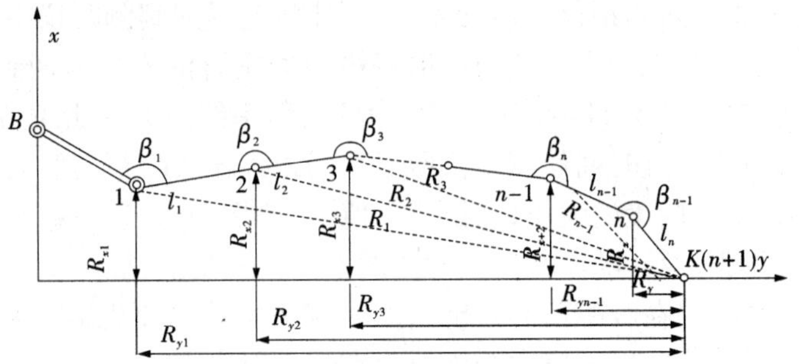

图 4-40　支导线终点误差示意

当不考虑起算数据误差的影响时，导线终点 K 的坐标是整个导线所测角度和边长的函数。设 $m_{\beta1}$，$m_{\beta2}$，…，$m_{\beta n}$ 及 m_{l1}，m_{l2}，…，m_{ln} 分别为导线各角的测角中误差和各边的量边中误差，根据误差传播定律，由 $m_{\beta i}$ 及 m_{li} 所引起的导线终点 K 的坐标误差分别为

$$\left.\begin{aligned} M_{x\beta}^2 &= \frac{1}{\rho^2}\sum_1^n\left(\frac{\partial x_K}{\partial \beta_i}\right)^2 m_{\beta i}^2 \\ M_{xl}^2 &= \sum_1^n\left(\frac{\partial x_K}{\partial l_i}\right)^2 m_{li}^2 \end{aligned}\right\} \tag{4-91}$$

$$\left.\begin{aligned} M_{y\beta}^2 &= \frac{1}{\rho^2}\sum_1^n\left(\frac{\partial y_K}{\partial \beta_i}\right)^2 m_{\beta i}^2 \\ M_{yl}^2 &= \sum_1^n\left(\frac{\partial y_K}{\partial l_i}\right)^2 m_{li}^2 \end{aligned}\right\} \tag{4-92}$$

上两式简写为

$$\left.\begin{aligned} M_{xK}^2 &= M_{x\beta}^2 + M_{xl}^2 \\ M_{yK}^2 &= M_{y\beta}^2 + M_{yl}^2 \end{aligned}\right\} \tag{4-93}$$

1）由测角误差引起的导线终点 K 的坐标误差

由以上各式可以看出，ρ 是常数，而 m_β 的求解方法已在前述，只有偏导数项待求。推理可得由测角误差引起的导线终点 K 的坐标误差估算公式为

$$\left.\begin{aligned} M_{x\beta}^2 &= \frac{1}{\rho^2}\sum_1^n R_{yi}^2 m_{\beta i}^2 \\ M_{y\beta}^2 &= \frac{1}{\rho^2}\sum_1^n R_{xi}^2 m_{\beta i}^2 \end{aligned}\right\} \tag{4-94}$$

式中　R_{xi}——导线终点与相应测角点的连线 R_i 在纵坐标轴上的投影长度；

R_{yi}——导线终点与相应测角点的连线 R_i 在横坐标轴上的投影长度。

2）由量边误差引起的导线终点 K 的坐标误差

同样，也是解决偏导数的问题。推理可得由量边误差引起的导线终点 K 的坐标误差估算公式为

$$
\left.\begin{aligned}
M_{xl}^{2} &= \sum_{1}^{n} \cos^{2}\alpha_{i} m_{li}^{2} \\
M_{yl}^{2} &= \sum_{1}^{n} \sin^{2}\alpha_{i} m_{li}^{2}
\end{aligned}\right\} \tag{4-95}
$$

对于钢尺量距导线而言，由于钢尺量边常有系统误差存在，因此要进一步分析量边系统误差与偶然误差对终点 K 的坐标的影响。

（1）由量边偶然误差引起的导线终点 K 的坐标误差。

量边总中误差为

$$
m_{li}^{2} = a^{2} l_{i} + b^{2} l_{i}^{2}
$$

当无明显的系统误差时，即 $b=0$，则有

$$
m_{li}^{2} = a^{2} l_{i}
$$

所以式(4-95)为

$$
\left.\begin{aligned}
M_{xl偶}^{2} &= a^{2} \sum_{1}^{n} l_{i} \cos^{2}\alpha_{i} \\
M_{yl偶}^{2} &= a^{2} \sum_{1}^{n} l_{i} \sin^{2}\alpha_{i}
\end{aligned}\right\} \tag{4-96}
$$

式中 a——往返量边平均值的偶然误差系数，以 $m^{\frac{1}{2}}$ 为单位；

α_i——导线各边方位角；

l_i——所量导线各水平边长。

（2）由量边系统误差引起的导线终点 K 的坐标误差。

如图 4-41 所示，123…nK 为一正确导线。只考虑量边系统误差的影响时，导线变成了 $12'3'\cdots n'K'$，不难看出，它与正确导线的形状相似，各点都从原来正确位置沿该点与起始点 1 的连线方向上移动了一段距离，其大小为相应连线的长度乘以系统误差影响系数 b，即

$$
\left.\begin{aligned}
M_{xl系} &= bL_{x} \\
M_{yl系} &= bL_{y}
\end{aligned}\right\} \tag{4-97}
$$

式中 L_x——导线起点与终点连线在 x 轴上的投影长度，如图 4-41 所示；

L_y——导线起点与终点连线在 y 轴上的投影长度；

b——往返量边平均值的系统误差系数。

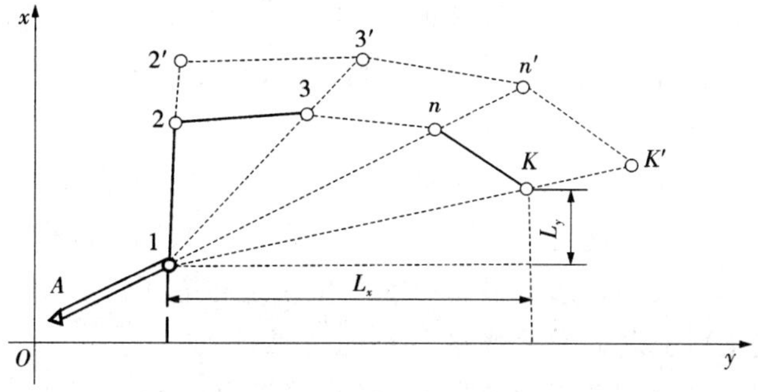

图 4-41　量边系统误差引起的导线终点坐标误差

3）由测角量边误差引起的支导线终点 K 的位置误差

对于光电测距导线

$$\left.\begin{aligned}M_{xK}^{2}&=\frac{1}{\rho^{2}}\sum_{1}^{n}R_{yi}^{2}m_{\beta i}^{2}+\sum_{1}^{n}\cos^{2}\alpha_{i}m_{li}^{2}\\M_{yK}^{2}&=\frac{1}{\rho^{2}}\sum_{1}^{n}R_{xi}^{2}m_{\beta i}^{2}+\sum_{1}^{n}\sin^{2}\alpha_{i}m_{li}^{2}\\M_{K}^{2}&=\frac{1}{\rho^{2}}\sum_{1}^{n}R_{i}^{2}m_{\beta i}^{2}+\sum_{1}^{n}m_{li}^{2}\end{aligned}\right\}\tag{4-98}$$

对于钢尺量距导线，当测角精度相等时：

$$\left.\begin{aligned}M_{xK}^{2}&=\frac{m_{\beta}^{2}}{\rho^{2}}\sum_{1}^{n}R_{yi}^{2}+a^{2}\sum_{1}^{n}l_{i}\cos^{2}\alpha_{i}+b^{2}L_{x}^{2}\\M_{yK}^{2}&=\frac{m_{\beta}^{2}}{\rho^{2}}\sum_{1}^{n}R_{xi}^{2}+a^{2}\sum_{1}^{n}l_{i}\sin^{2}\alpha_{i}+b^{2}L_{y}^{2}\\M_{K}^{2}&=\frac{m_{\beta}^{2}}{\rho^{2}}\sum_{1}^{n}R_{i}^{2}+a^{2}\sum_{1}^{n}l_{i}^{2}+b^{2}L^{2}\end{aligned}\right\}\tag{4-99}$$

由上述估算公式可以看出，测角、量边误差对支导线精度的影响是：

（1）测角误差的影响与测角误差的大小和测站数成正比。减少测站数是降低导线终点误差的重要措施。当测角精度相同、导线长度和测站数相近时，测角误差与导线形状有关：对直伸形导线影响最大，对曲折导线影响次之，对闭合导线影响最小。

（2）量边偶然误差引起的导线终点误差，与偶然误差系数 a 成正比，与导线形状无关。

（3）量边系统误差引起的导线终点误差，与系统误差系数 b 成正比，且与导线形状有关：对直伸形导线影响最大，对曲折导线影响次之，对闭合导线影响最小。

综上所述，导线精度与测角量边的精度、测站数目和导线的形状有关，而测角误差的影响对导线精度起决定性作用。在实际工作中，应注意提高测角精度，同时应尽量增大边长，以减少测站数。有条件时，应尽可能布设成闭合导线，对于重要工程，应采用光电测距导线测量。

4）判断测角、量边粗差所在位置的方法

（1）如果某条闭合（或附合）导线在内业计算时，发现角度闭合差 f_β 很大，由此引起线量闭合差 f_L 也很大，说明测角产生了粗差。我们可以作线量闭合差 f_L 的中垂线，该线所指向的点位，便是最有可能产生测角粗差的测站点。

（2）如果某条闭合（或附合）导线在内业计算时，发现角度闭合差 f_β 并不超限，说明测角无误，但线量闭合差 f_L 却很大，这时说明量边产生了粗差。我们可以根据转折角绘制导线草图，看 f_L 与哪条边近似平行，则该边就最有可能产生量边粗差了。

2. 由起算数据误差所引起的支导线终点 K 的位置误差

任何起算数据都是经过测量工作求得的，因此都带有误差。尤其是起算边的坐标方位角，由地面经过井筒传递到井下，包含较大的误差，对支导线终点的位置有显著影响。

设起算边方位角 α_0 的误差为 $m_{\alpha0}$，则由此引起的导线终点 K 的点位误差估算公式为

$$
\left.\begin{aligned}
M_{x_{0K}} &= \pm \frac{m_{\alpha 0}}{\rho} R_{y1} \\
M_{y_{0K}} &= \pm \frac{m_{\alpha 0}}{\rho} R_{x1} \\
M_{0K} &= \pm \frac{m_{\alpha 0}}{\rho} R_1
\end{aligned}\right\} \tag{4-100}
$$

若同时考虑起算点 1 的坐标误差 M_{x1} 、M_{y1} 及起算边方位角 α_0 的误差 $m_{\alpha 0}$ 的共同影响，则由此引起导线终点 K 的点位误差估算公式为

$$
\left.\begin{aligned}
M_{x_{0K}}^2 &= M_{x_1}^2 + R_{y_1}^2 \frac{m_{\alpha 0}^2}{\rho^2} \\
M_{y_{0K}}^2 &= M_{y_1}^2 + R_{x_1}^2 \frac{m_{\alpha 0}^2}{\rho^2} \\
M_{0K}^2 &= M_1^2 + R_1^2 \frac{m_{\alpha 0}^2}{\rho^2}
\end{aligned}\right\} \tag{4-101}
$$

由上式可以看出，导线起算点的坐标误差对各点的影响均相同，即与导线长度和形状无关；而起始边方位角误差对导线终点的影响，与导线起点和终点连线长度有关。

3. 在某一指定方向上支导线任意一点的位置误差

在矿井测量工作中，通常需要求出的不是支导线终点沿 x 轴或 y 轴方向的误差 M_x 和 M_y，而是沿某一指定方向上的点位误差。例如，在巷道贯通测量工作中，就需要估算垂直于巷道中线方向（所谓贯通的主要方向）x' 上的相遇误差，而当向采空区掘进巷道时，则沿中线方向（距采空区的距离）便是重要方向。在解决这类问题时，由上面所导出的一系列公式可看出，只需设一个假定坐标系 x' 和 y'，使 x' 及 y' 与某指定方向重合，然后求支导线各点在此假定坐标轴 x' 和 y' 方向上的误差，就是所需要的指定方向上的误差。

4. 等边直伸形支导线终点的坐标误差

井下导线是沿巷道布设的，各测站的水平角 β_i 往往接近 180°，并且其边长 l_i 也大致相等，这种导线近似于等边直伸形导线，如图 4-42 所示。

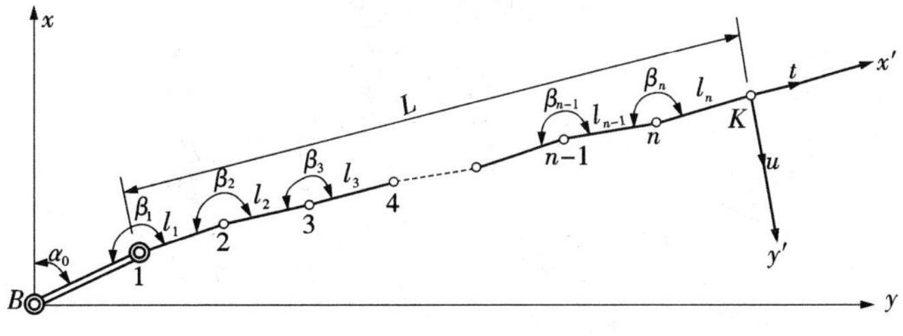

图 4-42　等边直伸形支导线终点的坐标误差

当导线成直伸形时，测角误差只引起终点的横向误差 u，而量边误差只引起终点的纵向误差 t。其误差估算公式为

$$
\left.\begin{aligned}
t &= \pm \sqrt{a^2 L + b L^2} \\
u &= \pm \frac{m_\beta}{\rho} L \sqrt{\frac{n + 1.5}{3}}
\end{aligned}\right\} \tag{4-102}
$$

当导线边很多，即 n 很大时，则

$$u = \pm \frac{m_{\beta}}{\rho} L \sqrt{\frac{n}{3}} \tag{4-103}$$

因此，要减小终点的横向误差，就必须提高测角精度和加大边长以减少测点的个数；而要减小终点的纵向误差，则只须提高量边精度即可。

（二）支导线任意点的位置误差

上面所分析的是支导线终点 K（即 $n+1$）的位置误差。当需要估算支导线任意点 C 的位置误差时，根据上面的分析推导可知，只要将任意点 C 当做导线终点，然后将始点 1 与 C 点之间的各点与 C 点连线即得到 R_i 及 L 等要素，便可利用相应的公式进行估算。

（三）支导线任意边的坐标方位角误差

任意边 l_j 的坐标方位角 α_j 为

$$\alpha_j = \alpha_0 + \sum_1^j \beta_i \pm j180°$$

因此，该坐标方位角的中误差为

$$M_{\alpha j}^2 = m_{\alpha 0}^2 + \sum_1^j m_{\beta i}^2$$

当测角精度相同时，则

$$M_{\alpha j}^2 = m_{\alpha 0}^2 + j m_{\beta}^2 \tag{4-104}$$

若不考虑起算边的坐标方位角误差，则 α_j 相对于 α_0 的中误差为

$$M_{\alpha j} = \pm m_{\beta} \sqrt{j} \tag{4-105}$$

（四）估算支导线点位误差及坐标方位角误差实例

为了更好地掌握上述支导线终点位置误差及坐标方位角误差的估算方法，现举例说明。

【例 4-2】 在平巷中从井底车场已知点 1 和已知边 B—1 开始，测设了一段 15″级经纬仪导线，如图 4-43 所示，试求第 7 点在与 6—7 边垂直和平行两个方向上的误差及 6—7 边方位角误差。导线边长及角值见表 4-27，起算数据及误差要素见表 4-28。

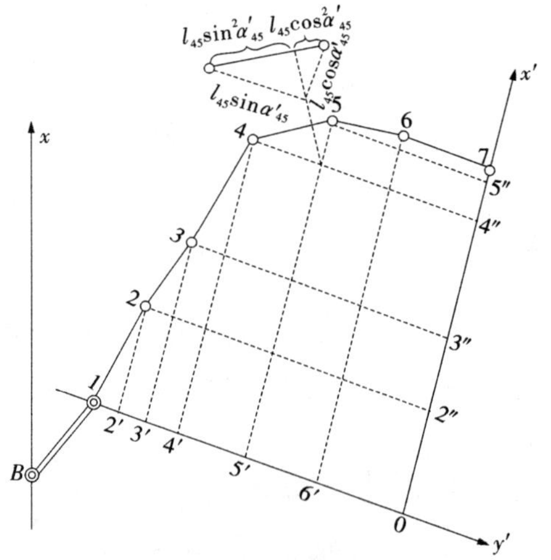

图 4-43　支导线终点位置误差估算

表 4-27 导线边长及角值

角号	角值 (° ′ ″)	边号	边长(m)
1	171 20 35	1—2	44.632
2	186 58 42	2—3	32.314
3	172 02 05	3—4	52.691
4	225 30 10	4—5	36.300
5	201 01 02	5—6	35.172
6	187 04 12	6—7	42.684

表 4-28 起算数据及误差要素

起算数据	误差要素
起始点坐标 $x_1=24.010$ $y_1=31.484$ 起始边方位角 $\alpha_0=\alpha_{B-1}=26°10'25''$	按《规程》 $m_{x1}=\pm0.010$ m $m_{y1}=\pm0.004$ m $m_{\alpha0}=\pm45''$ $m_\beta=\pm15''$ $a=0.000\,5$ $b=0.000\,05$

解:(1)在原 1∶1 000 或 1∶2 000 比例尺导线图上,按给定求误差方向绘出假定坐标轴 x'(与 6—7 边垂直)及 y'(与 6—7 边平行),并作各点与 7 点连线在 x'及 y'轴上的投影。

(2)估算由测角误差所引起的 7 点在 x'及 y'方向上的误差 $M_{x'\beta}$ 及 $M_{y'\beta}$。首先在图中按比例尺量取下列数据并记入表 4-29 中,即

$$R_{x'1}=0-7\ ,\quad R_{x'2}=2''-7\ ,\cdots,R_{x'5}=5''-7\ ,R_{x'6}=0$$

$$R_{y'1}=0-1\ ,\quad R_{y'2}=0-2'\ ,\cdots,R_{y'5}=0-5'\ ,R_{y'6}=0-6'$$

然后进行计算(见表 4-29)得:

$$M_{x'\beta}=\pm\sqrt{407\times10^{-6}}=\pm0.020\,2(\text{m})=\pm20.2\ \text{mm}$$

$$M_{y'\beta}=\pm\sqrt{192\times10^{-6}}=\pm0.013\,9(\text{m})=\pm13.9\ \text{mm}$$

(3)估算由量边误差所引起的 7 点在 x'及 y'方向上的误差 $M_{x'l}$ 及 $M_{y'l}$。其中 $l\sin^2\alpha'$及 $l\cos^2\alpha'$之值可用图解“二次投影法”在图 4-42 中直接量取并记入表 4-30 中。然后进行计算得

$$M_{x'l}=\pm\sqrt{(32+51)\times10^{-6}}=\pm0.009\,1(\text{m})=\pm9.1\ \text{mm}$$

$$M_{y'l}=\pm\sqrt{(30+57)\times10^{-6}}=\pm0.009\,3(\text{m})=\pm9.3\ \text{mm}$$

表 4-29　测角误差影响估算

<table>
<tr><th>点号</th><th>$R_{x'}$ (m)</th><th>$R_{x'}^2$</th><th>$R_{y'}$ (m)</th><th>$R_{y'}^2$</th><th>m_β</th><th colspan="2">$\frac{m_\beta}{\rho}$</th><th>$\left(\frac{m_\beta}{\rho}\right)^2$</th></tr>
<tr><td>1</td><td>143.5</td><td>20 590</td><td>151.0</td><td>22 800</td><td rowspan="3">15″</td><td colspan="2" rowspan="3">7.3×10⁻⁵</td><td rowspan="3">53×10^{-10}</td></tr>
<tr><td>2</td><td>101.0</td><td>10 200</td><td>137.5</td><td>18 900</td></tr>
<tr><td>3</td><td>71.3</td><td>5 080</td><td>124.4</td><td>15 480</td></tr>
<tr><td>4</td><td>20.8</td><td>430</td><td>109.0</td><td>11 880</td><td colspan="2" rowspan="3">$\left(\frac{m_\beta}{\rho}\right)^2\sum R_y^2$</td><td colspan="2" rowspan="3">$\left(\frac{m_\beta}{\rho}\right)^2\sum R_x^2$</td></tr>
<tr><td>5</td><td>4.1</td><td>20</td><td>76.3</td><td>5 820</td></tr>
<tr><td>6</td><td>0</td><td>0</td><td>42.7</td><td>1 820</td></tr>
<tr><td colspan="2">$\sum$</td><td>36 320</td><td></td><td>76 700</td><td colspan="2">407×10^{-6}</td><td colspan="2">192×10^{-6}</td></tr>
</table>

表 4-30　量边误差影响估算

<table>
<tr><th>边号</th><th>$l\cos^2\alpha'$ (m)</th><th>$l\sin^2\alpha'$ (m)</th><th colspan="2">a</th><th colspan="2">a^2</th><th colspan="2">$a^2\sum l\cos^2\alpha'$</th><th>$a^2\sum l\sin^2\alpha'$</th></tr>
<tr><td>1—2</td><td>40.5</td><td>4.1</td><td colspan="2" rowspan="2">5×10^{-4}</td><td colspan="2" rowspan="2">25×10^{-8}</td><td colspan="2" rowspan="2">32×10^{-6}</td><td rowspan="2">30×10^{-6}</td></tr>
<tr><td>2—3</td><td>27.3</td><td>5.3</td></tr>
<tr><td>3—4</td><td>48.1</td><td>4.5</td><td rowspan="3">b</td><td colspan="2" rowspan="3">$L_{x'}$(m)</td><td colspan="2" rowspan="3">$L_{y'}$(m)</td><td rowspan="3">$(bL_{x'})^2$</td><td rowspan="3">$(bL_{y'})^2$</td></tr>
<tr><td>4—5</td><td>9.4</td><td>26.9</td></tr>
<tr><td>5—6</td><td>0.5</td><td>34.6</td></tr>
<tr><td>6—7</td><td>0</td><td>42.7</td><td rowspan="2">5×10^{-5}</td><td colspan="2" rowspan="2">143.5</td><td colspan="2" rowspan="2">151.0</td><td rowspan="2">51×10^{-6}</td><td rowspan="2">57×10^{-6}</td></tr>
<tr><td>$\sum$</td><td>125.8</td><td>118.1</td></tr>
</table>

(4)由测角量边误差引起的第 7 点在 x'轴(垂直 6—7 边)及 y'轴(平行 6—7 边)上的误差为

$$M_{x'} = \pm\sqrt{M_{x'\beta}^2 + M_{x'l}^2} = \pm\sqrt{407 + 83} = \pm 22.1(\text{mm})$$

$$M_{y'} = \pm\sqrt{M_{y'\beta}^2 + M_{y'l}^2} = \pm\sqrt{192 + 87} = \pm 16.7(\text{mm})$$

由测角量边引起 7 点的点位误差为

$$M_7 = \pm\sqrt{M_{x'}^2 + M_{y'}^2} = \pm\sqrt{490 + 279} = \pm 27.7(\text{mm})$$

(5)考虑起算数据误差的影响,第 7 点在 x'轴(垂直 6—7 边)及 y′轴(平行 6—7 边)上的误差为

$$M_{x'7} = \pm\sqrt{m_{x1}^2 + \left(R_{y'1}\frac{m_{\alpha0}}{\rho}\right)^2 + M_{x'\beta}^2 + M_{x'l}^2}$$

$$= \pm\sqrt{(0.010)^2 + \left(151.0\times\frac{45}{206\ 265}\right)^2 + 407\times10^{-6} + 83\times10^{-6}}$$

$$= \pm 41(\text{mm})$$

$$M_{y'7}=\pm\sqrt{m_{y1}^2+\left(R_{x'1}\frac{m_{\alpha0}}{\rho}\right)^2+M_{y'\beta}^2+M_{x'l}^2}$$

$$=\pm\sqrt{(0.004)^2+\left(143.5\times\frac{45}{206\ 265}\right)^2+192\times10^{-6}+87\times10^{-6}}$$

$$=\pm35.7(\text{mm})$$

那么第 7 点的总点位误差为

$$M_7=\pm\sqrt{M_{x'7}^2+M_{y'7}^2}=\pm\sqrt{1\ 678+1\ 278}=\pm54.4(\text{mm})$$

(6)估算 6—7 边的方位角误差：

当测角精度相同，又不考虑起始方位角误差的影响时，则按式 $M_{\alpha j}=\pm m_\beta\sqrt{j}$ 计算 6—7 边方位角误差，即

$$M_{\alpha j}=\pm m_\beta\sqrt{j}=\pm15\sqrt{6}=\pm36.7''$$

考虑起算边方位角误差 $m_{\alpha0}$ 时，按式 $M_{\alpha j}^2=m_{\alpha0}^2+jm_\beta^2$ 计算 6—7 边方位角误差得

$$M_{\alpha6-7}=\pm\sqrt{m_{\alpha0}^2+im_\beta^2}=\pm\sqrt{45^2+6\times15^2}=\pm58.1''$$

从实例不难看出，测角误差和起算边方位角误差，是支导线终点位置误差的主要来源。

六、方向附合导线的误差

单一导线的两端均有坚强方向控制，但只有一端有已知坐标点 1，而另一端的 n 和 K 点坐标均未知，这种导线称为方向附合导线，如图 4-44 所示。

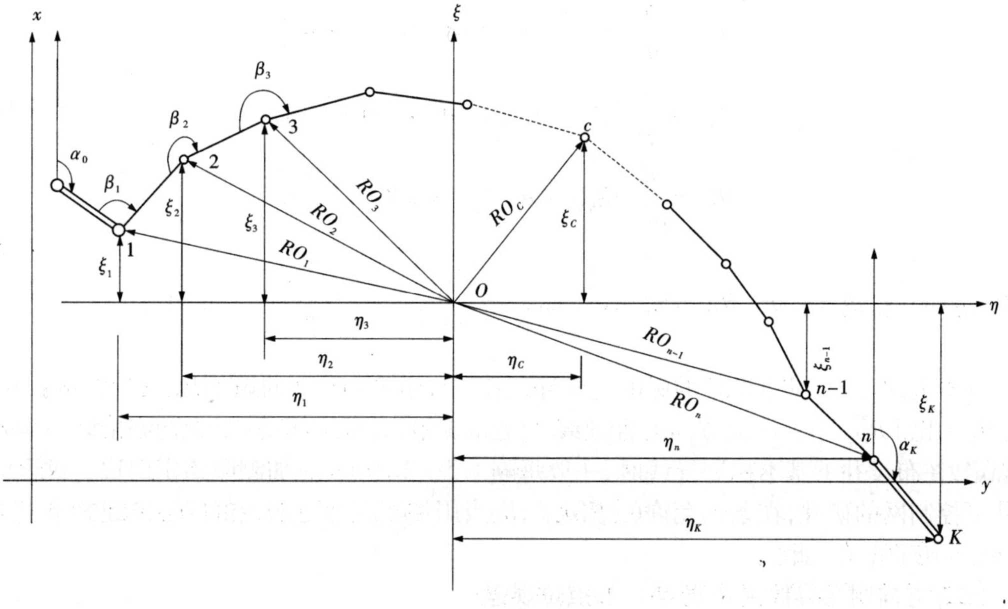

图 4-44　方向附合导线的误差

（一）方向附合导线终点的点位误差

对于这种导线，只对其角度进行平差。经过角度平差后，导线点的坐标是水平角平差值和实测边长的函数。当不考虑起算数据误差的影响时，方向附合导线终点 K 的点位误差估算公式为

$$\left.\begin{aligned} M_{xK}^2 &= \frac{m_\beta^2}{\rho^2}\left\{[y^2] - \frac{[y]^2}{n+1}\right\} + [m_l^2\cos^2\alpha] \\ M_{yK}^2 &= \frac{m_\beta^2}{\rho^2}\left\{[x^2] - \frac{[x]^2}{n+1}\right\} + [m_l^2\sin^2\alpha] \\ M_K^2 &= \frac{m_\beta^2}{\rho^2}\left\{[x^2] + [y^2] - \frac{[x^2]+[y^2]}{n+1}\right\} + [m_l^2] \end{aligned}\right\} \tag{4-106}$$

式中，$x=x_K-x_i$，$y=y_K-y_i$。

如果把坐标原点移到导线各点的平均坐标点（即重心）上，即图中的 O 点上，可得导线终点的误差在重心坐标系中的公式为

$$\left.\begin{aligned} M_{xK}^2 &= \frac{m_\beta^2}{\rho^2}[\eta_i^2] + [m_{li}^2\cos^2\alpha_i] \\ M_{yK}^2 &= \frac{m_\beta^2}{\rho^2}[\xi_i^2] + [m_{li}^2\sin^2\alpha_i] \\ M_K^2 &= \frac{m_\beta^2}{\rho^2}[R_{Oi}^2] + [m_{li}^2] \end{aligned}\right\} \tag{4-107}$$

当用钢尺量边，a、b 误差系数已知时，上式可写为

$$\left.\begin{aligned} M_{xK}^2 &= \frac{m_\beta^2}{\rho^2}[\eta_i^2] + a^2[l_i\cos^2\alpha_i] + b^2L_x^2 \\ M_{yK}^2 &= \frac{m_\beta^2}{\rho^2}[\xi_i^2] + a^2[l_i\sin^2\alpha_i] + b^2L_y^2 \\ M_K^2 &= \frac{m_\beta^2}{\rho^2}[R_{Oi}^2] + a^2[l_i] + b^2L^2 \end{aligned}\right\} \tag{4-108}$$

式中，$\eta_i=y_i-y_O$，$\xi_i=x_i-x_O$，$R_{Oi}{}^2=\eta_i{}^2+\xi_i{}^2$，而 $x_O=\dfrac{[x_i]}{n+1}$，$y_O=\dfrac{[y_i]}{n+1}$。

分析上式可知，量边误差的影响与支导线相同；而测角误差的影响比支导线减小了，因为 $[R_{Oi}^2]$ 比 $[R_i^2]$ 小。所以方向附合导线与支导线相比，提高了终点的点位精度。《规程》中规定，在布设井下基本控制导线时，一般每隔 1.5～2.0 km 应加测陀螺定向边。对于已建立井下控制网的矿井，在条件允许的情况下，应当用加测陀螺定向边的方法改建井下平面控制网，其道理就在于此。

（二）方向附合导线中任意点 C 的点位误差

方向附合导线中任意点 C 的点位误差可按下式估算：

$$\left.\begin{aligned}
M_{xC}^2 &= \frac{m_\beta^2}{\rho^2}\left\{\sum_1^{C-1} R_{yCi}^2 - \frac{\left(\sum_1^{C-1} R_{yCi}\right)^2}{n+1}\right\} + \sum_1^{C-1}(m_{li}^2 \cos^2\alpha_i) \\
M_{yC}^2 &= \frac{m_\beta^2}{\rho^2}\left\{\sum_1^{C-1} R_{xCi}^2 - \frac{\left(\sum_1^{C-1} R_{xCi}\right)^2}{n+1}\right\} + \sum_1^{C-1}(m_{li}^2 \sin^2\alpha_i) \\
M_C^2 &= M_{xC}^2 + M_{yC}^2
\end{aligned}\right\} \tag{4-109}$$

式中 R_{xCi},R_{yCi}——任意点 C 与 C 点之前的各点的连线在 x、y 轴上的投影长；

$n+1$——方向附合导线的角度总个数。

当用钢尺量边,a、b 误差系数已知时,方向附合导线中任意点 C 的点位误差按下式估算：

$$\left.\begin{aligned}
M_{xC}^2 &= \frac{m_\beta^2}{\rho^2}\left\{\sum_1^{C-1} R_{yCi}^2 - \frac{\left(\sum_1^{C-1} R_{yCi}\right)^2}{n+1}\right\} + a^2\sum_1^{C-1} l_i \cos^2\alpha_i + b^2 L_{xC}^2 \\
M_{yC}^2 &= \frac{m_\beta^2}{\rho^2}\left\{\sum_1^{C-1} R_{xCi}^2 - \frac{\left(\sum_1^{C-1} R_{xCi}\right)^2}{n+1}\right\} + a^2\sum_1^{C-1} l_i \sin^2\alpha_i + b^2 L_{yC}^2 \\
M_C^2 &= M_{xC}^2 + M_{yC}^2
\end{aligned}\right\} \tag{4-110}$$

式中 L_{xC},L_{yC}——C 点与导线起点连线在 x 轴与 y 轴上的投影长。

(三)加测陀螺定向边的导线终点误差

若井下导线起算边采用陀螺经纬仪定向,并在支导线中间每隔一定距离加测陀螺定向边,共加测了 N 条陀螺定向边,而将整个导线分为 N 段方向附合导线,各段导线的重心分别为 O_{I},O_{II},…,O_N,如图 4-45 所示。

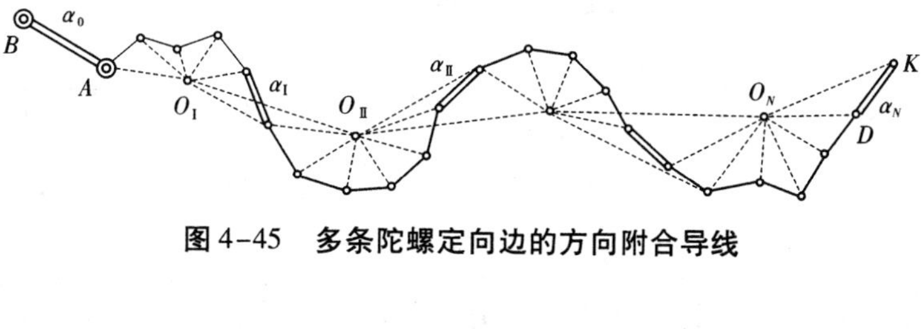

图 4-45 多条陀螺定向边的方向附合导线

当角度平差后,同时考虑陀螺定向边本身的误差影响时,导线终点 K 的点位误差估算公式为

$$\left.\begin{aligned}M_{xK}^2 &= \frac{m_\beta^2}{\rho^2}\{[\eta^2]_{\mathrm{I}} + [\eta^2]_{\mathrm{II}} + \cdots + [\eta^2]_N\} + \frac{m_{\alpha O}^2}{\rho^2}(y_A - y_{O\mathrm{I}})^2 + \\ &\frac{m_{\alpha \mathrm{I}}^2}{\rho^2}(y_{O\mathrm{I}} - y_{O\mathrm{II}})^2 + \cdots + \frac{m_{\alpha N}^2}{\rho^2}(y_K - y_{ON})^2 + \sum m_{li}^2\cos^2\alpha_i \\ M_{yK}^2 &= \frac{m_\beta^2}{\rho^2}\{[\xi^2]_{\mathrm{I}} + [\xi^2]_{\mathrm{II}} + \cdots + [\xi^2]_N\} + \frac{m_{\alpha O}^2}{\rho^2}(x_A - x_{O\mathrm{I}})^2 + \\ &\frac{m_{\alpha \mathrm{I}}^2}{\rho^2}(x_{O\mathrm{I}} - x_{O\mathrm{II}})^2 + \cdots + \frac{m_{\alpha N}^2}{\rho^2}(x_K - x_{ON})^2 + \sum m_{li}^2\sin^2\alpha_i \\ M_K^2 &= M_{xK}^2 + M_{yK}^2\end{aligned}\right\} \tag{4-111}$$

式中　η,ξ——各导线点至本段导线重心 O 的距离在 y 轴和 x 轴上的投影长。

(四)等边直伸方向附合导线终点 K 的点位误差

终点 K 沿导线直伸方向的纵向误差与等边直伸形支导线的纵向误差相同,即

$$t = \pm\sqrt{a^2L + b^2L^2} \tag{4-112}$$

终点 K 在垂直于导线直伸方向的横向误差为

$$u = \pm\frac{m_\beta}{\rho}L\sqrt{\frac{(n+1)(n+2)}{12n}} \approx \pm\frac{m_\beta}{\rho}L\sqrt{\frac{n}{12}} \tag{4-113}$$

由此式可知,等边直伸形方向附合导线经角度平差后的终点横向误差比支导线的小了一半。

(五)方向附合导线任意边的坐标方位角误差

方向附合导线经角度平差后,任意边的坐标方位角按下式计算:

$$\alpha_j = \alpha_0 + \sum_1^j \beta_i \pm j180°$$

式中　β_i——经角度平差后的角值。

因为任意边的坐标方位角是角度平差值的函数,故按求平差值函数权倒数的公式,可导出平差后任意边坐标方位角中误差 $M_{\alpha j}$ 的计算公式为

$$M_{\alpha j} = \pm m_\beta\sqrt{\frac{j(n+1-j)}{n+1}} \tag{4-114}$$

方向附合导线中,经角度平差后,坐标方位角误差最大的边位于导线中央,将 $j = \frac{n+1}{2}$ 代入上式得

$$M_{\alpha\max} = \pm\frac{m_\beta}{2}\sqrt{n+1} \tag{4-115}$$

因此,在支导线的终边增加一个方向控制(例如加测一条陀螺定向边),则其方位角精度可大大提高。

七、陀螺定向-光电测距导线的误差

这种导线是用陀螺经纬仪测定每条边的坐标方位角,用光电测距仪测量每条边的长度。为了检查陀螺仪是否处于正常状态和提高测定仪器常数的精度,需要在每天下井工作之前

和上井之后测定仪器常数。然后求出仪器常数的平均值,用来计算当天所测的井下一组导线边(或称一分段)的坐标方位角。当连续进行测量时,一般是采用相邻两分段的仪器常数的平均值来计算这两段导线的各边坐标方位角。

如图 4-46 所示,设测量了各边的坐标方位角 α_{ji} 及边长 l_{ji},下标的第一个字母 j 表示采用同一仪器常数的分段号,$j=1,2,\cdots,N$;第二个字母 i 表示每段中导线边的边号,$i=1,2,\cdots,n_j$;则其终点 K 的点位误差估算公式为

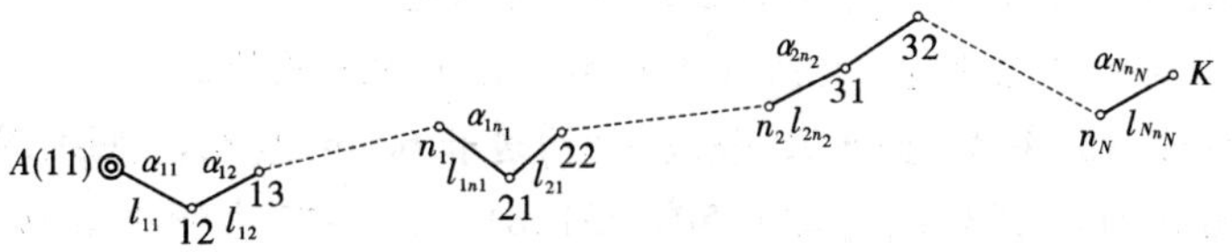

图 4-46　陀螺定向-光电测距导线

$$
\left.\begin{aligned}
M_{xK}^2 &= M_{xA}^2 + \cos^2\alpha_{ji} m_{lji}^2 + \frac{m_{\alpha0上}^2}{\rho^2} R_{yAK}^2 + \\
&\quad \frac{m_T^2}{4n_\Delta \rho^2}\left[R_{y1}^2 + (R_{y1}+R_{y2})^2 + \cdots + (R_{yN-1}+R_{yN})^2 + R_{yN}^2\right] + \frac{m_T^2}{n_{下}\rho^2}\Delta y_{ji}^2 \\
M_{yK}^2 &= M_{yA}^2 + \sin^2\alpha_{ji} m_{lji}^2 + \frac{m_{\alpha0上}^2}{\rho^2} R_{xAK}^2 + \\
&\quad \frac{m_T^2}{4n_\Delta \rho^2}\left[R_{x1}^2 + (R_{x1}+R_{x2})^2 + \cdots + (R_{xN-1}+R_{xN})^2 + R_{xN}^2\right] + \frac{m_T^2}{n_{下}\rho^2}\Delta x_{ji}^2 \\
M_K^2 &= M_A^2 + m_{lji}^2 + \frac{m_{\alpha0上}^2}{\rho^2} R_{AK}^2 + \\
&\quad \frac{m_T^2}{2n_\Delta \rho^2}\left\{R_1^2 + \left[(R_{xj}+R_{xj+1})^2\right]_1^{N-1} + \left[(R_{yj}+R_{xj+1})^2\right]_1^{N-1} + R_N^2\right\} + \frac{m_T^2}{n_{下}\rho^2} l_{ji}^2
\end{aligned}\right\} \quad (4\text{-}116)
$$

式中　M_{xA}——导线起始点 A 的 x 坐标中误差;

M_{yA}——导线起始点 A 的 y 坐标中误差;

m_{lji}——光电测距仪的量边误差;

$m_{\alpha0上}$——测定陀螺仪常数的地面已知边的坐标方位角中误差;

m_T——一测回测定陀螺方位角的中误差;

n_Δ——地面测定仪器常数的测回数;

$n_{下}$——井下导线边每边测定陀螺方位角的测回数;

R_{AK}——导线起点 A 到终点 K 的连线长,它在 x、y 轴上的投影长分别为 R_{xAK} 和 R_{yAK};

R_j——导线各段的起点 j_1 到该段的终点 n_j 的连线长,它在 x、y 轴上的投影长分别为 R_{xj} 和 R_{yj}。

由上式可以看出,在点位误差中,量边误差的影响与经纬仪支导线相同;地面已知边坐标方位角误差的影响与支导线起算边坐标方位角误差的影响相似;而测定仪器常数的误差却占有很大的比重。因此,应特别注意提高测定仪器常数的精度。

尽管导线的形状与长度有可能不同,但陀螺定向-光电测距导线比经纬仪支导线的点

位精度一般能提高5～10倍。

最后还要指出，用这种导线来解决精度要求非常高的重要贯通问题时，应当尽量采用地面连接测量中的起始边来测定仪器常数，这样便可消除地面起始边方向误差对于贯通的影响。

复习题

1. 井下导线的类型有哪些？井下导线的等级有哪些？

2. 井下导线测量用钢尺量边，其改正有哪些？改正公式是什么？

3. 井下导线布设15″导线，共计70条边，平均边长60 m，复测支导线，第一次测得$n—k=78°43'04''$，$x_K=3\ 621\ 564.323$ m，$y_K=20\ 504\ 531.817$ m；第二次测得$n—k=78°45'12''$，$x_K=3\ 621\ 564.762$ m，$y_K=20\ 504\ 531.800$ m。问是否满足精度要求？

4. 如图4-47所示井下空间交叉闭合导线，其角度总和$\sum\beta$的理论值应等于多少？若是7″、15″、30″导线，其角度闭合差f_β容许值是多少？

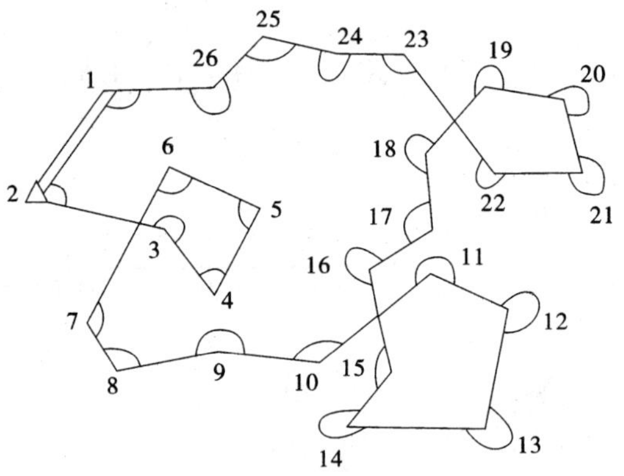

图4-47　井下空间交叉闭合导线

5. 井下导线的延长，为什么要对上次所测最后一个水平角及边长进行检查？若测15″导线，上次所测最后一个水平角为177°18′10″，检查测得177°19′04″是否合格。

6. 井下导线坐标增量闭合差如何进行分配？其改正数的计算公式是什么？一般情况下用哪个公式？

7. 图4-48所示为一总长$L=2\ 000$ m的直线巷道，今若从已知边AB开始沿该巷道布设一条15″导线，假设导线平均边长$l=50$ m，用钢尺量边，量边偶然误差影响系数$a=0.000\ 5$，系统误差影响系数$b=0.000\ 05$，试求该导线终点在中线方向和垂直于中线方向上的误差各为多少？若在导线终点加测一条陀螺定向边，该导线终点在中线方向和垂直于中线方向上的误差又为多少？

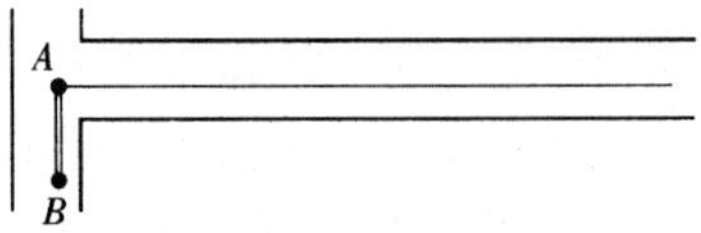

图4-48　直线巷道

第五章　矿井高程测量

第一节　井下高程测量概述

一、井下高程测量的目的与任务

井下高程测量是测定井下各种测点高程的测量工作。其目的是建立一个与地面统一的井下高程控制系统，标定和检查巷道的坡度，确定各种采掘巷道、硐室在竖直方向上的位置及相互关系，以解决各种采掘工程在竖直方向上的几何问题。其具体任务大体为：

(1)在井下主要巷道内精确测定高程点和永久导线点的高程，建立井下高程控制系统。

(2)标定掘进巷道或硐室在竖直面内的位置。

(3)确定巷道底板的高程。

(4)检查主要巷道及其运输线路的坡度和测绘主要运输巷道纵剖面图。

二、井下高程测量的基本要求

井下高程网一般采用水准测量的方法和三角高程测量的方法来敷设。在主要水平运输巷道中，一般应采用精度不低于 S_3 级的水准仪和普通水准尺进行水准测量；在其他巷道中，可根据巷道坡度的大小、采矿工程的要求等具体情况，采用水准测量或三角高程测量测定。

一般来说，当巷道倾角小于5°时采用水准测量；倾角在5°～8°可采用水准测量，也可采用三角高程测量；当倾角大于8°时，则采用三角高程测量。

井下高程测量所确定的各点高程，应属于本矿区地面高程系统，以便能正确地反应地面与井下巷道在竖直方向上的相互位置。当矿区的基本控制网有条件与全国性大地控制网联测时，应采用1985国家高程基准；无此条件时，方可采用假定高程系统。

在进行井下高程测量之前，应在井底车场和主要巷道内预先设置好水准点。从井底车场高程起算点开始，沿井底车场和主要巷道逐段向前敷设，每隔300～500 m设置一组高程点，每组至少应由三个点组成，其间距以30～80 m为宜，永久导线点也可作为高程点使用。

水准点可设在巷道的顶板、底板或两帮上，也可以设在井下固定设备的基础上。设置时应考虑使用方便并选在巷道不宜变形的地方。设在巷道顶、底板的水准点构造与永久导线点相同。井下所有高程点应统一编号，并将编号明显地标记在点的附近。

第二节　井下水准测量

一、井下水准测量的外业

（一）井下水准路线的布设

井下水准路线的布设形式同地面一样，视情况可布设成支水准路线、附合水准路线、闭合水准路线三种形式。

井下水准测量可分为Ⅰ、Ⅱ两个等级，Ⅰ级水准测量是为了确定井下主要水平巷道中的高程点和永久导线点的高程，一般由井底车场水准点开始，沿主要运输巷道向井田边界敷设；Ⅱ级水准测量的精度较低，作为Ⅰ级水准点的高程加密，主要是为了满足矿井日常生产的需要，例如，绘制巷道纵断面图，检查巷道掘进和运输路线的坡度，以及确定临时水准点和其他精度更低水准点的高程。Ⅱ级水准路线一般布设在Ⅰ级水准点间和次要巷道中。

在井下主要的水平巷道掘进时，可先用Ⅱ级水准给腰线，当巷道掘进到300～800 m时，再布设Ⅰ级水准，以确定水准点的高程，同时作为Ⅱ级水准测量的检核。在掘进次要巷道时，因其要求精度不高，故只需进行Ⅱ级水准测量即可。

（二）井下水准测量的基本要求

井下水准测量一般使用DS_3级水准仪，由于井下巷道的高度限制，一般使用长度为2 m以内的水准尺或者是能进行长度调节的塔尺。井下水准测量施测时，水准仪置于两水准尺之间，前后视距大致相等，以消除水准管轴与视准轴不平行所产生的观测误差。视线长度一般为15～40 m。观测中采用双面尺或两次仪器高法进行检核，两次仪器高变动差应大于10 cm，Ⅰ级水准两次仪器高所测得高差互差不应大于4 mm，Ⅱ级水准不应大于5 mm，取两次仪器高测得高差的平均值作为一次测量结果。井下水准路线的高程允许闭合差应符合表5-1的限差要求。

表5-1　井下水准测量限差

等级	一站两次高差较差（mm）	支水准路线往返测高差不符值（mm）	附合、闭合路线的高程允许闭合差（mm）
Ⅰ	4	$\pm 50\sqrt{R}$	$\pm 50\sqrt{L}$
Ⅱ	5		

注：1. R为单程水准路线长。

2. L为闭合、附合路线长，单位均为km。

（三）井下水准测量的外业施测

井下水准测量的施测方法与地面水准测量一样。只是，由于井下水准测量自然环境条件的特殊性，有两点区别于地面水准测量的地方：一是井下巷道中没有自然光的照明，在观测的过程中，立尺员需要用矿灯对水准尺进行照明，否则无法照准和读数；二是井下水准点大多设置在巷道的顶板上，对于设置在顶板上的水准点，观测时立尺员应倒立水准尺，井下水准测量记录人员除记录清楚井下水准测量记录手簿中表头的内容、表中的测站数、点号、前视读数、后视读数等内容外，还应记录清楚立尺点的位置，即在表中用┤、┬、├、┴等符号分别表示立尺点位于巷道的右帮、顶部、左帮、底部。

井下水准测量一测站的高差计算公式与地面水准测量一样，即

$$h = a - b \tag{5-1}$$

式中 h——本测站高差；

a——后视读数；

b——前视读数。

不同的是，水准点有的位于巷道顶板，有的位于巷道底板，高差计算时，就有可能出现如图 5-1 所示的四种情况。

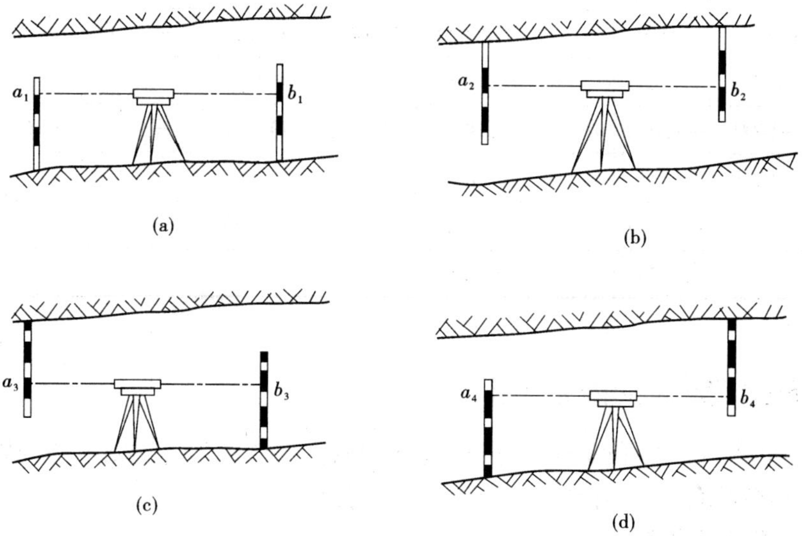

图 5-1　井下水准测量的四种情况

(1) 如图 5-1(a) 所示，水准点均位于巷道底板时，该测站高差为

$$h = a_1 - b_1$$

(2) 如图 5-1(b) 所示，水准点均位于巷道顶板时，其高差为

$$h = -a_2 - (-b_2) = -a_2 + b_2$$

(3) 如图 5-1(c) 所示，后视点位于巷道顶板，前视点位于巷道底板时，其高差为

$$h = (-a_3) - b_3 = -a_3 - b_3$$

(4) 如图 5-1(d) 所示，后视点位于巷道底板，前视点位于巷道顶板时，其高差为

$$h = a_4 - (-b_4) = a_4 + b_4$$

井下水准测量要注意：当立尺点位于巷道顶板时，水准尺须倒立。从上述的几种情况可知，水准尺倒立时，其上读数取负值，针对不同情况取负值后，式(5-1)不再需要做任何改变，即可根据水准尺的不同放置情况计算出正确的高差。

水准测量的记录和格式见表 5-2。

当一段水准路线施测完毕后，应及时在井下检查外业手簿，检查内容包括表头的注记是

否齐全、两次仪器高高差的互差是否超限(见表5-1)、高差计算是否正确。

表5-2　井下水准测量记录手簿

工作地点：　　　　　　　　　　　　观测者：　　　　　水准仪：

日期：　　年　月　日　时至　时　　　　记录者：　　　水准尺：

仪器站	测点	距离	标尺读数			高差	高差中数	标高	测点位置	巷道全高	测点	草图与备注
			后视	前视								
				转点	中间站							
	A		-1.312					200.667	⊤		A	
1			-1.475									
	B		0.877	1.593		-2.905	-2.906	197.761	⊥		B	
2			0.729	1.423		-2.898						采用两次仪器高法测量
	C		-1.091	-1.002		1.879	1.880	199.641	⊤		C	
3			-1.214	-1.151		1.880						
	D			-1.213		0.122	0.122	199.763	⊥		D	
				-1.336		0.122						

二、井下水准测量的内业计算

内业计算前应首先检查外业手簿，在各项限差都符合要求后(各项限差要求见表5-1)，再将高程闭合差进行平差，并计算各点高程。

(一)计算高程闭合差

闭合水准路线的高程闭合差为

$$f = \sum h_i$$

附合水准路线的高程闭合差为

$$f = \sum h_i - (H_B - H_A)$$

式中　f——闭合(附合)路线的高程闭合差；

$\sum h_i$——各测站的高差中数之和；

H_A——起始点高程；

H_B——终点高程。

(二)计算各测站改正后高差

闭合(附合)水准路线的闭合差按测站数平均分配，即各测站高差改正数按下式计算：

$$v_i = \frac{-f}{n}$$

式中　v_i——各测站的高差改正数；

n——测站总数。

则各测站改正后高差为

各测站改正后高差=高差中数+各测站高差改正数

（三）计算高程点的高程

高差经改正后，即可根据起始点的高程推算任意一点的高程。

对于复测水准支线，取往返测高差较差与不符值限差进行比较，若合乎要求，则取往返测量的高差平均值作为平差结果，来推算待求点高程。

表 5-3 为某井下水准测量误差配赋表。

表 5-3　井下水准测量误差配赋表

测点号	高差中数（m）	改正数（mm）	改正后高差（m）	点之高程（m）	说明
A	-2.906	2	-2.904	200.667	已知高程
B	1.880	2	1.882	197.763	
C	0.122	2	0.124	199.645	
D	1.430	2	1.432	199.769	
E				201.201	已知高程

三、巷道纵剖面图的测绘

为了检查平巷的铺轨质量或为平巷改造提供设计依据，需进行巷道纵剖面图的测绘，这一工作一般是在水准测量过程中同时完成的。

（一）巷道纵断面图的施测过程

先用皮尺沿轨面（或底板）每隔 10 m 或 20 m 标记一个临时测点（中间点），并将其进行编号，同时在巷道两帮上用铅油标记，以便调整坡度时放腰线使用。如表 5-4 中的 0 号点到 24 号点。

施测时，从 81 号高程点开始进行水准测量。其方法是在每一站时，先用两次仪器高测出转点间的高差，符合要求后，再利用第二次仪器高，依次读取中间点上水准尺的读数。

内业计算时，先根据后视点的高程和第二次仪器高时的后视点水准尺读数，求出仪器视线高程；再由仪器视线高程减去各中间点上的水准尺读数，即为各中间点的高程。

如表 5-4 所示，从 Z81（81 号高程点）开始进行水准测量，由 Z81 附合到 Z20（20 号高程点），其闭合差仅为 5 mm。根据所计算的各点高程，即可绘制巷道纵断面图。

表 5-4 井下运输巷道断面水准测量记录

工作地点：　　　　　　　观测者：　　　　　　　水准仪：

日　　期：　　年　月　日　时至　时　记录者：　　　　　　水准尺：

站点号		距离(m)	水准尺读数(m)			高程(m)	测点位置顶底帮	巷道全高	站点号	备注和草图
仪器站	立尺点		后视	前视 转点	前视 中间点					
	Z81		-1.975			-210.000	┬		Z81	
	24				0.460	-212.435				
	23				0.547	-212.522				
	22				0.702	-212.677				
	21		0.441	0.845		-212.820				
	20				0.588	-212.967				
	19				0.734	-213.113				
	18		0.255	0.866		-213.245				
	17				0.398	-213.388				
	16				0.502	-213.492				
	15		0.227	0.668		-213.658				
	14				0.346	-213.777				
	13				0.525	-213.965				$H_{81}=-210.000$ m
	12				0.565	-213.996				$H_{20}=-215.360$ m
	11				0.728	-214.159				$f=5$ mm
	10		0.202	0.845		-214.276				
	9				0.321	-214.395				
	8				0.464	-214.538				
	7				0.580	-214.654				
	6		0.140	0.740		-214.814				
	5				0.292	-214.966				
	4				0.448	-215.122				
	3				0.512	-215.186				
	2		0.550	0.667		-215.341				
	1				0.664	-215.455				
	0				0.702	-215.553				
	Z20			0.574		-215.365	┴		Z20	

注:以上读数为第二次仪器高时标尺读数。

(二)巷道纵断面图的绘制

室内绘制巷道纵剖面图时,水平比例尺一般为 1∶2 000、1∶1 000 或 1∶500,对应的竖直比例尺一般为 1∶200、1∶100 或 1∶50。

图 5-2 为某运输大巷纵断面图,其绘制方法如下:

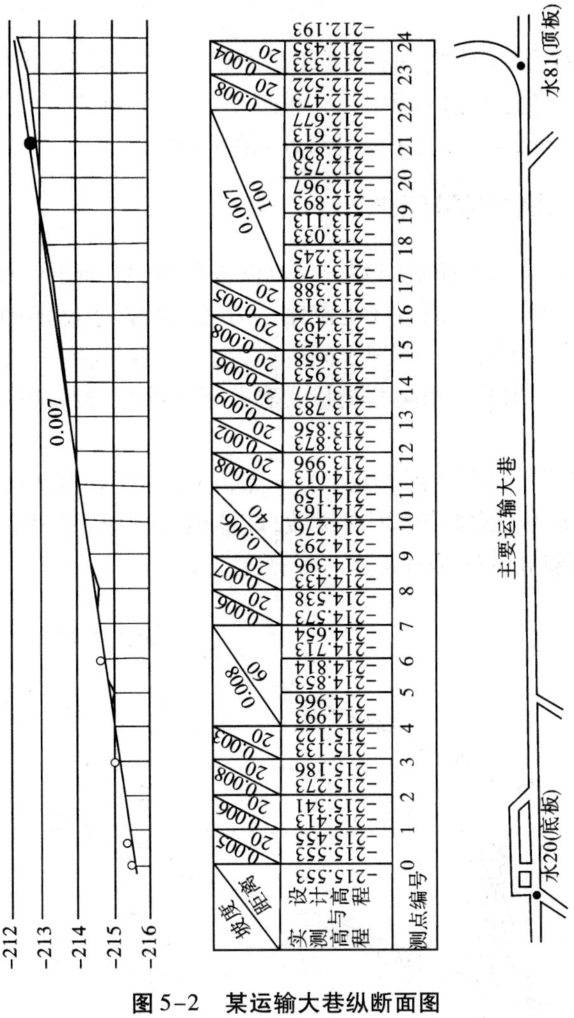

图 5-2　某运输大巷纵断面图

(1)按水平比例尺(一般与采掘工程平面图的比例尺相同)画一表格,表中填写测点编号、测点间距、测点的实测高程和设计高程、轨面(或底板)的实际坡度。

(2)在表格的上方,绘出轨面(巷道)的断面图。绘图时,先按竖直比例尺绘出水平线,在其左端注明高程,在线上绘出各测点的水平投影位置,再按各测点的实测高程和选定的竖直比例尺绘出各测点在竖直面上的位置,然后用直线段将这些位置点连接起来,即为轨面。

(3)在表格的下方绘出该巷道的平面图,并在图上绘出水准基点或经纬仪导线永久点的位置。

经剖面测量后,如巷道轨面的实际坡度与设计的相差太大,则应进行调整。为了减少调整工作量,根据巷道的具体情况,在不影响运输的前提下,可适当改变原设计坡度,分段进行调整,但应与有关人员商定。巷道坡度调整后,测量人员应按调整的坡度要求标设巷道的腰线。

第三节　井下三角高程

井下三角高程主要用于不能进行水准测量的斜井导入高程,或坡度大于8°的倾斜巷道中,也可用在井下主要巷道掘进过程中。它根据所测得的井下导线边的倾角和斜长以及仪器高和觇标高,利用三角高程原理计算出两点间的高差。

一、井下三角高程的测量原理

井下三角高程的测量原理和施测方法与地面大致相同,即用经纬仪测出测站点至前视点间视线的竖直角,用钢尺量距或者光电测距的方法获得两点间的倾斜长度,再量得仪器高和目标高后,就可计算出测站点与前视点间的高差,再结合其中一点的已知高程来计算另一点的高程。一般情况下,井下三角高程测量是和井下经纬仪导线测量一起进行的,故又称三角高程为高程导线。

如图5-3所示,安置全站仪(经纬仪)于 A 点,对中整平。在 B 点悬挂垂球。用望远镜瞄准垂球线上的标志 b 点,读取竖直度盘读数,计算出竖直角 δ,用钢尺丈量仪器中心到 b 点的倾斜距离 S,量取仪器高 i 及觇标高 v。

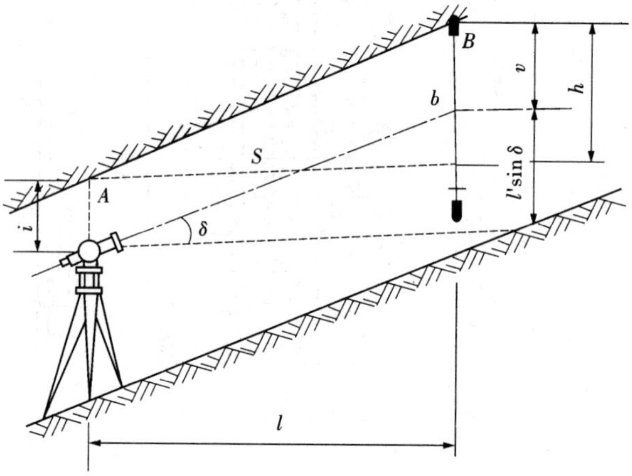

图5-3　井下三角高程测量

由图5-3可以看出,B 点对 A 点的高差可按下式计算:

$$h_{AB} = S\sin\delta - i + v \tag{5-2}$$

式中　S——实测斜长,基本控制导线应是经三项改正后的斜长;

δ——竖直角,仰角为正,俯角为负;

i——仪器高,由测点量至仪器中心的高度;

v——觇标高,由测点量至照准目标点的高度。

在图5-3中,A、B 两点均位于巷道顶板上,其仪器高和觇标高与地面的丈量方法不同,均是由点从上向下量取，若量取仪器高和觇标高是从顶板向下量，则仪器高和觇标应以负值代入公式，又对式(5-2)作如下变换：

$$h_{AB} = S\sin\delta + (-i) - (-v) \tag{5-3}$$

可见，式(5-3)与地面高程测量的高差计算公式形式一样，但一定要记住：若高程点位于巷道顶板，所量的仪器高和觇标高以负值代入式中计算。δ 的符号和地面测量时一样，仰角为正，俯角为负。

二、井下三角高程测量的要求

三角高程测量的竖直角的作业要求见表 5-5。

表 5-5　竖直角观测精度

观测方法	DJ_2 级经纬仪			DJ_6 级经纬仪		
	测回数	竖直角互差 (″)	指标差互差 (″)	测回数	竖直角互差 (″)	指标差互差 (″)
对向观测 (中丝法)	1			2	25	25
单向观测 (中丝法)	2	15	15	2	25	25

三角高程测量的倾角观测一般可采用一个测回，其精度要求见表 5-5。仪器高和觇标高在开始前和结束后各量一次(以减小垂球线荷重后的渐变影响)，两次丈量的互差不得大于 4 mm，取其平均值作为测量结果。丈量仪器高时，可使望远镜竖直，量出测点至镜上中心间的距离。

三角高程测量要往返进行。相邻两点往返测量的高差互差不应大于$(10+0.3l)$mm(l 为导线水平边长，m)；三角高程导线高差闭合差不应大于$\pm100\sqrt{L}$ mm(L 为导线长，km)。

当高差的互差符合要求后，应取往返测高差的平均值作为一次测量结果。闭合和附合高程路线的闭合差，可按边长成正比分配。复测支线终点的高程，应取两次测量的平均值。高差经改正后，可根据起始点的高程推算各导线点的高程。

第四节　井下高程测量误差及精度

一、井下水准测量的误差

(一) 井下水准测量的误差来源及其估算方法

井下水准测量和地面水准测量一样，在施测的过程中也是要产生误差的。实践证明，其误差主要产生于以下四个方面：

(1)水准仪水准轴与视准轴不平行产生的瞄准误差。

(2)水准仪整平的误差。

(3)在水准尺上读数时的估读误差和水准尺的分划误差。

(4)外界条件的影响，如巷道中的气流及空气的透明度、水准尺读数时的透明度、水准尺的倾斜及观测过程中仪器的下沉等方面对观测的影响。

上述各种误差对水准测量精度的影响集中反映在水准尺读数上。如果以 m_0 表示水准尺读数中误差，以 m_1、m_2、m_3、m_4 分别表示上述四种误差对水准尺读数的影响，根据偶然误差积累的规律，有

$$m_0^2 = m_1^2 + m_2^2 + m_3^2 + m_4^2$$

上述第三项误差和第四项误差对水准读数的影响很难估计，即 m_3 和 m_4 的值难以估算。为了讨论问题的方便，一般认为，m_3 和 m_4 的总影响等于误差 m_1 和 m_2 的总影响，这样则得

$$m_0^2 = \pm 2(m_1^2 + m_2^2) \tag{5-4}$$

水准仪望远镜瞄准误差 m_1 与瞄准的角量误差有关，对于井下水准测量，望远镜瞄准的角量误差可用 $m_v = \frac{60''}{v}$ 计算，v 为放大倍数。这样，当水准仪距水准尺 1 m 时，角量误差引起的读数误差为

$$m_1 = \pm \frac{m_v}{\rho} \times l = \pm \frac{60''}{\rho \times v} \times l \tag{5-5}$$

此即为第一项误差估值。

水准管气泡误差与水准管的分化值及观测气泡居中的方法有关，设用 τ 表示水准管分化值，当根据水准管的刻化整置水准仪使气泡居中时，气泡居中的角量误差为 $m_\tau = \pm 0.15'' \times l$。当采用符合气泡居中时，$m_\tau = 0.04 \sim 0.1$。目前生产的水准仪，均采用符合水准器，于是当望远镜瞄准水准仪 1 m 处的水准仪时，由此引起的读数误差的最大值为

$$m_2 = \pm \frac{m_\tau}{\rho''} \times l = \frac{0.1\tau}{\rho''} \times l \tag{5-6}$$

此即为第二项误差估值。

在实际工作中，如果已知水准仪的放大倍数 v、水准管的分化值 τ 以及测量时仪器至立尺的距离，则可根据式(5-4)估算出各种因素对读数产生的中误差大小。

(二)水准支线终点高程的误差

在一测站中，若以 a 表示后视水准尺读数，b 表示前视水准尺读数，则一测站的高差为 $h=a-b$，该高差的中误差为

$$m_h^2 = m_a^2 + m_b^2 = m_0^2 + m_0^2$$

即

$$m_h = \pm m_0 \sqrt{2} \tag{5-7}$$

设在某巷道中由已知高程的水准基点 A 开始，测设一条水准路线，共观测 n 站，则得支线终点 K 的高程为

$$H_K = H_A + h_1 + h_2 + \cdots + h_n$$

因每站观测均为独立观测，根据误差传播定律，终点 K 的高程中误差为

$$m_{HK}^2 = m_{HA}^2 + m_{h1}^2 + m_{h2}^2 + \cdots + m_{hn}^2 \qquad (5-8)$$

当各个测站的距离大致相等时，则可认为各个测站的高差中误差相等。所以

$$m_{HK}^{\ 2} = m_{HA}^{\ 2} + n \times m_h^{\ 2}$$

式中，m_{HA}为高程基点 A 的高程中误差，不受该支线中其他高差中误差的影响。因此，由于测定该支线上各高差的中误差而引起的终点 K 的高程中误差应为

$$m_{HK} = \pm m_h \times \sqrt{n} \qquad (5-9)$$

将式(5–7)代入式(5–9)中

$$m_{HK} = \pm m_0 \times \sqrt{2n} \qquad (5-10)$$

根据《规程》规定，井下水准支线应往返各测一次，因此终点 K 的高程算术平均值的中误差应为

$$m_{HK(平)} = \frac{m_{HK}}{\sqrt{2}} = \pm m_0 \sqrt{n} \qquad (5-11)$$

按式(5–10)即可求得水准支线终点（或支线任一点）的高程中误差或高程算术平均值的中误差。

（三）单位长度高差中误差

在实际工作中，一般以单位长度高差中误差的大小来衡量水准测量的精度。现在，分别从理论推断与实测资料分析来求得单位长度高差的计算方法。假定一全长为 L 的水准路线，水准仪至水准尺的距离为 l，则全路线的测站数为 $n = \frac{L}{2l}$。将 n 代入式(5–10)中，得

$$m_{HK} = \pm m_0 \times \sqrt{\frac{2L}{2l}} = \pm \frac{m_0}{\sqrt{l}} \sqrt{L} \qquad (5-12)$$

令

$$m_{h0} = \frac{m_0}{\sqrt{l}}$$

则

$$m_{HK} = \pm m_{h0} \times \sqrt{L} \qquad (5-13)$$

若 L 与 l 以 km 为单位，当 $L=1$ km 时，则 $m_{HK} = m_{h0}$，即 m_{h0} 为 1 km 长度水准路线的高差中误差，称为单位长度高差中误差。

单位长度高差中误差的计算方法，也可按实测资料分析求得。

1. 根据多个水准路线的闭（附）合差求单位长度高差中误差

设单位长度的高差中误差 m_{h0} 为单位权的中误差，根据误差理论基础，则有

$$m_{h0} = \pm \sqrt{\frac{[Pf_h f_h]}{N}} \qquad (5-14)$$

式中　N—— 闭（附）合水准路线个数；

　　f_h—— 闭（附）合水准线路的高程闭合差。

如果把f_h看做真误差，则其权应为水准路线长度 L（以 km 为单位）的倒数，即 $P_1 = 1/L_1$，$P_2 = 1/L_2$，…，$P_N = 1/L_N$，则单位长度的高差中误差为

$$m_{h0} = \pm \sqrt{\frac{\left[\frac{f_h^2}{L}\right]}{N}} \qquad (5-15)$$

当采用同一台水准仪和相同的方法,施测了多个闭合环或附合线路之后,便可根据实测资料,按式(5-15)计算其单位长度高差中误差。

2. 根据多个复测支线的往返测高差不符值求单位长度的高差中误差

当用复测水准支线终点的高程闭合差(即往返测高差不符值) f_h 求单位长度中误差时,根据误差理论,单位长度中误差 m_{h0} 为

$$m_{h0} = \pm\sqrt{\frac{[Pf_hf_h]}{2N}} \tag{5-16}$$

式中 N——复测水准支线的个数;

f_h——复测水准支线的往返测高差闭合差。

上式中权的计算方法与上同,即 $P_1=1/L_1$,$P_2=1/L_2$,$\cdots$,$P_N=1/L_N$,所以有

$$m_{h0} = \pm\sqrt{\frac{\left[\frac{f_h^2}{L}\right]}{N}}$$

根据上述实际资料求得的单位长度高差中误差和水准尺读数误差比前面理论公式估算的要大,这是因为理论公式中考虑的因素尚不全面。同时,《规程》对井下水准测量的容许限差规定较宽,因此实测的误差也要大一些。

二、井下三角高程测量的误差

(一)两点间高差的中误差

由前述已知,井下三角高程两点间高差的一般计算公式为

$$h_{AB} = S\sin\delta + i - v$$

由此可以看出,井下三角高程的误差来自于四个方面,即竖直角误差、边长误差、测量仪器高误差和觇标高误差。由井下三角测量的计算公式,根据误差传播定律,则两点间高差中误差的计算公式为

$$m_h^2 = \left(\frac{\partial h}{\partial S}\right)^2 m_S^2 + \left(\frac{\partial h}{\partial \delta}\right)^2 m_\delta^2 + \left(\frac{\partial h}{\partial i}\right)^2 m_i^2 + \left(\frac{\partial h}{\partial v}\right)^2 m_v^2 \tag{5-17}$$

式中,各观测值的偏倒数为

$$\frac{\partial h}{\partial S} = \sin\delta, \quad \frac{\partial h}{\partial \delta} = S\cos\delta, \quad \frac{\partial h}{\partial i} = 1, \quad \frac{\partial h}{\partial v} = -1$$

将这些偏导数值代入式(5-17),整理得

$$m_h^2 = (\sin\delta)^2 m_S^2 + (S\cos\delta)^2 \frac{m_\delta^2}{\rho^2} + m_i^2 + m_v^2 \tag{5-18}$$

从式(5-18)可以看出:

(1)量边误差 m_S 对高差 h 的影响随着倾角 δ 的减小而减小,当倾角 δ 减小至0时,量边误差对高差的影响也为0。

(2)倾角误差 m_δ 对高差 h 的影响则相反,随着倾角 δ 的减小而增大,当倾角 δ 减小到0时,该项的影响达到最大值。

(3)当倾角 δ 较大时,应注意提高量边的精度;当倾角较小时,应注意提高测倾角的精度。对于仪器高 i 和觇标高 v,则应精确丈量,防止出现粗差。

(二)三角高程支线终点的高程中误差

假定三角高程支线从起点 A(已知点)开始,则三角高程测量支线终点 K 的高程计算公式为

$$H_K = H_A + \sum_1^n h_i$$

根据误差传播定律,终点 K 高程中误差为

$$m_K^2 = m_A^2 + \sum_1^n m_{hi}^2 \tag{5-19}$$

因为起点 A 为已知点,所以

$$m_K^2 = \sum_1^n m_{hi}^2 \tag{5-20}$$

复习题

1. 井下高程测量的目的和任务是什么?

2. 简述井下高程测量的基本要求。

3. 井下高程水准点应如何布设?简述点的结构及埋设方法。

4. 井下水准测量的外业是如何进行的?如果测点的位置不同,如何合理地选用计算公式?请绘图说明。

5. 井下三角高程的施测条件和精度如何?是怎么施测与计算的?为什么三角高程测量一般与经纬仪导线同时进行?

6. 井下水准测量的误差来源分别有哪几种?如何评定井下水准点的精度?

7. 如何评定井下三角高程的精度?怎样才能让三角高程点的精度得以提高?

第六章　巷道及回采工作面测量

第一节　巷道及回采工作面测量的目的和任务

巷道及回采工作面测量是指巷道掘进和工作面回采时的测量工作。在现代矿井生产过程中为保证均衡、安全生产和不断提高劳动生产率,需要按采矿计划和设计,在井下掘进大量巷道,并同时在多个采区的回采工作面进行回采工作。这就要求矿山测量人员及时提供矿井生产状态的图纸资料,从而带来大量的井下测量工作。它是矿井日常测量工作的主要内容。

巷道和回采工作面测量是在井下平面控制测量和高程控制测量的基础上进行的。它的任务是:

(1)在实地标设巷道的位置。要根据采矿设计标定巷道掘进的方向和坡度,并随时检查和纠正。通常称此项工作为标定巷道的中线和腰线(简称中腰线)。

(2)及时准确地测定巷道的实际位置,检查巷道的规格、质量和丈量巷道进尺,并把巷道填绘在有关的平面图、立面图和剖面图上。

(3)测绘回采工作面的实际位置、统计产量和储量变动情况。

(4)有关采矿工作、井下钻探、地质特征点、瓦斯突出点和涌水点的测定等。

上述任务关系着采矿工程的质量和采矿计划的实现,矿山测量人员必须准确及时地配合生产,细心进行上述测量工作。如果掉以轻心,将造成重大的损失,例如巷道报废、延误工期、增加巷道维修工作量,甚至发生透水等危及人身、财产安全的重大事故。矿山测量人员必须具有高度的责任心,认真负责地做好这些日常矿山测量工作。

上述日常矿山测量工作是与生产紧密相关的。测量人员要具备巷道设计、矿井地质和生产的有关知识,严格遵守操作规程,并模范执行相关的规则制度。在实际工作中,与采矿生产发生矛盾时,既要坚持原则,又要与有关部门相互配合,还要不断地改进测量方法和工具,熟练地掌握操作技术,提高测绘工作效率,保证采矿生产的正确进行。

第二节　直线巷道中线标定工作

井下巷道的位置是根据设计图纸提供的数据标定出来的,这种标定的工作贯穿于井下巷道掘进的始终。确定巷道的平面位置时,需要标定巷道的中线。所谓中线是指巷道投影在水平面上的几何中心线。中线一般设在巷道顶板上,用于控制巷道水平面上的方向。

标定工作对于矿井生产来说是一项非常重要的工作,一旦在标定过程中出现角度和距离的偏差,将会造成巷道掘进方向偏离图纸设计方向,并造成严重的生产安全事故和巨大经济损失。因此,要求矿山测量人员具有高度的责任心、严谨的工作态度,及时、认真、准确地标定出巷道中线。

一、直线巷道中线的标定步骤

(1)复核设计图纸,检核起算点位及数据。

(2)计算标定巷道中线的几何标定要素(距离、角度)。

(3)根据起算点及标定要素在已有巷道中确定新开巷道的开切点及掘进方向。

(4)随着新开巷道的掘进及时延长巷道中线并检查、校核中线。

二、标定巷道开切点和掘进方向

巷道开切点的中线标定主要包括两个方面:一是标定开切点的位置,二是给出巷道的掘进方向。

下面以图 6-1 所示的实例来说明巷道开切点的标定方法。

7、8 号点是已掘巷道中的两个导线点,欲从 A 点处新掘进一条巷道,中线为直线 AB,A 点即为开切点。其步骤如下:

(1)根据图纸设计的 A 点位置的坐标,以及 7、8 号点的坐标,计算出 A 点到两个已知点的水平距离 L_1、L_2(A 点必须位于 7—8 这条直线上)。

(2)根据已知 7、8 号点的坐标反算出直线 7—8 的坐标方位角,另根据图纸设计求出巷道 AB 的坐标方位角,利用这两条边的方位角求出两条边所构成的夹角 β。

(3)现场标定,在 7 号点安置经纬仪,瞄准 8 号点,确定出直线的准确方向。从 7 号点出发,量取 7 号点到 A 点的距离 L_1,并利用经纬仪控制尺子的方向,即可确定出 A 点的位置。同时利用相同方法量出 A 点到 8 号点的距离,作为检核。

(4)在现场标定出 A 点的位置后,即确定出新开巷道的开切点位置,一般 A 点应设置在顶板上,便于保存。把仪器安置于 A 点,盘左瞄准 7 号点,确定出起始方向,根据所计算出的转角 β,转动仪器,拨水平角 β,此时,望远镜所指方向即为新掘进巷道的中线方向。

(5)在新定出的中线方向上,定出 2 号点,倒镜定出 1 号点,使 1、A、2 三点构成一组中线点即是新开巷道的掘进方向。为防止差错,标定后,应再实测 β 角,作为检核。

(6)由于巷道开口的标定只是初步给出掘进方向,因此也可用皮尺和挂罗盘等低精度工具概略标定出开切位置和方向,当巷道掘进几米后,再进行精确标定。

(7)在计算 β 角时,β=终边方位角 α_{AB}−起始边方位角 α_{8-7},当 $\beta>0$ 时,盘左位置顺时针转动 β 角,当 $\beta<0$ 时,顺时针转动 $\beta+360°$。

三、标定直线巷道的中线

巷道开掘后,由于各种原因,巷道开切时标定的中线点一般都会被破坏或移位,当巷道开掘 5 ~ 8 m 后,应当用经纬仪重新标定一组中线点。见图 6-2,这时应首先检查开切点 A 是否移位,若发现 A 点移位,应重新标定 A 点。若 A 点没有问题,在 A 点安置仪器,分别用正倒镜标定 β 角,并沿视线方向在新巷道内标出 2′点和 2″点,取它们的中点 2 作为中线点。为了避免出错,应重新用一个测回测 β 角,所测角值与标定角值之差应在 1′以内,若超出,则应重新标定 2 号点。检查符合要求后,在 A2 方向再标设 1 点。A、1、2 三点组成一组中线点,中线点应固定于顶板上。

一般来说,标定出的一组中线点不得少于 3 个点,点间距不小于 2 m,这样的一组中线点只能够指导 30 ~ 40 m 范围内的巷道施工。因此,随着巷道的掘进,必须及时延长和检查中线。

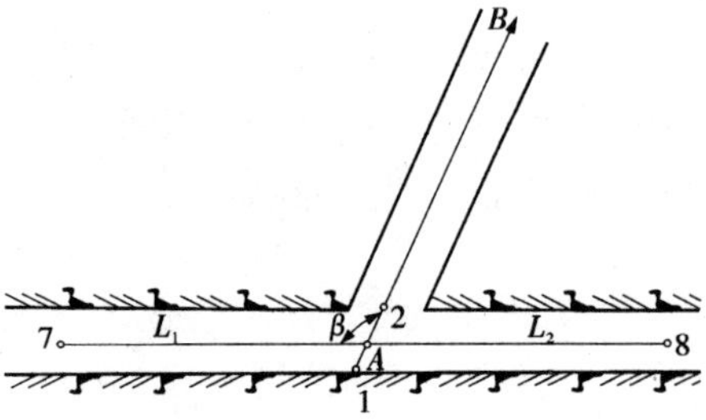

图 6-1　巷道开切点的标定

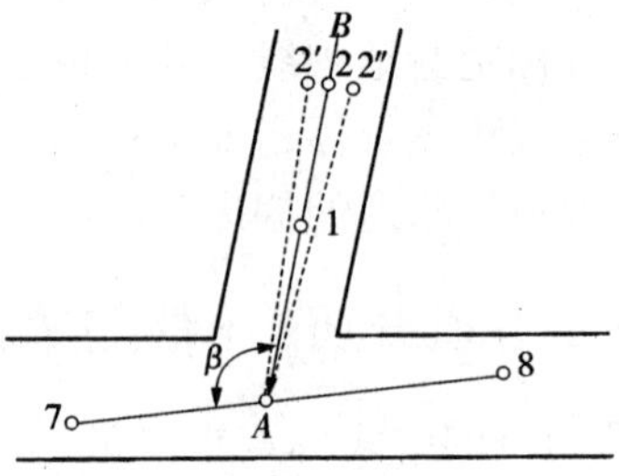

图 6-2　标定巷道中线

四、直线巷道中线的延长及检查

在巷道掘进过程中,巷道每掘进 30 ~ 40 m,就要延设一组中线点。为了保证巷道的掘进质量,测量人员应不断把中线向掘进工作面延长。目前,除采用经纬仪方法标定中线外,在巷道掘进过程中由于施工条件的限制,通常采用瞄线法和拉线法延长中线。

(一)瞄线法

如图 6-3 所示,在中线点 1、2、3 上挂垂球线,一人在掘进工作面上移动矿灯,另一人站在垂球线 1 的后面,用矿灯照亮三根垂球线并用眼睛瞄视,在中线延长线上设置新的中线点 4,系上垂球,沿 1、2、3、4 方向用眼睛瞄视,反复检查,使四根垂球线重合,即可定出 4 点。

(二)拉线法

如图 6-4 所示,将测绳一端系于 1 点上,另一端拉向工作面,使测绳与 2、3 点的垂球线相切;沿此方向在顶板上设置新的中线点 4,只要使其垂球线也与测绳相切即可。这时,测绳一端在工作面的位置即为巷道中线位置。

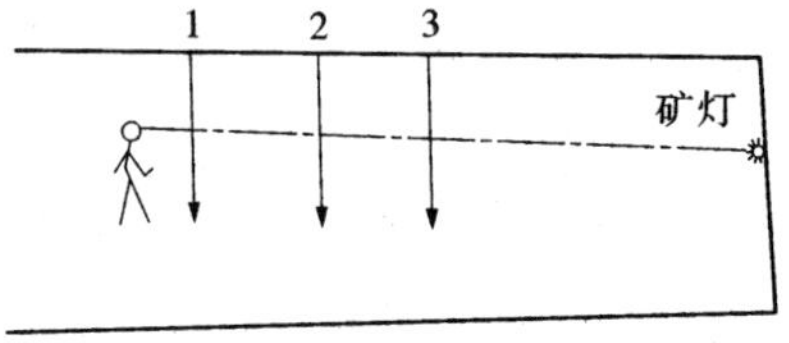

图 6-3　瞄线法

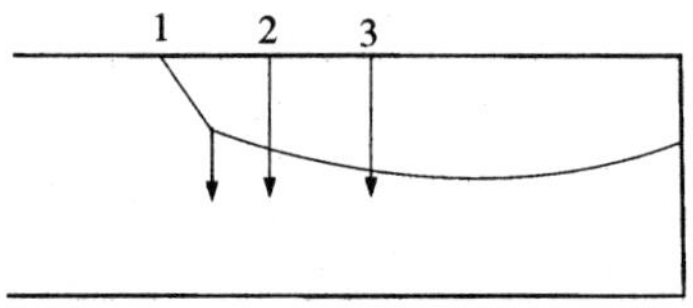

图 6-4　拉线法

给定巷道的平面方向,除标定巷道几何中线的办法外,通常也采用标定轨道中心线或标定巷道边线的方法。在大断面双轨巷道,特别是巷道断面不断变化的车场部分,采用标定某一条轨道的中心线是有利的。因为这样做就不必经常改变中心线的位置。有的矿井习惯采用标设靠近巷道一帮的边线,因为这种办法更容易发现巷道的掘偏现象,对掌握巷道规格质量有利。边线距离帮壁不能太近,一般为 30 cm 左右,否则不利于仪器的安置、使用。

下面以图 6-5 为例说明巷道边线的标定方法,A 点为巷道中线点,现要标设出巷道边线的起始点 B 及一组边线点。

在巷道设计图上根据边线至中线的距离 a 和标定点 B 到 A 点的距离 D_{AB} 计算出标定点

B 的转向角β'，即

$$\beta' = \beta - \gamma$$

$$\gamma = \arcsin \frac{a}{D_{AB}}$$

式中　β'——设计巷道中线的转向角；

β——设计巷道边线的转向角；

γ——设计巷道中线与直线 AB 的夹角。

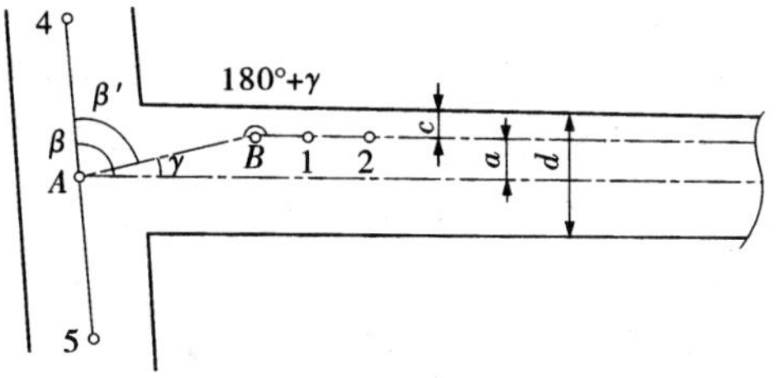

图 6-5　标定直线巷道的边线

标定时，先在 A 点安置仪器，根据计算出的β'，瞄准起始已知点 4 后，拨动转角β'，沿此方向，用钢尺量出 D_{AB}，并标定出 B 点。再将仪器移至 B 点，后视为 A 点，拨动 $180°+\gamma$，这时，望远镜的视线方向就是边线方向。在顶板上沿此视线方向标定出 1、2 等边线点。

边线到较近帮的距离称为边距，用 c 表示。

$$c = \frac{d}{2} - a$$

式中　c——边距；

d——巷道宽度；

a——中线到边线的距离。

用边线指向时，测量人员必须将边距 c 及时通知施工人员，以便他们根据边距控制巷道的掘进方向。应当注意的是，当相向贯通巷道用边线指示巷道掘进方向时，两头边线的称谓是相反的。在施工过程中应注意这种表示方法。

为了避免标定的中线方向偏离设计方向，以及为了填绘矿图，当巷道每掘进 30～150 m 时，应以一些已标定的中线点作为导线点测设 15″、30″级采区控制导线，并根据导线计算结果及时调整中线。施测导线的同时，还应将已掘巷道及时测绘到平面图上。当巷道继续向前推进时，上述巷道中线的延设、检查和测绘巷道平面图的工作亦相继进行。

第三节　曲线巷道中的线标定工作

在井下巷道的转弯处或分岔处，一般要设计一段曲线巷道，以利于矿车安全运行。井下巷道的曲线都是圆曲线，其半径一般为 10～25 m。但曲线巷道的中线是弯曲的圆弧，中线的标定方法不同于井下直线巷道的中心标定。

井下巷道的转弯部分，一般用圆曲线连接。曲线巷道的起点、终点、曲线半径 R 和圆心角 θ 的大小，在设计图上都有规定。因为曲线巷道的中心线是弯曲的，不能像直线巷道那样直接标定出来，只能用分段的弦线来代替分段的圆弧线，用内接折线来代替整个圆曲线，指示巷道的掘进方向。所以，曲线巷道中线的标定应先计算标定要素，然后到井下进行标定。

一、经纬仪弦线法

经纬仪弦线法是一种常用的方法，分段弦线的长度可以是相同的，也可以是不相同的。弦线法标定巷道的中心时，是将圆曲线等分成几个圆弧段，在每一个圆弧段中，用弦线代替中线，以弦线指示曲线巷道的掘进方向。

弦线法标定巷道的中线时，要确定恰当的分段数目，也就是要确定合理的弦长。如果分段数目太多，弦长就太短，则中线转点多，工作量太大；如果分段数目太少，弦长太长，造成弦线距离巷道帮壁太近，施工难以掌握，或者弦线两端不能通视。最好先绘制一张 1：50 或 1：100的大样图，在图上确定分段划分的方案。

圆心角 90°左右的曲线巷道，等分为三段较为恰当；圆心角在 90°～180°时，分 4～6 段。

（一）计算标定要素

如图 6-6 所示，A 为曲线巷道的起点，B 为终点，半径为 R，圆心角为 θ。现用 n 段相等的弦线来代替圆弧中心线，弦线用 l 表示。由图可知起点和终点的转角为

$$\beta_A=\beta_B=180°-\frac{\theta}{2n}$$

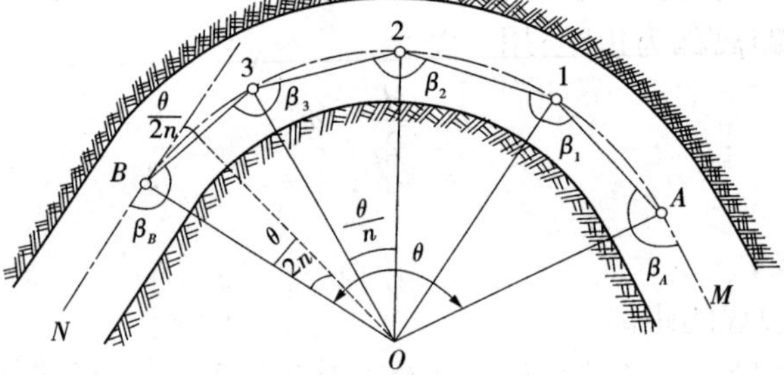

图 6-6　弯曲巷道中线标定

中间各转折点处的转角为

$$\beta_1=\beta_2=\beta_3=\cdots=180°-\frac{\theta}{n}$$

上述 β 角是由 A 向 B 标定的左转角，如果从 A 向 B 标定右转角，那么上式中的减号应变为加号。

【例 6-1】　设中心角 $\theta=90°$，$R=12$ m，若三等分中心角，即 $n=3$，求标定要素。

解：每弦所对应的中心角为

$$\frac{\theta}{n}=\frac{90°}{3}=30°$$

弦长为

$$d=\frac{l^2}{R}=2\times12\times\sin15°=6.212(\text{m})$$

转角为

$$\beta_A=\beta_B=180°-\frac{\theta}{2n}=180°-15°=165°$$

$$\beta_1=\beta_2=180°-\frac{\theta}{n}=180°-30°=150°$$

标定曲线巷道的中线，有时会遇到圆心角 θ 不便于等分的情况，例如巷道转弯时，设计图上圆心角为75°45′就不便于等分。

【例6-2】 设曲线巷道的圆心角 $\theta=75°45'$，$R=12$ m，可将圆心角分为30°、30°、15°45′三个小角，求标定要素。

解：弦长分别为 $l_1=l_2=2\times12\times\sin\frac{30°}{2}=6.212(\text{m})$

$$l_3=2\times12\times\sin\frac{15°45'}{2}=3.288(\text{m})$$

转向角分别为 $\beta_A=180°-\frac{30°}{2}=165°$

$$\beta_1=180°-30°=150°$$

$$\beta_2=180°-(\frac{30°}{2}+\frac{15°45'}{2})=157°07'30''$$

$$\beta_B=180°-\frac{15°45'}{2}=172°07'30''$$

（二）井下标定

以图6-7为例，当巷道从直线巷道掘进到曲线起点位置 A 后，先在直线巷道中标定出 A 点。在 A 点安置经纬仪，后视中线点 M，转动望远镜给出 β_A 角，即得出 A—1 方向；倒转望远镜，在顶板上标出1′。用1′—A 方向指示 A—1 段的掘进方向。继续掘进到1点位置后，再置经纬仪于 A 点，再次给出 A—1 方向，用钢尺量取弦 l，并标出1点。然后将仪器安置于1点，后视 A 点，转 β_1 角，给出1—2方向，再倒转望远镜于顶板上标出2′点，用2′—1方向指示1—2段的掘进。以此类推，直至 B 点，然后在 B 点安置经纬仪，转 β_B 角，给出直线巷道的方向。

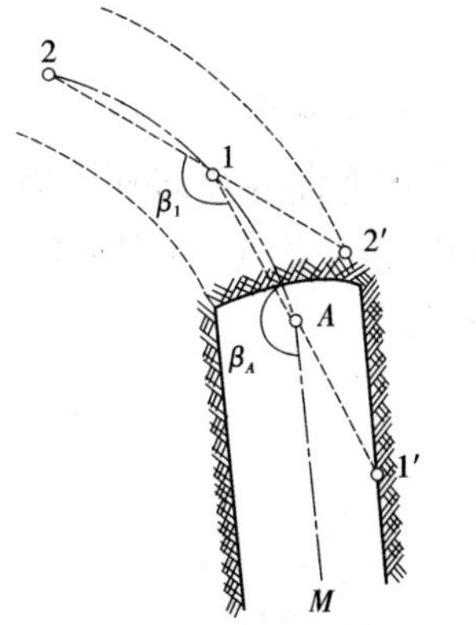

图6-7 曲线巷道中线标定

必须注意的是，曲线起点、曲线要素等数据资料需通过矿井设计图纸来确定。只有在确定了这些基本起算数据后，才能根据这些数据完成标定要素的计算以及井下实际的标定工作。

（三）确定边距

曲线巷道是根据弦线方向掘进的，弦线到巷道两帮的距离是变化的。为了掌握掘进巷道两帮的弯曲程度，通常绘制曲线巷道的大样图，比例尺为1∶50或者1∶100，图上绘出巷道两帮与弦线的相对位置，然后在图上量出弦线到巷道两帮的边距。确定边距的方法有半径法与垂线法两种。

1. 半径法

当弯曲巷道部分采用金属、水泥或木支架支护的时候，需要沿半径方向绘制边距大样图，边距沿半径方向量取，并计算出内、外帮棚腿间距 $d_{内}$、$d_{外}$（见图 6-8），使棚子按设计架在半径方向上。

$$d_{内}=d-\frac{dD}{2R},\quad d_{外}=d+\frac{dD}{2R}$$

式中 d——设计的棚间距；

D——巷道净宽；

R——曲线巷道设计半径。

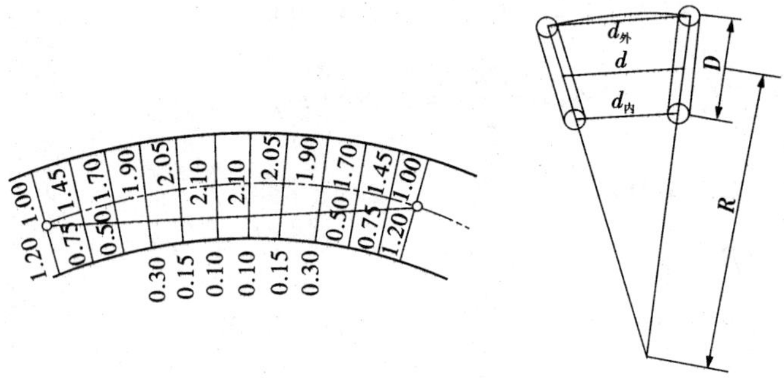

(a) (b)

图 6-8 半径法

2. 垂线法

当弯曲巷道部分采用砌碹时，采用垂线法绘制边距大样图。绘制方法是沿弦线每隔 1 m 作弦的垂线，然后从图 6-9 上量取弦线到巷道两帮的距离，并将数值注在图上，以便施工。

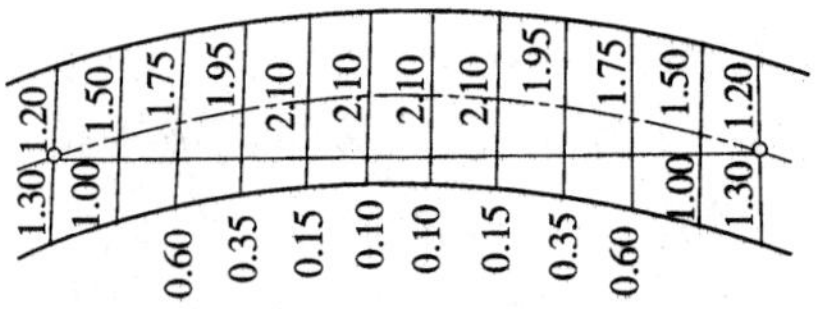

图 6-9 垂线法

二、短弦法（距离交会法）

当弦比较短时，可用距离交会法标设，如图 6-10 所示，已知圆心角 α、曲线半径 R。设弦个数为 n，则弦长 l 和 d 为

$$l=2R\sin\frac{\alpha}{2n}$$

$$d=\frac{l^2}{R}$$

实地标定时，先标出 A 点，再由 A 点沿中线方向向后丈量距离 $2l$ 标出 M 点。以 A 点、M 点为圆心，分别以 $2l$、d 为半径，用线交会法定出 A_1 点。

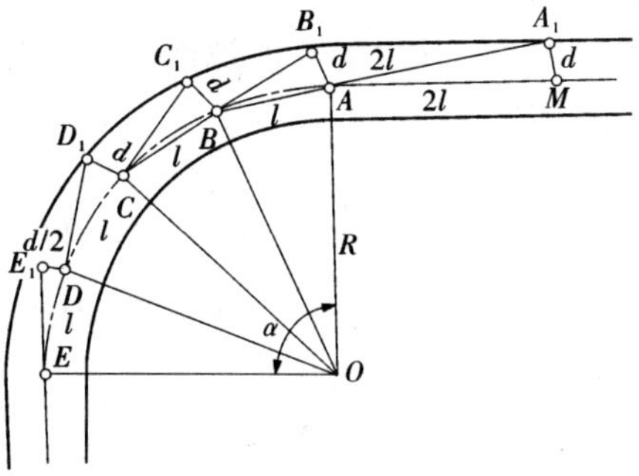

图 6-10　短弦法

A_1A 指示第一弦的掘进方向。当巷道掘到 B 点后，沿 A_1A 的方向由 A 点丈量弦长 l，标出 B 点，然后以 A、B 为圆心，分别以 l、d 为半径，用交线法定出 B_1 点，B_1B 指示第二弦的掘进方向，以此类推。

三、硐岔中线的标定

在井底车场和运输大巷内，有许多交叉巷道，在平巷交叉连接处称为硐岔。它的断面是变化的，并和曲线巷道相连接，在连接交叉处，对巷道的规格要求比较严格。图 6-11 为某硐岔设计平面图，EN 为直线巷道，另一巷道 BM 通过弯道与它相交。O 点称为道岔中心，它是直巷轨道中心与弯道轨道中线的交点。O' 点为硐岔的起点，巷道断面从这里开始变化。3 点为道岔终点，也是弯道起点。O''为柱墩处（又称牛鼻子），巷道从这里分为两条。a、b 为道岔中心到硐岔起点和道岔终点的距离。

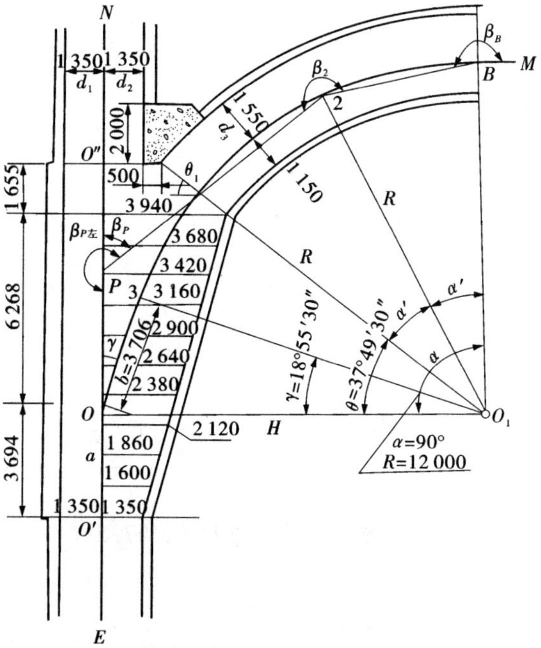

图 6-11　硐岔巷道中线的标定

图 6-11 中圆曲线的中心角 $\alpha=90°$，半径 $R=12$ m，道岔的撤叉角 $\gamma=18°55'30''$，从直巷到柱墩所对应的中心角 $\theta=37°49'30''$，其余的巷道规格尺寸在图上均有说明。

标定巷道中线的方法和步骤如下。

（一）检查设计图纸

收到设计图纸后，首先要检查各种数据是否齐全，所注尺寸是否与图上位置长度一致，然后验算 θ 是否正确。为此，先求算曲线中心到直巷轨道中线间的距离 H，从图上可以看出：

$$H=R\cos\gamma+b\sin\gamma$$

$$=12\times\cos18°15'30''+3.706\times\sin18°15'30''=12.553(\text{m})$$

$$\theta=\arccos\frac{H-d_2-0.500}{R+d_3}$$

$$=\arccos\frac{12.553-1.350-0.500}{12+1.550}=37°49'30''$$

验算结果说明设计数据是正确的。

（二）计算标定数据

图 6-11 中 α 角较大，故先将曲线分段，将圆心角 α 分为 θ 角和两个 $\alpha'=\frac{\alpha-\theta}{2}$ 角，考虑到碹岔处巷道较宽，可将 1—2 弦线延长到 P 点，将 P 点作为安置仪器的转点可直接与 2 点通视，比用 O、1 两个转点简化了标设工作，计算如下：

弦线 1—2 和 2—B 所对应圆心角为

$$\alpha'=\frac{\alpha-\theta}{2}=\frac{90°-37°49'30''}{2}=26°05'15''$$

弦线 1—2 和 2—B 的长度为

$$l=2R\sin\frac{\alpha'}{2}=2\times12\times\sin13°02'37.5''=5.417(\text{m})$$

P 点至有关点的距离为

$$\beta_P=\theta+\frac{\alpha'}{2}=50°52'07.5''$$

$$l_{P1}=(d_2+0.500+d_3\cos\theta)\cos\beta_P=3.963\text{ m}$$

$$l_{PO''}=l_{P1}\cos\beta_P+d_3\sin\theta=3.452\text{ m}$$

$$l_{PO}=l_{OO''}-l_{PO''}=4.471\text{ m}$$

$$l_{PO'}=l_{PO}+l_{OO'}=8.165\text{ m}$$

各转点的转向角为

$$\beta_{P左}=180°+\beta_P=230°52'07.5''$$

$$\beta_2=180°+\alpha'=206°05'15''$$

$$\beta_B=180°+\frac{\alpha'}{2}=193°02'37.5''$$

（三）实地标定

当巷道从 E 掘进到 O' 后，巷道断面开始增大。根据设计中 EO'、OO' 的长度和求出的 l_{PO}，可在实地标出 P 点。在 P 点安置经纬仪，后视 E 点，拨 $\beta_{P左}$ 角可标出 P—1 方向。掘进

人员可以根据 P 点向后量 PO 定出道岔中线 O 的位置并铺设道岔;根据 P—1 方向掘进巷道的曲线部分。直巷掘过 O''点后,可根据 PO''长度确定 O''点,并定出柱墩位置。

第四节 巷道腰线的标定工作

巷道的坡度和倾角是用腰线来控制的,标定巷道腰线的测点称为腰线点。腰线点成组设置,每三个一组,点间距不得少于 2 m,腰线点离掘进工作面的距离不得超过 30 ~ 40 m,标定在巷道的一帮或两帮上,若干个腰线点连成的直线即为巷道的坡度线,又称腰线,用来指示掘进巷道在竖直面内的方向,使巷道的坡度符合设计图纸的要求,满足矿井运输和排水的需要。

根据巷道的性质和用途不同,腰线的标定可采用不同的仪器和方法。次要巷道一般用挂半圆仪标定腰线;倾角小于 8°的主要巷道,用水准仪标定腰线;倾角大于 8°的主要巷道用经纬仪标定腰线。对于新开巷道,开口子时可用挂罗盘标定腰线,但巷道掘进 4 ~ 8 m 后,应按上述要求用相应的仪器重新标定。

为了便于施工,腰线距巷道底板的高度在同一矿井中应为定值,如在一个矿井中,各巷道的腰线高度均设为 1 m。

一、用半圆仪标定腰线

(一)用半圆仪标定倾斜巷道腰线

如图 6-12 所示,1 点为新开斜巷的起点,称起坡点。1 点高程 H_1 由设计给出,H_A 为已知点 A 的高程。从图可知:

$$H_A - H_1 = h_{Aa}$$

在 A 点悬挂垂球,自 A 点向下量取 h_{Aa},得到 a 点,过 a 点拉一条水平线 1—1′,使 1 点位于新开巷道的一帮上,挂上半圆仪,此时半圆仪上读数应为 0°。将 1 点系上测绳,沿巷道同侧拉向掘进方向,在帮上选定一点 2,拉直测绳,悬挂半圆仪,上下移动测绳,使半圆仪的读数等于巷道的设计倾角 δ,此时固定 2 点,连接 1、2 点,用灰浆或油漆在巷道帮上画出腰线。

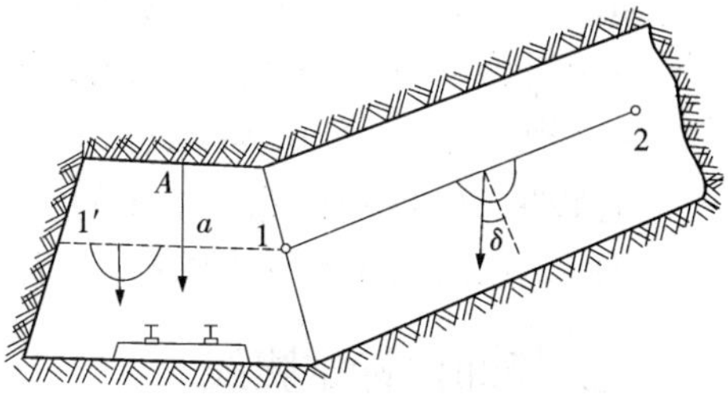

图 6-12 半圆仪标定倾斜巷道腰线

(二)用半圆仪标定水平巷道的腰线

在倾角小于 8°的次要巷道中,可用半圆仪标定腰线,如图 6-13 所示,1 点为已有腰线点,2 点为将要标定的腰线点。首先将测绳的一端系于 1 点上,靠近巷道同一帮壁拉直测绳,悬挂半圆仪,另一端上下移动,当半圆仪读数为 0 时得到 2′点。此时,1—2′间测绳处于水平位置。用皮尺量 1 点至 2′点的平距 D,再根据巷道设计坡度 i 算出腰线点 2 与 2′点的高差 Δh

$$\Delta h = i \times D$$

求得 Δh 后,用小钢尺由 2′点沿垂直方向量取 Δh 值便得到腰线点 2 的位置。连接 1、2 两点,用灰浆或油漆在巷道壁上画出腰线。要注意的是,量取 Δh 时,量取方向取决于坡度 i

的正负号，当 i 为负时，向下量取；当 i 为正时，向上量取。

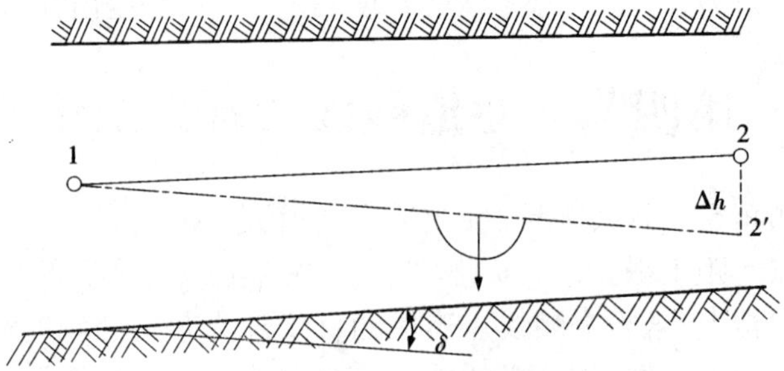

图 6-13　半圆仪标定水平巷道腰线

二、用水准仪标定腰线

倾角小于 8°的主要巷道，一般用水准仪标定巷道腰线。在图 6-14 中，巷道中已有一组腰线点 1、2、3，巷道的设计坡度为 i，需向前标设一组新的腰线点 4、5、6。标定时，先在两组点间安置水准仪，首先观测已知腰线点间的高差是否移动。

检查完成并确认无误后，选取一个已知点作为后视点，记下 3 号点的读数 a。a 的符号以视线为准来定，点在视线之上为正，在视线之下为负。然后丈量 3 点至 4 点的水平距离 D_{34}，则可按下式算出腰线点 4 距视线的高度 b：

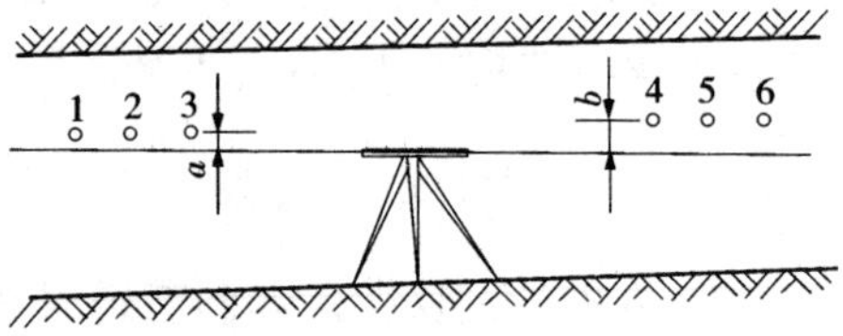

图 6-14　水准仪标定腰线

$$b=a-h_{34}=a-i\times D_{34}$$

h_{34} 为 3 号点与 4 号点间的高差。坡度 i 的符号上坡为正，下坡为负。水准仪前视 4 点处，以视线为准，根据 b 值标出腰线点 4 的位置。b 值为正时，腰线点在视线之上；b 值为负时，则在视线之下。5、6 腰线点依同法标设。

标设时，应特别注意 a、b、i 的符号，根据正负号来确定标定点的量取方向。标设完成后，应由 3 点求出 4、5、6 点的高程，看腰线点的高程是否与设计相符合。

三、经纬仪标定腰线

在主要倾斜巷道中，通常采用经纬仪标定腰线，用经纬仪标定腰线的方法主要有以下几种。

（一）利用中线点标定腰线

这个方法的特点是在中线点的垂球上作出腰线的标志，同时量腰线标志到中线点的距离，以便随时根据中线点恢复腰线的位置。

图 6-15 中，1、2、3 点为一组已标设腰线点位置的中线点，4、5、6 点为待设腰线点标志的一组中线点。标设时，经纬仪安置于 3 点，量仪高 i，用正镜瞄准中线，使竖盘读数为巷道设计的倾角 δ，此时望远镜视线与巷道腰线平行。在中线点 4、5、6 的垂球线上用大头针标出视线位置，用倒镜测倾角作为检查。已知中线点 3 到腰线位置的垂距为 a_3，则仪器视线到腰线点的垂距 b 为

$$b=i-a_3$$

式中 i 和 a_3 均从中线点向下量取，符号均为正。求出 b 值为正时，腰线在视线之上；b 为负时，则在视线之下。从三个垂球线上标出的视线记号起，根据 b 的符号用小钢尺向上或向下量取长度 b，即可得到腰线点的位置。

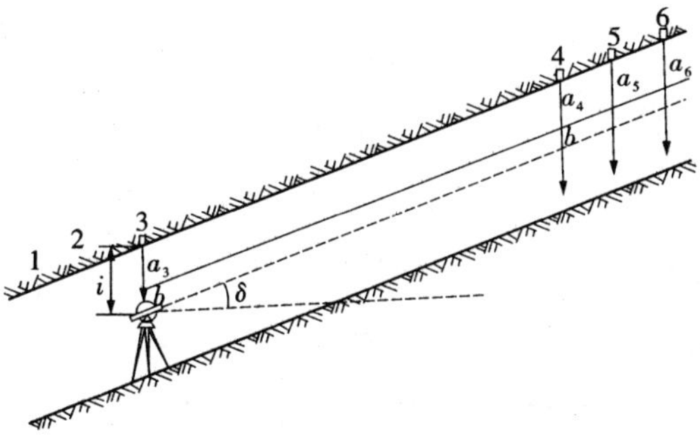

图 6-15　中线点标定腰线

（二）用伪倾角标定腰线

从图 6-16 可知，如果 AB 为倾斜巷道中线方向，巷道的真倾角为 δ，BC 垂直于 AB，C 点在巷道左帮上，与 B 点同高，那么，水平距离 AC' 大于 AB'，则 AC 的倾角 δ' 小于 AB 的倾角 δ，δ' 称为巷道伪倾角。δ' 的计算式为

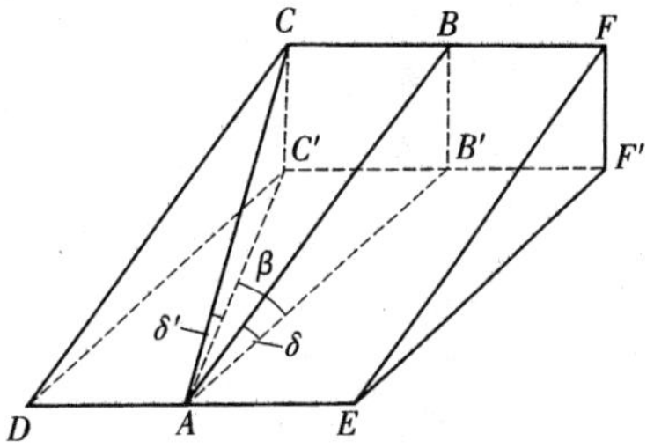

图 6-16　伪倾角计算

$$AC'\tan\delta' = AB'\tan\delta$$

$$\tan\delta' = \frac{AB'}{AC'}\tan\delta$$

$$\cos\beta = \frac{AB}{AC}$$

$$\tan\delta' = \cos\beta\tan\delta$$

$$\Delta h = \frac{a}{\cos\delta} - a = a(\sec\delta - 1)$$

$$\Delta l = \Delta h\cot\delta$$

式中　β——AB 与 AC 的水平夹角，该角用经纬仪测得；

δ——设计巷道的真倾角。

如图 6-17 所示，(a) 为巷道纵断面图，(b) 为巷道平面图，用伪倾角标定腰线的方法如下：

(1) 在 B 点安置仪器，测出 B 点至中线点 A 及腰线点 1 之间的水平夹角 β_1。

(2) 根据水平角 β_1 和真倾角 δ_1 计算得伪倾角 δ_1'。

(3) 瞄准 1 点，固定水平度盘，上下移动望远镜，使竖盘读数为 δ_1'，在巷道帮上做记号 1′。

用小钢尺量出 1′到腰线点 1 的铅垂距离 K。

(4) 转动照准部，瞄准新设的中线点 C，然后松开照准部瞄准在巷道帮上拟设腰线点处，测出 β_2 角。

(5) 根据水平角 β_2 和真倾角 δ_2 计算出伪倾角 δ_2'。

(6)望远镜照准拟设腰线处,并使竖盘读数为δ_2',在巷道上做记号 2′,用小钢尺从 2′量出距离 K,即得到新标定的腰线点 2。

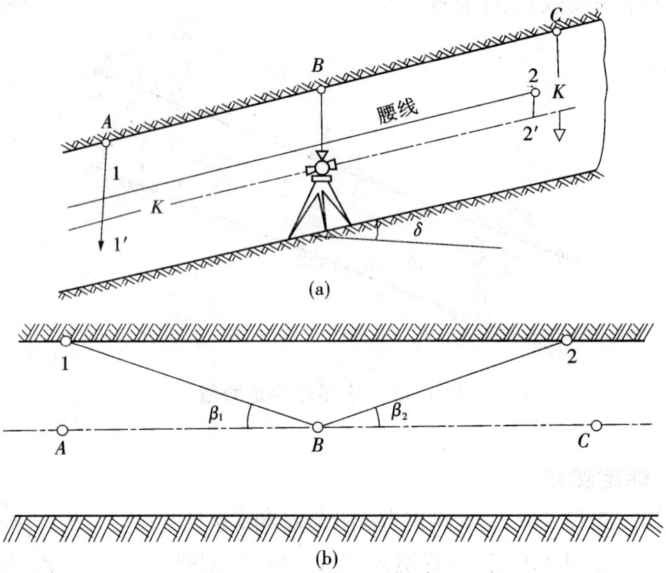

图 6-17　伪倾角标定腰线

(7)用测绳连接 1、2 两点,用灰浆或油漆沿测绳画出腰线。

K 值即为视线到腰线的铅垂距离。

四、平巷与倾斜巷道连接处腰线的标定

平巷与斜巷连接处是巷道坡度变化的地方,腰线到这里要改变坡度,如图 6-18 所示,巷道底板在竖直面的转折点 A 称为巷道的变坡点。它的坐标和与其他巷道的相对位置是由设计给定的。

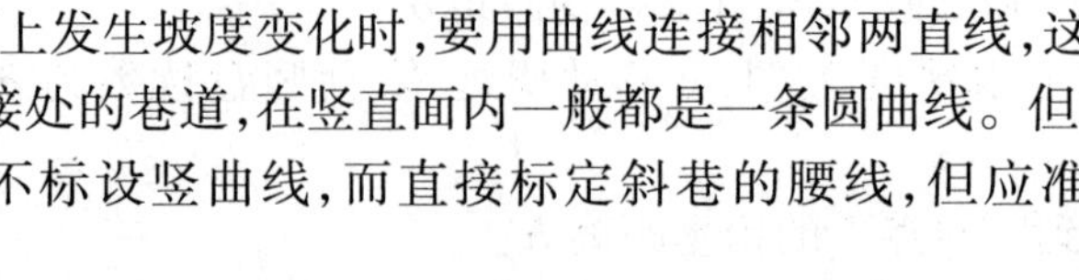

图 6-18　平巷与斜巷连接处标设腰线

当线路在纵断面上发生坡度变化时,要用曲线连接相邻两直线,这种曲线叫做竖曲线。因此,平巷与斜巷连接处的巷道,在竖直面内一般都是一条圆曲线。但由于井下巷道的竖曲线半径一般不大,常不标设竖曲线,而直接标定斜巷的腰线,但应准确标定变坡点 A 的位置。

如图 6-18 所示,a 为平巷内腰线至底板或轨面的距离,如果在斜巷内腰线到底板或轨面的法线距离也保持为 a,则在变坡点处斜巷腰线起点应比平巷腰线起点抬高 Δh,或者自变坡点向前或向后量取距离 Δl。

$$\Delta h=\frac{a}{\cos\delta}-a=a(\sec\delta-1)$$

$$\Delta l=\Delta h\cot\delta$$

标定时，首先标出 A 点，然后在 A 点沿垂直于巷道中线的方向，根据计算的 Δh 或 Δl 值及正负号在两帮上分别标定出斜巷的腰线起始点位置。

五、斜面仪标定腰线

使用光学测绘仪器斜面仪，能简便迅速地把腰线标设在巷道帮上。斜面仪的结构如图 6-19所示，在经纬仪主望远镜 2 的上部安装了一个副望远镜 1，其转动轴 3 同时垂直于主望远镜视准轴及横轴，同时副望远镜的视准轴与本身转动轴垂直。当主望远镜视准轴置于巷道设计倾角的倾斜方向上时，转动副望远镜，此时副望远镜视准轴扫过的是一平行于腰线的倾斜面。倾斜面与巷道两帮的交线即是与巷道腰线相平行的一条线。

用斜面仪在斜巷中标设腰线的方法如图 6-20 所示，在中线点 A 整置斜面仪，用主望远镜照准另一个中线点，固定水平度盘，再使竖直度盘读数等于巷道的设计倾角，固定垂直度盘。主望远镜固定不动后，转动副望远镜，瞄准原有腰线点 1 的上方 1′点，用小钢尺量得垂距 a，再瞄准腰线点 2 处上方 2′点，量 2—2′ = a 做检查。检查无误后，即可标设新的一组腰线点。转动副望远镜，照准巷道帮拟设腰线点处，在视线上标设视点 3′、4′和 5′，自视线向下（或向上）量取 a 即可标出一组新腰线点 3、4 和 5。

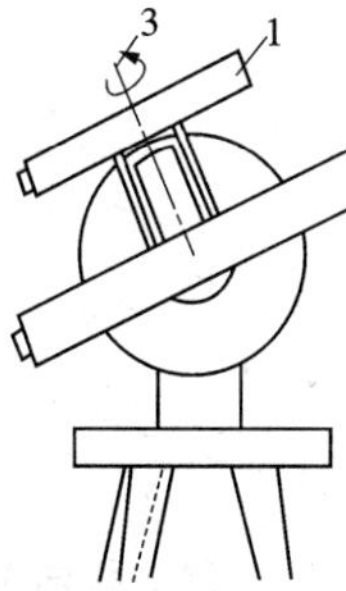

图 6-19　斜面仪示意

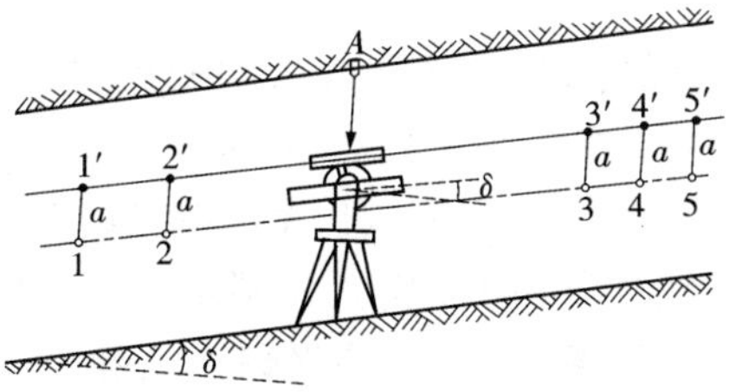

图 6-20　斜面仪标设腰线

六、激光指向仪标设巷道中线、腰线

随着采矿掘进机械化和自动化程度的迅速提高，在巷道施工中，上述标定中线、腰线的方法已不能适应高度机械化快速掘进的要求。

因此，激光技术目前被广泛应用于矿山建设过程中，以代替传统的中线、腰线标定方法。

激光具有良好的方向性、单色性和高度集中的光束等性能，这种仪器提供了一条可见的红色直线光束，可传播相当远的距离而光束直径没有显著变化，成为指示井下巷道掘进方向和坡度较为理想的定位基准线。

（一）激光指向仪

图 6-21 是我国南方测绘仪器厂制造的 JGY-5 防爆型激光指向仪。它采用半导体激光作为光源，比以前采用的玻璃外壳氦激光器体积小，寿命长，不会震碎，光点漂移小，是理想

的换代器件。该仪器具有射程远、亮度高、质量轻、操作简便、外部调焦及长效电流直流供电、可充电等优点,采用单锚杆固定,安装方便,倾斜微动螺旋可以调整任意角度。

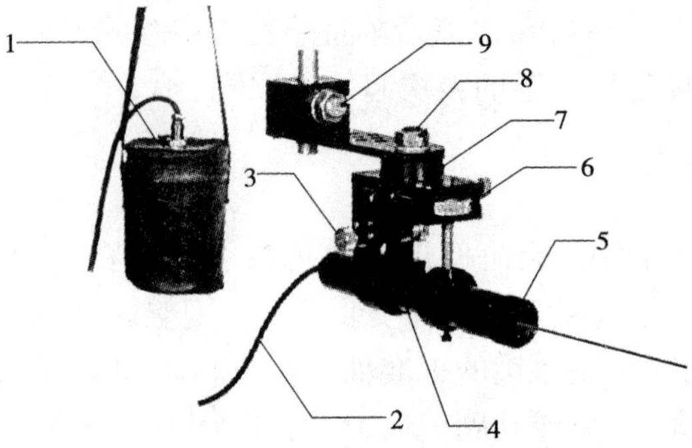

1—防爆电池;2—电源电缆线;3—水平微调螺旋;4—激光器;5—物镜;6—倾斜微动旋钮;7—倾斜固定旋钮;8—水平固定旋钮;9—锚杆固定旋钮

图 6-21　激光指向仪结构

(二)激光指向仪的安置和调试

(1)如图 6-22 所示,用经纬仪在巷道中标设三个中心线点:A、B、C,A、B 距离 5 m 左右,B、C 距离 30~50 m,标设 b、c。

(2)在距 A 点一侧的顶板上钻眼,埋入 $\phi25$ 锚杆,避免倾斜。

(3)将安装杆套在锚杆上,上下移动,高度适当时,固紧安装杆。

(4)将安装杆插入激光指向仪中心孔,按动电源,左右移动仪器,使仪器在 A 点对中,紧锁固定旋钮。

(5)调节水平微动旋钮,使激光束同时对准 B、C 点的垂线球(垂线球平分光斑),紧锁水平方向旋钮。

(6)调整倾斜微动旋钮,使光斑中心至 B、C 两垂线的坡度标志点 b、c 的铅垂距离相等,紧锁倾斜旋钮。

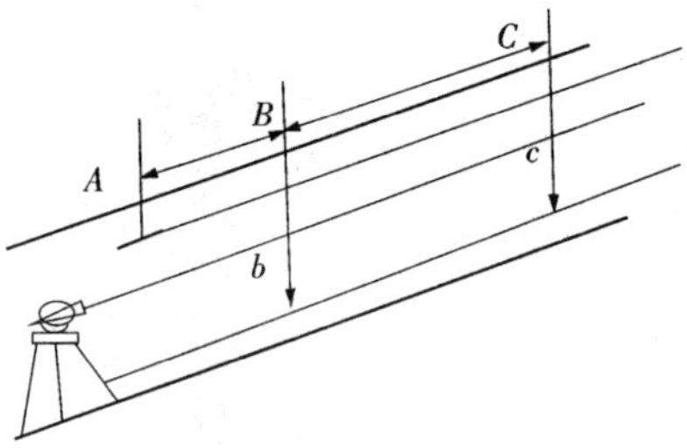

图 6-22　激光指向仪器的安装与调试

(7)光斑过大时,调松固定旋钮,向后微旋激光器,使中心光斑小于 50 mm 即可。

(8)激光指向仪在使用过程中,为了防止仪器碰动而影响中、腰线位置,应经常检查激光束的方向和坡度并根据检查情况随时调整。

第五节　采区及回采工作面测量

一、采区联系测量

采区联系测量的目的就是通过竖直和急倾斜巷道向采区传递方向、坐标和高程。采区联系测量的特点是,控制范围小、精度要求低、测量条件差,并且一般是由下面的巷道向上面的巷道和采场传递的。因此,在保证必要精度的前提下可以采用简易的联系测量方法进行。

《规程》规定:采区内定向测量的测角、量边按采区控制导线的要求进行,两次定向测量结果之差不得超过 14′，各分水平(分阶段)依次逐级定向时，同一分水平两次定向测量结果之差不得超过 $14'/\sqrt{n}$(n 为中间定向水平个数)；采区内通过竖直巷道导入高程，应用钢尺法进行，两次导入的高程之差不得大于 5 cm。

二、通过竖直巷道的采区联系测量

与矿井联系测量一样，若在定向的上、下水平间有两个竖直巷道连通，可采用低精度陀螺定向或两井定向(测角量边可按采区控制导线的要求进行)；若只有一个竖直巷道连通，则采用低精度陀螺定向法、三角连接法、双垂球瞄线法在无磁性影响的矿山，可采用罗盘定向。

当竖直巷道断面不规则或弯曲，无法同时垂下间距为 0.5 m 以上的两根垂球线时，可采用单垂球切线法。

如图 6–23 所示，在竖直巷道内挂一垂球线 $O'O$，自上平巷中 C'点拉细线绳 $C'MNP$，令其各段均与 $O'O$ 垂球线相切，则 C'、M、N、P、O、O'各点均在同一个竖直面内。最后在下平巷内 PO 的延长线旋一点 C，因而 $C'O$ 边的方位角与 CO 边的方位角相同。分别在 C 点和 C'点安置经纬仪，测量$\angle DOC$ 与$\angle O'C'D'$，再在 D 点测连接角，并丈量 DC、CO、$O'C'$、$C'D'$的距离。这样，就可以将方位和坐标从下水平传递至上水平。为了提高精度，$O'O$ 垂球务必铅垂，切线段数要尽量少，并切于 $O'O$ 线的同一侧。

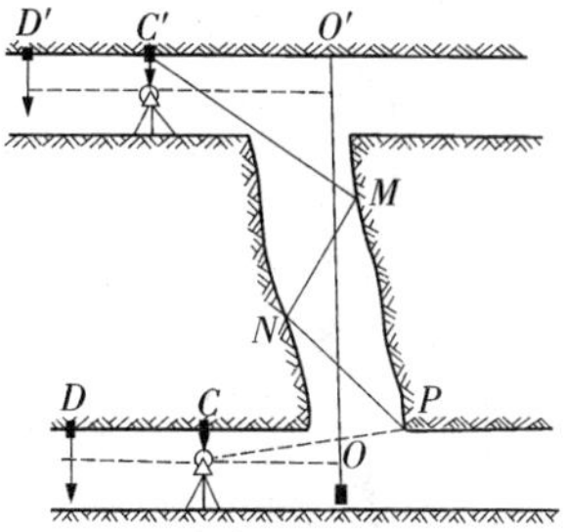

图 6–23　单垂球切线法

在传递高程时，可将上、下平巷的经纬仪置平瞄准垂球线，在垂球线上各做一个标记，用钢尺丈量两标记之间的长度，同时丈量两台仪器的仪器高，即可算出 C 点与 C'点的高差，进而求得 C'点的高程。

三、通过急倾斜巷道的采区联系测量

通过急倾斜巷道进行采区定向测量，一般使用矿用经纬仪或测角仪测量导线。如悬挂式经纬仪，带有目镜棱镜、偏心望远镜等附件的经纬仪，都适用于倾角较大的急倾斜巷道测量。

若导线边所通过的巷道成弯曲状，如图 6–24 所示，则可将前视点 C 的垂球线尽可能加长，使视准点尽可能向下，这样就能在 A 点架设仪器，前视 C 点测角完成 A 站的全部观测工作后，可在导线边 AC 的方向上，用仪器标定一临时点 B，使过 A、B、C 三点的垂球线在一条直线上。当仪器搬到 C 站后，则可后视 B 点垂球线以代替看不到的 A 点垂球线来完成 C 站的全部观测工作。

当缺少上述矿用经纬仪和测角仪时，可采用下述的简易联系测量方法。

(一)斜线辅助垂球法

如图 6–25 所示，在上、下平巷间用细铅丝或钢丝拉紧一条斜线 $A'B$，在 A'点和斜线的适当位置 A 点处各挂一个垂球。此时斜线和两垂球线处于同一竖直面内。

在上、下平巷的 C'点和 C 点安置经纬仪进行连接三角形测量，由于直线 ab 的方位角与直线 $a'b'$的方位角相同，即可将方位角传递至上平巷。

为了传递坐标和高程，应用半圆仪测 $A'B$ 线的倾角，丈量 bb'的长度及仪高。

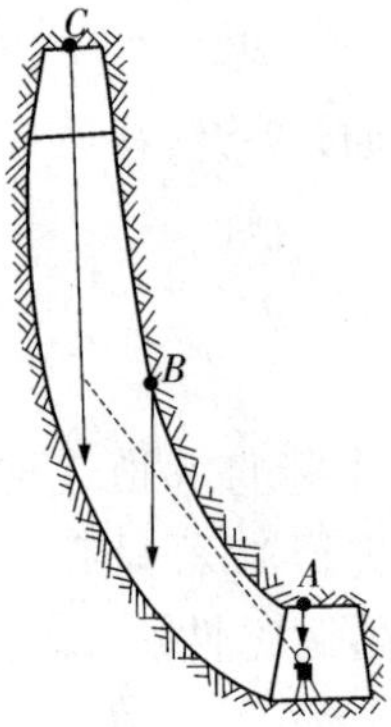

图 6-24　弯曲急斜巷道测量

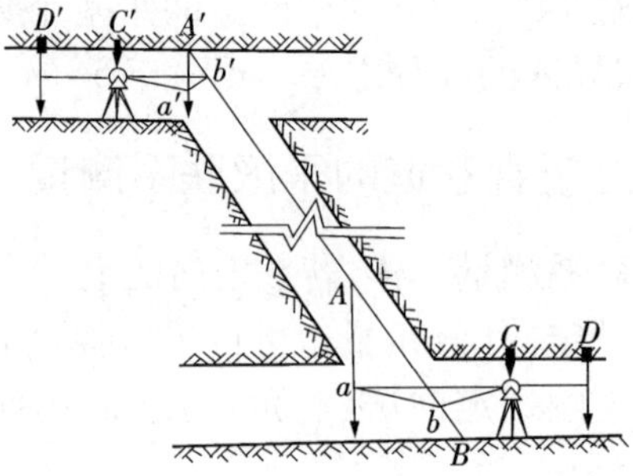

图 6-25　斜线辅助垂线法

(二)牵制垂球线法

如图 6-26 所示,在上、下平巷的测站 A 和 A'间拉一条斜线,并于下平巷中在斜线上 O'处挂一垂球 P,然后在上平巷拉线绳 OO'',把斜线吊起成自由悬挂状态,使 OO''与 AO''重合。此时,A 、O''、O'、A'各点就位于同一竖直面内,因此 $O''A$ 和 $A'O'$方位角相同,据此就可进行上、下平巷的导线联测。为了传递坐标和高程,可丈量各边斜距,同时用半圆仪测量它们的倾角。

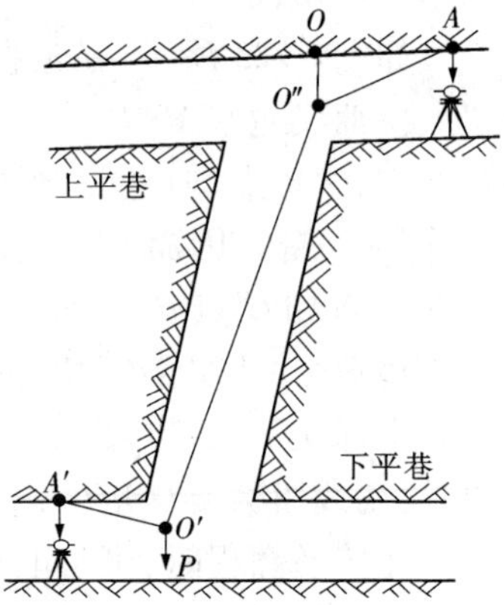

图 6-26　牵制垂球线法

四、采区次要巷道测量

在采区次要巷道中,为填绘矿图而测设的碎部导线,应以采区控制导线为基础,尽可能敷设成闭合(附合)导线。若测设支导线,则必须有可靠的校核措施,如测设左、右角来进行检查。

碎部导线可根据生产需要选用低精度的经纬仪、测角仪等进行测量,在无磁性影响的地方,也可使用罗盘仪测量。

用低精度经纬仪测设碎部导线时,平面坐标和三角高程的相对闭合差应分别小于1/500和 1/1 000,用罗盘仪测设碎部导线时,导线边长应小于 20 m,导线最弱点距起始点不宜超过 200 m。导线和三角高程的相对闭合差应分别小于 1/200 和 1/300。

采区次要巷道测量要获得详尽的填绘矿图所需的资料,从而可以确定出产量计算损失量和储量变化等。次要巷道测量工作包括下列内容:

(1)测量巷道的轮廓,绘制大比例尺巷道图。

(2)丈量巷道长度,验收巷道的进尺。

(3)丈量巷道断面的各种尺寸,验收巷道的规格质量。

(4)测定断层、厚度变化等地质特点和瓦斯突出点、涌水点的实际位置,并反映到有关的矿图上。

(5)绘制井上下对照图,确定井下巷道和地面附着物的相对位置关系,以及采矿范围边界的确定。

测绘巷道的轮廓可以在碎部导线的基础上应用支距法或极坐标法进行碎部测量,并反映到有关的矿图上。

测绘巷道的轮廓可以在碎部导线的基础上应用支距法或极坐标法进行碎部测量。碎部测量的记录和草图要清楚，碎部点要系统编号。根据导线点的位置和碎部测量数据，便可用量角器和直尺绘出巷道图。

测量人员要会同其他有关部门的人员共同对巷道进行验收。验收内容包括巷道进尺和规格质量等。丈量巷道的进尺是用卷尺从固定测点或靠近掘进工作面的专门点进行的。进尺是初期和末期工作面距固定点距离的差值。丈量巷道断面的各种尺寸时可对照巷道设计或支付说明书进行。验收丈量结果与设计数据相比的偏差应在规定的允许范围之内。验收丈量结果均应记在专门的记录本中。

在绘制巷道草图的过程中，应该清楚地标明地质破坏点、见煤点、煤厚变化点、瓦斯突出点、涌水点等位置和其他详细情况，以便绘制专门的巷道图、矿井上下对照图或者填绘到有关矿图上。

五、回采工作面测量

回采工作面应按月或按煤矿管理者规定的日期进行填图测量。每月的测量次数取决于工作面的长度、推进速度、煤层埋藏要素和厚度变化情况，且应能满足生产和回采率计算等要求，至少每月一次。停产时必须进行测量。

回采工作面测量应以各级导线点为基础，采用低精度经纬仪、测角仪、卷尺等进行测量。

（一）缓倾斜和倾斜煤层回采工作面测量

在缓倾斜和倾斜煤层的长壁工作面测量（见图 6-27）时，可沿工作面测设碎部导线，附合在下部运输巷和上部通风巷中的高一级导线点上。工作面的轮廓点和其他要素可用支距法测量。附合导线的相对闭合差不得大于 1/300。闭合差的分配可用图解法进行。

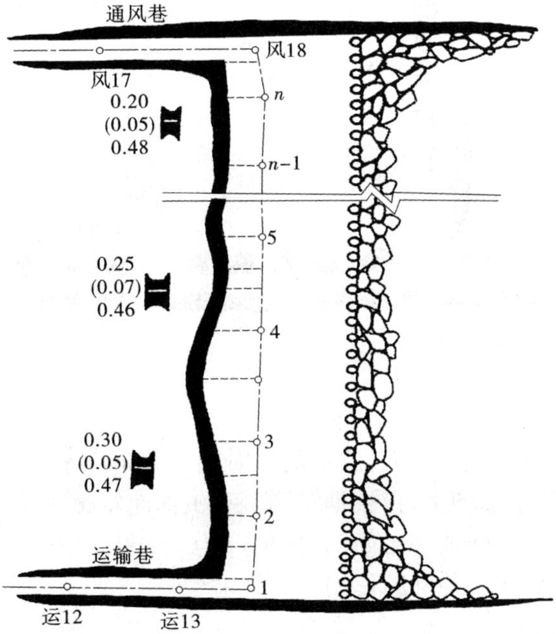

图 6-27　长壁工作面测量

在回采工作面测量时，除确定工作面位置外，还应沿工作面每隔一定距离丈量煤层厚度和倾角，记录顶底板残留煤皮、浮煤情况，测定丢失煤柱的范围及断层、瓦斯突出点和涌水点的位置等。

（二）薄及中厚煤层急倾斜煤层回采工作面测量

图6-28所示为用卷尺法进行急倾斜煤层倒台阶工作面测量的示意图。在上部风巷内靠近导线点Ⅲ和Ⅳ间标设 C 点。从 C 点沿煤层倾向拉卷尺，贴近工作面丈量出 Ca 得 a 点。然后卷尺顺走向沿台阶底板丈量 aa' 得 a' 点。再从 a' 点沿第二个台阶工作面顺倾向拉卷尺，丈量 $a'b$ 得 b 点。照此方法继续下去，最后附合到下部运输巷中的 B 点。B 点位于导线点Ⅰ和Ⅱ附近。可用地质罗盘或挂罗盘来测定煤层的走向和倾角。台阶工作面位置及其他特征点位置可用支距法测得。若 B 点和 C 点不位于导线边的延长线上，可在 B 点和 C 点测夹角。

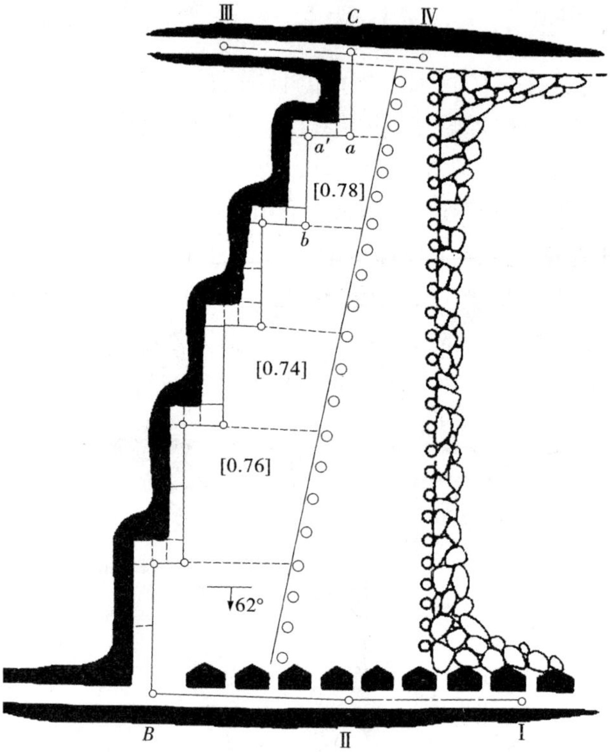

图6-28 倒台阶工作面测量

在测量过程中应绘制详细的草图，测量的相对闭合差不应超过1/100，用图解法分配闭合差后，将测量成果绘到平面图上，再根据草图画上工作面轮廓线及采空区的详细情况。还需根据测量成果绘制回采工作面的层面图，比例尺为1/500～1/1 000。此层面图供计算产量、损失量、储量动态及解决其他问题使用。

（三）综采工作面测量

为适应综采机械化采煤及机组运行的需要，一般综采工作面都设计成平面投影近似为规整的长方形，走向长度可达数百米甚至千米以上，回采面空间也较大，且对上下顺槽的平行度、准直度有较严格限制。为此，测量工作应注意以下几点：

（1）工作面斜长在不同位置应基本相同，其变化一般不应大于一个支架的宽度。因此，上、下平巷开口后，应严格控制巷道中线的方向，最好用激光指向仪标定巷道中线，并有可靠的检核措施。采区控制一般以 15″导线为宜，每掘进 30～120 m 应延长一次。

（2）由于煤层赋存条件的变化或其他原因，在掘进过程中，需要使上、下平巷改变掘进方向时，则应准确计算出上、下平巷中线转点的坐标和转向角值，并实地进行标定。在回采过程中，综采机组转向时，应预先算出机组掩护支架转向的最大弧长，以保证转向后的机组掩护支架的长度与采煤工作面的长度相适应。

（3）开切眼的宽度是根据机组型号设计的，因此应严格按照设计尺寸进行施工，以保证综采机组的顺利安装和运行。

复习题

1. 什么是巷道中线？什么是巷道腰线？它们分别位于巷道什么位置？
2. 延长巷道中线有哪几种方法？
3. 在平巷中标定腰线有哪几种方法？
4. 图 6-6 中，若圆心角为 104°34′，曲线半径为 15 m，计算标定要素，并说明标定方法。
5. 叙述激光指向仪的安置步骤。

第七章　贯通测量

第一节　贯通测量概述

一、巷道贯通与贯通测量

一条巷道按设计要求掘进到指定的地点与另一条巷道相通，叫做巷道贯通，简称贯通。巷道贯通往往是一条巷道在不同的地点以两个或两个以上的工作面分段掘进，而后彼此相通的。

同一巷道用多个工作面掘进，可大大加快施工速度、缩短工期和运输距离，改善通风条件与工人的劳动条件，有利于矿井开采。它是矿山井巷、铁路和公路隧道、国防、水利隧洞、城市地铁等建设工程中普遍采用的一种施工方法。

巷道贯通可能出现下面三种情况（见图 7-1）：

（1）如果两个工作面掘进方向相对，叫相向贯通（见图 7-1(a)）；

（2）如果两个工作面掘进方向相同，叫同向贯通（见图 7-1(b)）；

（3）如果从巷道的一端向另一端指定处掘进，叫单向贯通（见图 7-1(c)）。

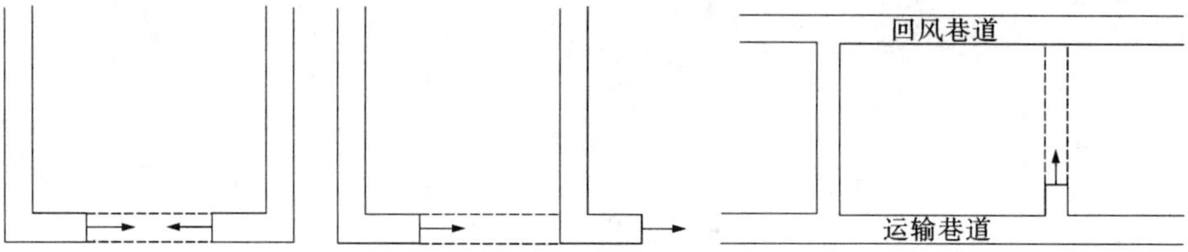

(a)　(b)　(c)

图 7-1　巷道贯通的三种情况

井巷贯通时，工程测量技术人员的任务是保证各掘进工作面沿着设计的方向掘进，使巷道贯通后接合处的偏差不超过工程规定的限度。为了保证贯通工程能正确接合而专门进行的设计、计算和实测工作统称为贯通测量。显然，贯通测量是一项十分重要的测量工作，测量人员所负的责任是重大的。如果因贯通测量过程中发生差错而未能贯通，或者贯通后接合处的偏差超过限值，都将严重影响巷道质量，甚至使巷道报废，在经济上和时间上造成很大损失。因此，要求工程测量技术人员必须一丝不苟，严肃认真地对待贯通测量工作，以保证贯通工程顺利完成。在工作中应当遵循以下原则：

（1）在确定测量方案和测量方法时，必须严格执行技术规范要求，做到先设计后施工，保证贯通所必须的精度，既不因精度过低而使井巷不能正确贯通，也不盲目追求过高精度而增加测量工作量和成本。

（2）对所完成的每一步每一项测量工作都应当有客观独立的检查校核，尤其要杜绝粗差。

贯通测量的基本方法是测出待贯通巷道两端导线点的平面坐标和高程，通过计算求得巷道中线的坐标方位角和巷道腰线的坡度，此坐标方位角和坡度应与原设计相符，差值在容许范围之内，同时计算出巷道两端点处的指向角，利用上述数据在巷道两端分别标定出巷道中线和腰线，指示巷道按照设计的同一方向和同一坡度分头掘进，直至贯通相遇点处相互正确接通。

二、贯通测量的种类和容许偏差

巷道贯通一般分为一井内巷道贯通、两井之间的巷道贯通和立井贯通三种类型，如图7-2所示。

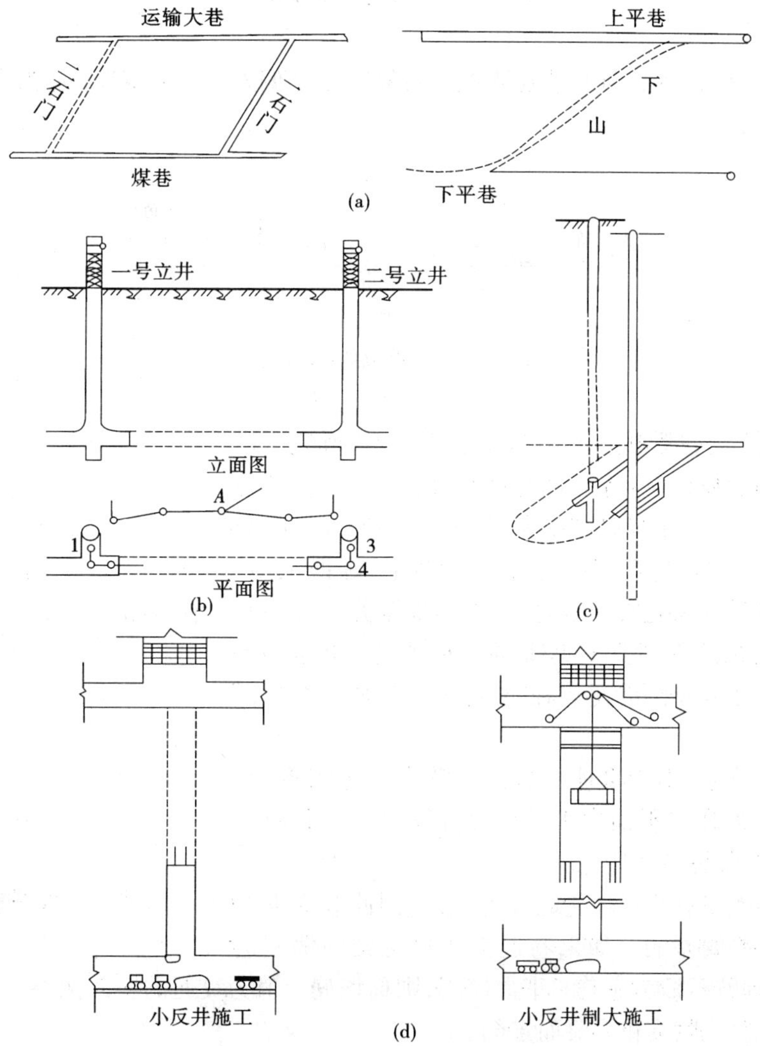

图7-2　井巷贯通的几种类型

贯通测量的基础是井上、下的控制点，因此控制测量精度的高低与贯通精度有直接关系。地面控制测量、矿井联系测量以及地下控制测量中的误差积累，使得贯通工程的中心线不能相互衔接，所产生的错开现象称为贯通误差。贯通误差可能发生在三个方向上：

（1）在施工中线方向上的投影长度偏差称为纵向贯通误差。

（2）在水平面内垂直于施工中线方向上的投影长度偏差（左右偏差）称为横向贯通误差，如图 7-3 所示。

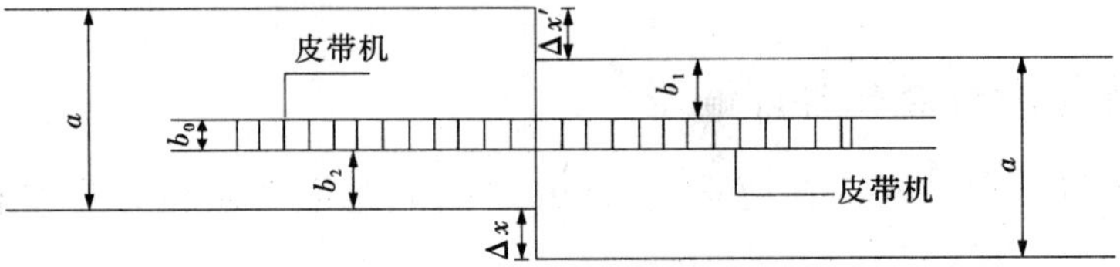

图 7-3　皮带机巷道的容许偏差

（3）在竖直平面内垂直于巷道腰线上的投影长度偏差（上下偏差）称为高程贯通误差，如图 7-4 所示。

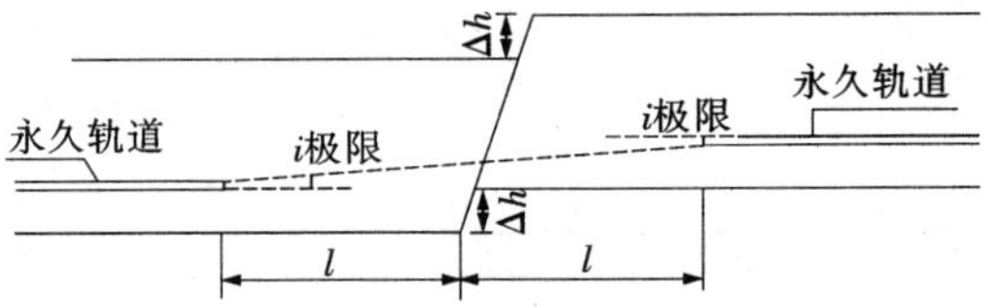

图 7-4　贯通的腰线容许偏差

纵向贯通误差仅影响巷道中线的长度，对巷道的质量影响不大，因此要求并不高。而横向贯通误差和高程贯通误差直接影响贯通工程的质量，如果超出一定的范围，会造成很大的经济损失，造成贯通工程的返工、延误工期。所以在贯通测量中又把横向贯通误差和高程贯通误差称为重要方向上的误差，对其有具体的限差规定。贯通测量误差预计也主要是分析贯通点在重要方向上所产生的误差大小。

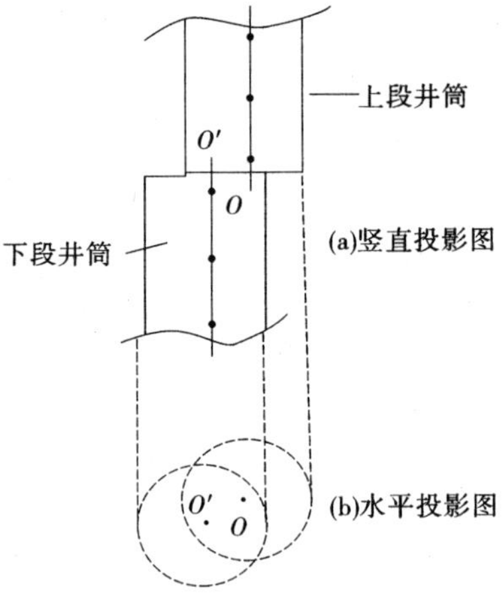

图 7-5　立井贯通偏差

对于立井贯通，影响贯通质量的是横向贯通误差（平面位置偏差），即在水平面内上下两段待贯通的井筒中心线之间的偏差，如图 7-5 所示。

由于贯通测量中不可避免地带有误差，因此巷道贯通实际上总是存在偏差的。如果巷道贯通接合处的偏差达到某一数值，但仍不影响巷道的正常使用，则称该偏差值为贯通的容许偏差。这种容许偏差的大小是随工程的性质和需要而定的。

井巷贯通的容许偏差值，由矿井技术负责人和测量技术负责人根据井巷用途、类型及运输方式等不同来共同研究确定。以上三种类型井巷贯通的容许偏差值见表 7-1。

表 7-1　井巷贯通的容许偏差

贯通种类	贯通巷道名称及特点		在贯通面上的容许偏差	
			两中线之间	两腰线之间
第一类	同一矿井内贯通巷道		0.3	0.2
第二类	两井之间贯通巷道		0.5	0.2
第三类	立井贯通	先用小断面开凿，贯通之后再刷大至设计全断面	0.5	—
第三类	立井贯通	用全断面开凿并同时砌筑永久井壁	0.1	—
第三类	立井贯通	全断面掘砌，并在破保护岩柱之前预先安装罐梁罐道	0.02～0.03	—

贯通巷道的容许偏差值，也可以用计算方法来确定。

（1）如图 7-4 所示，轨道运输平巷贯通时，横向贯通误差和高程贯通误差的容许偏差值可用下式计算：

$$\Delta x' = \frac{2lv}{s} \tag{7-1}$$

$$\Delta h = 2li_{极限} \tag{7-2}$$

式中　$\Delta x'$——中线的容许偏差值；

Δh——腰线的容许偏差值；

l——由完全铺好永久轨道的巷道到贯通相遇点的距离，即铺设临时轨道的距离，一般 $l=20\sim30$ m；

v——轨距与车轮距之间的容许差值，一般 $v=20$ mm；

s——电机车头的轴间距；

$i_{极限}$——贯通巷道实际坡度与设计坡度之间的容许差值，一般 $i_{极限}=0.002\sim0.003$。

【例 7-1】　已知 $l=20$ m，$v=20$ mm，$s=1.8$ m，$i_{极限}=0.003$，求 $\Delta x'$ 及 Δh。

解：

$$\Delta x' = \frac{2lv}{s} = \frac{2\times20\times0.020}{1.8} = 0.44(\mathrm{m})$$

$$\Delta h = 2li_{极限} = 2\times20\times0.003 = 0.12(\mathrm{m})$$

（2）如图 7-3 所示，皮带机巷道贯通时，巷道横向贯通误差的容许偏差值 $\Delta x'$ 可用下式计算：

$$\Delta x' = a-(b_0+b_1+b_2) \tag{7-3}$$

式中　a——贯通巷道的宽度；

b_0——皮带运输机的宽度；

b_1，b_2——皮带运输机边缘至巷道左帮和右帮的容许最小距离。

【例 7-2】　已知 $a=2.6$ m，$b_0=1.2$ m，$b_1=b_2=0.5$ m，求 $\Delta x'$。

解：

$$\Delta x' = a-(b_0+b_1+b_2) = 2.6-(1.2+0.5+0.5) = 0.4(\mathrm{m})$$

将例 7-1、例 7-2 与表 7-1 所列数据进行对比，可知表 7-1 中所列的贯通容许偏差值与用计算方法所求出的容许偏差值是基本一致的，其出发点都是为了保证在贯通之后的偏差不对运输安全等方面造成严重影响。

三、贯通测量工作的步骤及贯通测量设计书的编制

（一）贯通测量工作的步骤

贯通测量工作一般按下列程序进行。

（1）为贯通进行的测量准备工作：

①展绘井下经纬仪导线点。

②确定巷道贯通中心线。

③确定巷道开切地点。

④确定贯通测量方案。

⑤对于贯通距离较长的重要井巷，还应进行必要的贯通测量精度的估算工作。

（2）计算贯通几何要素。

贯通几何要素包括开切地点的坐标、巷道中心线的方位角 α 、指向角 β 、巷道的倾角 δ 、水平距离 D 和倾斜距离 S。计算方法有两种：

①图解法。在贯通距离较短，或巷道贯通精度要求较低时可以采用图解法，即巷道的方向、坡度和斜长，由设计图或施工图上直接量取。

②解析法。这是一种常用的方法，其实质就是测量中坐标反算法的应用。

（3）根据巷道的掘进速度、贯通距离、施工日期等，确定相向工作面的相遇点和贯通时间。

（4）实地标定贯通巷道的中心线和腰线。

（5）根据工程进度，及时延长巷道中线和腰线。巷道每掘进 100 m，必须用导线测量和高程测量的方法对中、腰线进行检查，及时填图，并根据测量结果及时调整中线和腰线的位置。最后一次标定贯通方向时，两个工作面间的距离不得小于 50 m。各种测量和计算都必须有可靠的检核。当两个工作面间的距离在岩巷中剩下 15 ~ 20 m、煤巷中剩下 20 ~ 30 m 时（快速掘进应于贯通前两天），测量负责人应以书面方式报告矿井总工程师，并通知安全检查部门及施工区队，要停止一头掘进及准备好透巷措施，以免发生不安全事故。

（6）巷道贯通后，应立即测量贯通的实际偏差值，同时将两边的导线连接起来，测量与计算各项闭合差、填绘平面图和断面图，并对最后一段巷道的中、腰线进行调整。

（7）重要贯通工程完成后，应对测量工作进行精度分析，作出技术总结。

（二）贯通测量设计书的编制

重要巷道的贯通测量应编制贯通测量设计书。贯通测量工作方案应当主要依据贯通工程的规模、精度要求、施工条件、仪器设备和技术条件等设计。其主要任务是选择合理的测量方案和测量方法。贯通测量设计书应上报审批。

贯通测量设计书可参照下列提纲编写。

1. 井巷贯通工程概况

收集贯通工程资料，了解贯通工程概况，主要包括井巷贯通工程的目的、任务和要求，工程规模，施工方法，贯通容许偏差值的确定，并附比例尺不小于 1 : 2 000 的井巷贯通工程平面图。

2. 贯通测量方案的选择

1) 地面控制联测

平面可以采用四等 GPS 卫星测量或四等导线测量。高程应当采用四等水准测量。

2) 近井点(近洞点)建立

近井点的建立应当在地面控制联测的基础上完成,其施测等级和方法可以与地面控制联测相同,点数为 2 ~ 3 个,传递方位的后视点距离应当大于 300 m,并应当预计点位误差。

3) 井下联测

井下联测应当根据贯通路线的长短采用不同等级的导线进行施测,具体导线测量等级的确定应当根据贯通测量方案设计要求进行。当井巷倾角小于 10°时,高程联测可以采用水准测量,并应当预计最终点点位误差。

4) 井下贯通测量方案的确定

确定井下起始点的坐标、起始边的坐标方位角和井下水准基点高程。通过对贯通测量相遇点的误差估算和分析,当预计的贯通偏差小于 0.5 倍的限差时,则可以确定贯通测量方案合理。

3. 贯通测量方案的实施

贯通测量方案主要包括井上下导线的联测、巷道开切眼的标定、掘进中线和腰线的标定、激光指向仪的安装与调试、贯通测量导线的延长、贯通前中线和腰线的调整、绘制贯通掘进大样图、贯通实际偏差的测定等。在实地进行贯通测量时,应严格按照贯通测量设计书的要求进行,并随时对实测精度进行评价,若低于设计要求,则应重新测量。同时,为了了解工程的进展情况,应绘制比例尺不小于 1 : 2 000 的贯通工程平面图,并且要及时填绘巷道的掘进情况。

4. 贯通测量误差预计

绘制比例尺不小于 1 : 2 000 的贯通测量设计平面图,在图上绘出与工程有关的巷道和地面及井下测量控制点,确定测量误差参数,并进行误差预计。采用 2 倍的中误差作为预计误差,预计误差不应超过规定的容许偏差值。当贯通测量的预计误差超过贯通误差的容许偏差值时,应修改测量方案或改进测量仪器来提高测量精度,不得已时,也可改变施工方案。

5. 贯通测量中应注意的问题和应采取的相应措施

贯通测量十分重要,必须保证井巷能按照设计要求准确接合,使实际偏差小于允许偏差。如果出现差错,将在人力、物力和时间上造成极大浪费。因此,对贯通测量设计、实测、计算、标定工作,都必须给予足够的重视。

(1) 注意原始资料的可靠性,起始数据应准确无误。

(2) 各项测量工作都要有可靠的检核,无论贯通大小,都要进行复测复算,其各项测量工作均应进行两次或两次以上,防止产生粗差。每次测角、量边、计算都要有检查措施。对于重要贯通工程,进行第二次测量时,最好换人观测。

(3) 精度要求很高的重要贯通,要采取提高精度的相应措施,首先要设法提高定向的精度;贯通导线应尽可能短,并尽量采用长边导线。

(4) 利用导线测量成果计算标定要素时,注意不能用错或抄错坐标值;实地标定时,注意不要用错测点。

(5)贯通巷道掘进过程中,要及时进行测量和填图,并根据测量成果及时检查和调整巷道掘进的方向和坡度。当贯通巷道间只剩下 15 ~20 m 岩巷或 20 ~30 m 煤巷(快速掘进应于贯通前两天)时,应书面报告矿井和掘进队技术负责人,并且绘制贯通掘进进度大样图,以便采取安全掘进措施。

(6)当贯通精度要求较高,而测量工作条件比较差,使得测量精度难以保证时,可以在适当的距离上,采取小导洞贯通,然后再刷大成型。

(7)在贯通测量中所使用的仪器,必须在施工前后和施工过程中定期进行检验与校正,确保仪器质量合格。

第二节　一井内巷道的贯通测量

一、概述

一井内巷道的贯通是指贯通测量的外业工作全部在一个矿井内完成。即通过测量一条井下导线,就可以联测到贯通点的两端。因此,一井内巷道的贯通质量主要取决于井下导线测量和井下高程测量的精度。其主要工作内容如下:

(1)了解巷道贯通的资料及贯通精度要求。

(2)选择最短测量路线和最佳测量环境。

(3)确定测量方案,即选择导线测量等级、仪器、误差估算、人员组织等。

例如,对于贯通精度平面要求小于±0.3 m 的巷道,贯通导线测量相遇点的点位估算中误差不应超过±0.15 m。其平面测量方案对于 1 km(指贯通导线测量总长度)以下的贯通可以选择井下Ⅱ级导线测量,采用 6″级经纬仪或 6″级电子全站仪观测;同样条件下 1 ~4 km 的贯通则应当选择井下Ⅰ级导线测量,采用 2″级经纬仪或 2″级全站仪观测。

(4)井下导线测量和井下高程测量。

(5)根据井下导线测量和井下高程测量成果计算贯通测量要素。包括贯通距 S、指向角 β、贯通倾角 δ 等。

(6)贯通测量工作的实施。

二、在两个已知点之间贯通平巷或斜巷

如图 7-6 所示,要在主巷和副巷之间贯通二号石门,并且分别由主巷的 A 点和副巷的 B 点相向开掘贯通。为此,要进行以下测量和计算工作。

(一)准备工作

由掘进点 A 至 B 布设井下经纬仪导线和水准路线或三角高程测量路线,具体测量方案和精度要求应当根据该贯通测量设计说明书进行,然后根据测量成果计算出 A、B 点的平面直角坐标 (x_A, y_A) 、(x_B, y_B) 和其高程 H_A 、H_B 。

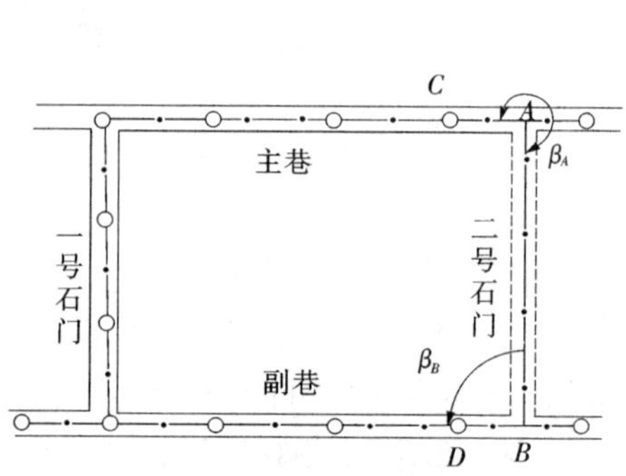

图 7-6　在主巷与副巷之间贯通二石门

(二)计算贯通测量的几何要素

(1)计算贯通巷道中心线的方位角 α_{AB}:

$$\alpha_{AB} = \arctan \frac{y_B - y_A}{x_B - x_A} = \arctan \frac{\Delta y_{AB}}{\Delta x_{AB}} \tag{7-4}$$

(2)计算 A、B 处的指向角 β_A 和 β_B 。由于经纬仪水平度盘的刻度均沿顺时针方向增加，所以在计算 A 点和 B 点的指向角 β 时，也按顺时针方向计算。

$$\left.\begin{aligned} \beta_A &= \alpha_{AB} - \alpha_{AC} \\ \beta_B &= \alpha_{BA} - \alpha_{BD} \end{aligned}\right\} \tag{7-5}$$

(3)计算 A、B 两点间的水平距离 D_{AB}：

$$D_{AB} = \frac{\Delta x}{\cos\alpha_{AB}} = \frac{\Delta y}{\sin\alpha_{AB}} = \sqrt{\Delta x_{AB}^2 + \Delta y_{AB}^2} \tag{7-6}$$

(4)计算贯通巷道的倾角：

$$\delta_{AB} = \arctan \frac{\Delta H_{AB}}{D_{AB}} \tag{7-7}$$

水平巷道 δ_{AB} 比较小，一般只是按流水坡度设计。

(5)计算 A、B 两点间的斜长 S_{AB}：

$$S_{AB} = \sqrt{D_{AB}^2 + h_{AB}^2} \tag{7-8}$$

对于水平巷道来说，AB 间的斜长与水平距离几乎相等。

上述计算可利用表 7-2 的格式进行。

表 7-2　标定数据计算表

计算者：　　　　　　检查者：　　　　　　日期：

y_B	78 325.314	x_B	395 157.435	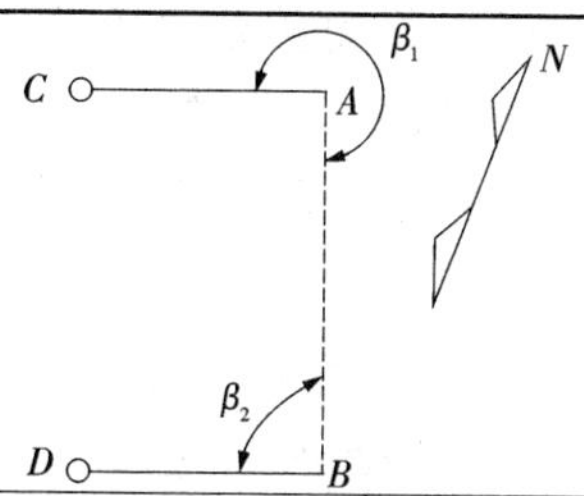	
y_A	78 284.723	x_A	395 293.580		
$\Delta y = y_B - y_A$	+40.591	$\Delta x = x_B - x_A$	−136.145		
$\tan\alpha_{AB} = \frac{\Delta y}{\Delta x}$	0.298 146	α_{AB}	163°23′54″		
$\sin\alpha_{AB}$	0.285 716	$\cos\alpha_{AB}$	0.958 314	$D_{AB} = \frac{\Delta x}{\cos\alpha_{AB}}$	142.067
α_{AC}	261°45′32″	α_{BD}	259°23′43″	$D_{AB} = \frac{\Delta y}{\sin\alpha_{AB}}$	142.067
$\beta_A = \alpha_{AB} - \alpha_{AC}$	261°38′22″	$\beta_B = \alpha_{BA} - \alpha_{BD}$	84°00′11″	$D_{AB} = \sqrt{\Delta x^2 + \Delta y^2}$	142.067

由表 7-2 可看出，当通过式(7-4)由 A、B 两点已知坐标反算坐标方位角 α_{AB} 时，要特别注意 $\Delta x_{AB} = x_B - x_A$ 和 $\Delta y_{AB} = y_B - y_A$ 的正负号来判断 $\overline{AB}$ 连线所在的象限，如表 7-3 所示。

表 7-3　判断 $\overline{AB}$ 连线所在象限

象限	Δ*x* 的正负号	Δ*y* 的正负号	*α* 的大小	方位角 *α* 与象限角 *R* 的关系	示 意 图
Ⅰ	+	+	$0° < \alpha < 90°$	$\alpha = R$	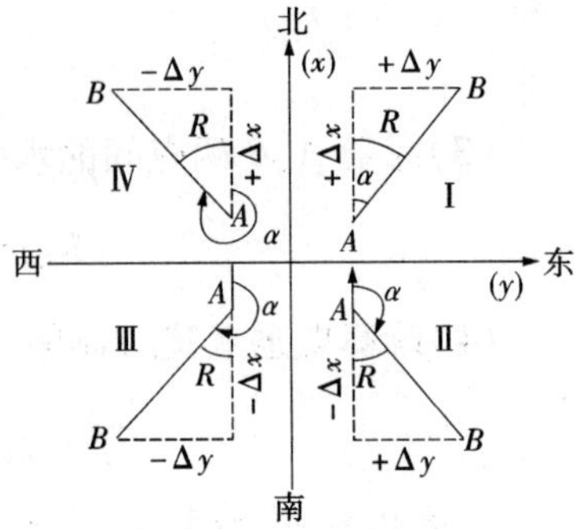
Ⅱ	−	+	$90° < \alpha < 180°$	$\alpha = 180° - R$	
Ⅲ	−	−	$180° < \alpha < 270°$	$\alpha = 180° + R$	
Ⅳ	+	−	$270° < \alpha < 360°$	$\alpha = 360° - R$	

(三)根据贯通几何要素标定贯通方向线

分别在 *A*、*B* 点安置经纬仪后视 *C*、*D* 点，按指向角 β_A、β_B 分别给出贯通巷道的中线，每组中线点应为 3 个，其点间距应当大于 5 m；用水准仪按倾角 δ_{AB} 分别在 *A*、*B* 处给出贯通巷道的腰线，每组腰线点应为 3 个，腰线点距设计底板的高度一般为 1 m，并且应当标设到两帮。当需要安装激光指向仪时，则应当提前安置好安装架和接线盒。这时其中线点位置和腰线点距设计底板的高度，可以按照激光点的实际高度，以书面形式告知施工队。

(四)做好检查调整工作

随着巷道贯通的掘进，还应当及时进行中线和腰线的检查、调整和延长测量，以及贯通偏差的测定与调整等测量工作。具体测量步骤及要求可以根据该巷道的《贯通测量工作技术设计说明书》中有关要求和本章第一节的有关内容进行。

(五)绘制掘进进度大样图

当贯通距在岩巷剩下 15 ~ 20 m、煤巷剩下 20 ~ 30 m 时，应当绘制贯通掘进进度大样图，并将其挂在调度室，由生产班组现场负责人按实际掘进进度，出井后在调度室进行填绘，以便进行贯通管理。其应用特点是：

(1)贯通掘进的进度、贯通距离、贯通相遇点的位置直观清楚，及时反映贯通巷道的掘进现状。

(2)便于生产调度管理和采取安全掘进生产措施。

(3)便于分清责任和技术管理。

具体绘制贯通掘进进度大样图的步骤和要求如下：

(1)选择贯通相遇点的位置和绘图的比例尺。一般可以根据每天或每班掘进的进度和贯通要求选择 1∶100 或 1∶200 的绘图比例尺。

(2)确定绘图方格网的边长。一般确定其实地边长为 1 m 或 2 m，如图 7-7 中取方格网的边长代表实地长为 2 m。

(3)在图上标定出贯通相遇点的位置和预掘进的方向。

(4)标定出逐日或逐班掘进的进度和时间。

(5)设计出各部门负责人的签阅位置和时间,如图 7-7 所示(实线表示已掘巷道,虚线表示待掘巷道)。

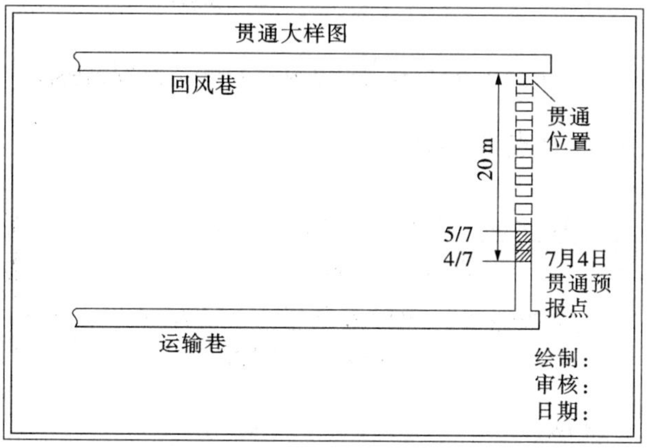

图 7-7　贯通大样图

(六)测定偏差

贯通后应当及时测定贯通相遇点的偏差,并且将偏差标定在贯通掘进进度大样图上,以便调整巷道施工的方向。

三、贯通巷道开切位置的确定

如图 7-8 所示,上、下平巷和一号下山已掘好,将在上平巷与下平巷之间贯通二号下山,该下山在下平巷中的开切地点 A 以及二号下山中心线的坐标方位角 α_{AP} 均已给出。要求在上平巷中确定开切点 P 的位置,以便在 P 点标定出二号小山的中、腰线,向下掘进进行贯通。

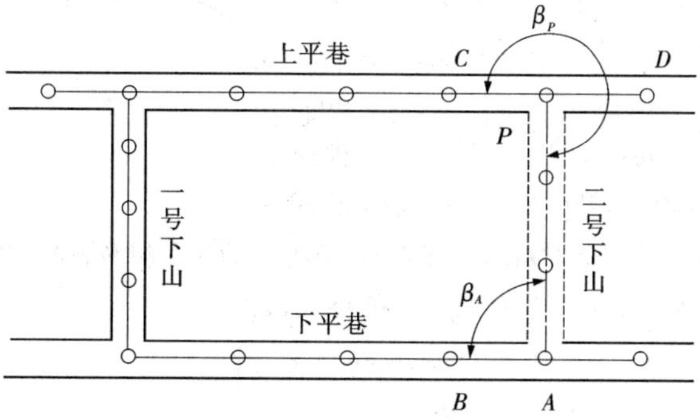

图 7-8　贯通巷道开切位置的确定

为此,需在上、下平巷之间经一号下山敷设经纬仪导线,并进行高程测量,以求得 A、B、C、D 各点的平面坐标和高程。设点时,A 点应设在二号下山的中心线上,设置 C、D 点时,应使 $\overline{CD}$ 边能与二号下山的中心线相交,其交点 P 即为欲确定的二号下山上端的开切点。这类贯通几何要素求解的关键是求出 P 点坐标和平距 D_{CP} 及 D_{DP} ,而 P 点是两条直线(导线边

$\overline{CD}$ 与二号下山中心线 AP)的交点。为了求得 P 点的平面坐标 x_P 及 y_P，可列出两条直线的方程式：

$$y_P - y_A = (x_P - x_A)\tan\alpha_{AP}$$

$$y_P - y_C = (x_P - x_C)\tan\alpha_{CP} = (x_P - x_C)\tan\alpha_{CD}$$

解此联立方程式，可得 P 点平面坐标：

$$\left.\begin{aligned} x_P &= \frac{x_C\tan\alpha_{CD} - x_A\tan\alpha_{AP} - y_C + y_A}{\tan\alpha_{CD} - \tan\alpha_{AP}} \\ y_P &= \frac{y_A\tan\alpha_{CD} - y_C\tan\alpha_{AP} + \tan\alpha_{CD}\tan\alpha_{AP}(x_C - x_A)}{\tan\alpha_{CD} - \tan\alpha_{AP}} \end{aligned}\right\} \tag{7-9}$$

计算水平距离 D_{CP} 和 D_{AP} ：

$$D_{CP} = \frac{y_P - y_C}{\sin\alpha_{CD}} = \frac{x_P - x_C}{\cos\alpha_{CD}} = \sqrt{(x_P - x_C)^2 + (y_P - y_C)^2}$$

$$D_{AP} = \frac{y_P - y_A}{\sin\alpha_{AP}} = \frac{x_P - x_A}{\cos\alpha_{AP}} = \sqrt{(x_P - x_A)^2 + (y_P - y_A)^2}$$

为了检核，可再求算 D 点到 P 点的平距 D_{DP} 并检查 $D_{CP} + D_{DP} = D_{CD}$，有了 D_{CP} 和 D_{DP}，即可在上平巷中标定出二号下山的开切点 P 。

在实际工作中，代入大量数据来解算联立方程式是比较烦琐的，因此一般多采用解三角形法来计算平距 D_{CP} 和 D_{DP} 。如图 7-9 所示，首先根据 A 和 C 两点的坐标反算 $\overline{AC}$ 的长度 D_{AC} 和坐标方位角 α_{AC}，再根据 $\triangle APC$ 的三条边的坐标方位角计算出三个内角 β'_A 、β'_P 和 β_C 的值，最后根据正弦定理按下式计算：

$$D_{CP} = D_{AC}\frac{\sin\beta'_A}{\sin\beta'_P}, \quad D_{AP} = D_{AC}\frac{\sin\beta_C}{\sin\beta'_P}$$

同理可计算出 $\triangle APD$ 中的 D_{AP} 和 D_{DP} 作为检核。

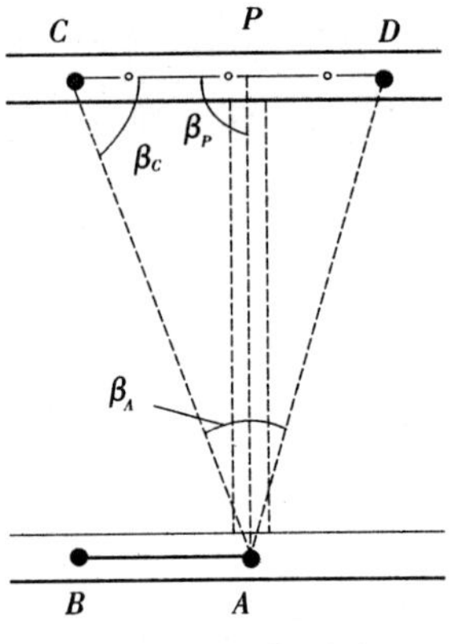

图 7-9　解三角形法

此外，也可导出由 A、C(或 D)两点的坐标及 AP 、CP (即 CD)坐标方位角直接计算 D_{AP} 和 D_{CP} (或 D_{DP})的公式，即

$$\left.\begin{aligned} D_{CP} &= \frac{\sin\alpha_{AP}(x_C - x_A) - \cos\alpha_{AP}(y_C - y_A)}{\sin\alpha(\alpha_{CD} - \alpha_{AP})} \\ D_{AP} &= \frac{\sin\alpha_{CD}(x_C - x_A) - \cos\alpha_{CD}(y_C - y_A)}{\sin(\alpha_{CD} - \alpha_{AP})} \end{aligned}\right\} \tag{7-10}$$

最后计算指向角 β (见图 7-9)：

$$\beta_A = \angle BAP = \alpha_{AP} - \alpha_{AB}$$

$$\beta_P = \angle CPA = \alpha_{PA} - \alpha_{DC}$$

表 7-4 为求贯通开切点 P 的实例。

表 7-4　求贯通开切点 P

公式

$$D_{AP}=\frac{(x_C-x_A)\sin\alpha_{CP}-(y_C-y_A)\cos\alpha_{CP}}{\sin(\alpha_{CP}-\alpha_{AP})}$$

$$D_{CP}=\frac{(x_C-x_A)\sin\alpha_{AP}-(y_C-y_A)\cos\alpha_{AP}}{\sin(\alpha_{CP}-\alpha_{AP})}$$

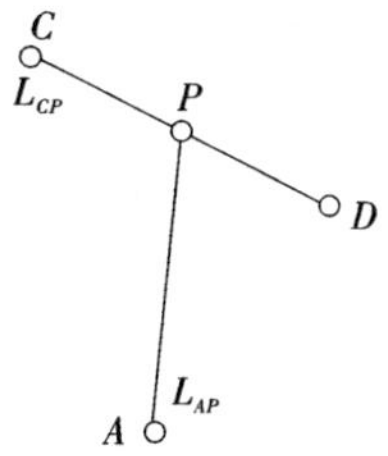

1	x_C	1 557.664	2	y_C	5 162.642
3	x_A	1 431.944	4	y_A	5 255.486
5	x_C-x_A	125.720	6	y_C-y_A	-92.844
7	α_{CP}	49°33′20″	8	α_{AP}	330°00′00″
9	$\sin\alpha_{CP}$	0.761 035	10	$\sin\alpha_{AP}$	0.500 000
11	$\cos\alpha_{CP}$	0.648 710	12	$\cos\alpha_{AP}$	0.866 025
13	$(x_C-x_A)\sin\alpha_{CP}$	95.677	14	$(x_C-x_A)\sin\alpha_{AP}$	-62.860
15	$(y_C-y_A)\cos\alpha_{CP}$	-60.229	16	$(y_C-y_A)\cos\alpha_{AP}$	-80.405
17	13—14	155.906	18	15—16	17.545
19	$\alpha_{CP}-\alpha_{AP}$	79°33′20″	20	$\sin(\alpha_{CP}-\alpha_{AP})$	6.983 431
21	$D_{AP}=\frac{17}{20}$	158.532	22	$D_{CP}=\frac{18}{20}$	17.841

四、溜煤眼贯通的解算

为了解决采区煤炭运输问题，需要从皮带机上山向阶段石门按设计坡度 $i=\tan\delta$ 开掘溜煤眼，如图 7-10 所示。若溜煤眼上口的位置已定（石门中的 1 号点），要求确定溜煤眼下口在皮带机上山中的 M 点的位置，并计算标定所需数据。皮带机上山中的导线点 2 和 3 以及溜煤眼上口导线点 1 的坐标及高程均为已知。这个贯通问题求解的数学模型，便是求空间圆锥与直线的交点，圆锥的顶点在 1，圆锥母线的倾角等于溜煤眼的设计倾角 δ；直线为皮带机上山的中心线 2—3。显而易见，此立体几何问题可能有两个解，即直线 2—3 可能与圆锥面有两个交点，应根据工程实际情况及需要从两组解中选取一组作为贯通问题的最终解，其解算方法如下。

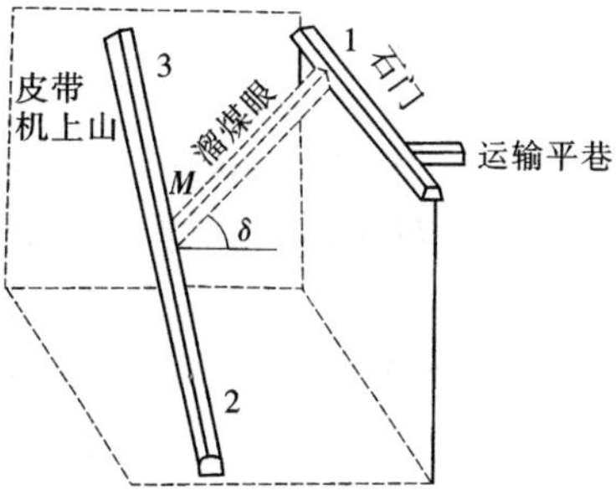

图 7-10　溜煤眼贯通

（一）确定 M 点的坐标（x_M,y_M,H_M）

由过 2、3 两点向量（x_3-x_2,y_3-y_2,H_3-H_2）与过 2、M 两点向量（x_M-x_2,y_M-y_2,H_M-H_2）共线得

$$\frac{x_M-x_2}{x_3-x_2}=\frac{y_M-y_2}{y_3-y_2}=\frac{H_M-H_2}{H_3-H_2}=t \tag{7-11}$$

(1)设 $r = x_3 - x_2, s = y_3 - y_2, p = H_3 - H_2$。

(2)用下式求出 a、b、c 值:

$$\left.\begin{aligned} a &= (r^2 + s^2)\tan^2\delta - p^2 \\ b &= [2r(x_2 - x_1) + 2s(y_2 - y_1)]\tan^2\delta - 2p(H_2 - H_1) \\ c &= [(x_2 - x_1)^2 + (y_2 - y_1)]\tan^2\delta - (H_2 - H_1)^2 \end{aligned}\right\} \tag{7-12}$$

(3)将 a、b、c 值代入下式求得 t 值(两个解):

$$t = -\frac{-b \pm \sqrt{b^2 - 4ac}}{2a} \tag{7-13}$$

(4)将 t 值代入下式,即可求得 M 点坐标:

$$\left.\begin{aligned} x_M &= x_2 + t(x_3 - x_2) \\ y_M &= y_2 + t(y_3 - y_2) \\ H_M &= H_2 + t(H_3 - H_2) \end{aligned}\right\} \tag{7-14}$$

(5)将求得的两组 M 坐标值(因 t 有两个值,即直线 2—3 与圆锥面有两个交点)代入下式进行验算,最后取一组适当的 M 坐标值,验算公式为

$$\tan\delta = \frac{H_1 - H_M}{\sqrt{(x_1 - x_M)^2 + (y_1 - y_M)^2}} \tag{7-15}$$

(二)根据 1 点和 M 点的坐标与高程,求溜煤眼的标定数据

其方法与前面讲述的在两个已知点之间贯通斜巷相同。

如图 7-10 所示,已知:

点 1 $\begin{cases} x_1 = 234.656 \\ y_1 = 266.621 \\ H_1 = 1\ 747.016 \end{cases}$ 点 2 $\begin{cases} x_2 = 223.129 \\ y_2 = 293.696 \\ H_2 = 1\ 714.333 \end{cases}$ 点 3 $\begin{cases} x_3 = 241.399 \\ y_3 = 256.316 \\ H_3 = 1\ 723.427 \end{cases}$

溜煤眼的设计倾角 $\delta = 55°$。

解算:$r = x_3 - x_2 = 18.270$ $r^2 = 333.792\ 9$

$s = y_3 - y_2 = -37.380$ $s^2 = 1\ 397.264\ 4$

$P = H_3 - H_2 = 9.094$ $P^2 = 82.700\ 8$

$\tan\delta = \tan 55° = 1.428\ 148\ 0$ $\tan^2\delta = 2.039\ 606\ 7$

将上列数值代入式(7-12),求得 a、b、c 值

$$a = 3\ 447.875, \quad b = -4\ 393.062, \quad c = 697.973$$

由式(7-13)求得:

$$t_1 = 0.186\ 058, \quad t_2 = 1.088\ 088\ 5$$

由式(7-14)解得 M 点的两组坐标值:

第一组 $x_{M_1} = 226.528$, $y_{M_1} = 286.741$, $H_{M_1} = 1\ 716.025$

第二组 $x_{M_2} = 243.008$, $y_{M_2} = 253.023$, $H_{M_2} = 1\ 724.228$

采用式(7-15)进行验算:

第一组 $\tan\delta_1 = \dfrac{H_1 - H_{M_1}}{\sqrt{(x_1 - x_{M_1})^2 + (y_1 - y_{M_1})^2}} = 1.428\ 1$

$\delta = 55°$ (与设计要求相符)

第二组 $\tan\delta_2 = \dfrac{H_1 - H_{M_2}}{\sqrt{(x_1 - x_{M_2})^2 + (y_1 - y_{M_2})^2}} = 1.428\ 1$

$\delta = 55°$ （与设计要求相符）

最后，根据工程的实际需要，取第二组（M_2）坐标值进行溜煤眼贯通。

五、带有一个弯道的巷道贯通

在实际工作中，待贯通的巷道有时较复杂，既有坡度的变化，又常常有弯道（井下通常是圆曲线巷道），而贯通相遇点有时也可能就碰在弯道上或其附近。这时，贯通测量标定的数据计算也要复杂一些。下面通过一个实例来说明解算过程。

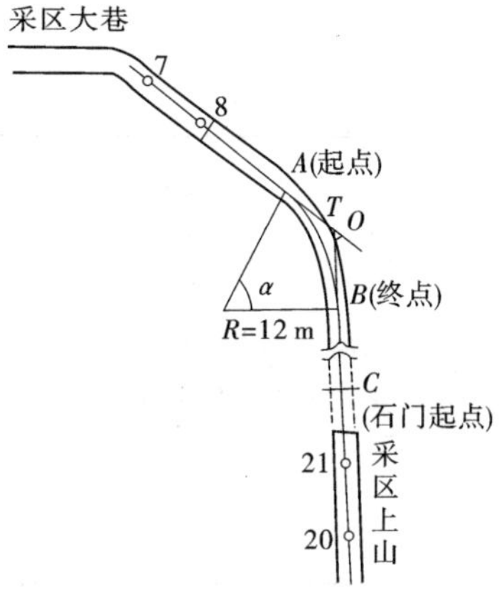

图 7-11　一井内带弯道的巷道贯通

图 7-11 所示为采区上山与采区大巷的贯通中各巷道之间的关系。设计要求采区上山（倾角 $\delta = 12°$）向下掘进到采区大巷水平（-120 m）后，继续沿原采区上山方向掘进石门（坡度 $i = 0‰$），石门与采区大巷之间尚需通过一段半径 $R = 12$ m 的圆曲线弯道才能贯通。

通过在已掘进的采区上山和采区大巷中的经纬仪导线测量和高程测量，求得测点坐标如下：

采区大巷一端

$$x_8 = 9\ 734.529\ \text{m},\quad y_8 = 7\ 732.511\ \text{m},\quad \alpha_{7-8} = 3°46'57''$$

$H_8 = -121.931$ m（测点 8 位于巷道中心线的顶板上，高出轨面 2.613 m，即轨面标高为 -124.544 m）

采区上山一端

$x_{21} = 9\ 879.227$ m，$y_{21} = 7\ 917.675$ m，$\alpha_{20-21} = 236°17'03''$

$H_{21} = -129.439$ m（测点 21 位于采区上山中心线的巷道顶板上，高出腰线点 1.240 m，腰线点距轨面法线高 1 m）

解算步骤如下：

（1）求两个巷道相交时尚需掘进的距离 D_{8-O} 和 D_{21-O}，具体解算见表 7-5。表格中公式和符号是固定的通用式，解算时可将具体测量的编号填在草图的括号中。由表可得

$$D_{8-O} = 22.159\ \text{m},\quad D_{21-O} = 220.849\ \text{m}$$

（2）计算弯道转角 α 和切线长 T：

$$\alpha = \alpha_{21-20} - \alpha_{7-8} = 56°17'03'' - 3°46'57'' = 52°30'06''$$

$$T = R\tan\frac{\alpha}{2} = 12 \times \tan 26°15'03'' = 5.918(\text{m})$$

（3）计算大巷点 8 到弯道起点 A 的长度：

$$D_{8-A} = D_{8-O} - T = 16.241\ \text{m}$$

（4）计算采区上山的剩余长度和石门起点 C 到弯道终点 B 的长度，为此应先求出测点 8 与轨面和测点 21 与轨面的高差：

$$H_{8轨} = -121.931 - 2.613 = -124.544(\text{m})$$

$$H_{21轨} = -129.439 - 1.240 - \frac{1}{\cos 12^\circ} = -131.701(\mathrm{m})$$

$$h_{8-21} = -131.701 - (-124.544) = -7.157(\mathrm{m})$$

采区上山剩余长度(平距)为

$$D_{21-C} = \frac{h}{\tan\delta} = \frac{7.157}{\tan 12^\circ} = 33.671(\mathrm{m})$$

石门起点 C 到弯道终点 B 的长度为

$$D_{CB} = D_{21-O} - D_{21-C} - T = 181.260\ \mathrm{m}$$

表 7-5 贯通计算

公式：

$$D_{AP} = \frac{(x_A - x_B)\sin\alpha_{BP} - (y_A - y_B)\cos\alpha_{BP}}{\sin(\alpha_{AP} - \alpha_{BP})}$$

$$D_{BP} = \frac{(x_A - x_B)\sin\alpha_{AP} - (y_A - y_B)\cos\alpha_{AP}}{\sin(\alpha_{AP} - \alpha_{BP})}$$

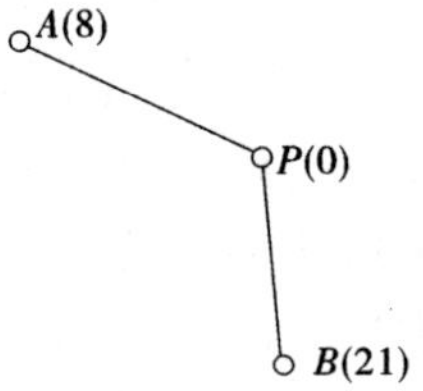

1	x_A	9 734.529	2	y_A	7 732.511
3	x_B	9 879.227	4	y_B	7 917.675
5	$x_A - x_B$	-144.698	6	$y_A - y_B$	-185.164
7	α_{AP}	3°46′57″	8	α_{BP}	236°17′03″
9	$\sin\alpha_{AP}$	0.065 969	10	$\sin\alpha_{BP}$	-0.831 800
11	$\cos\alpha_{AP}$	0.997 822	12	$\cos\alpha_{BP}$	-0.555 074
13	$(x_A - x_B)\sin\alpha_{AP}$	-9.546	14	$(x_A - x_B)\sin\alpha_{BP}$	120.360
15	$(y_A - y_B)\cos\alpha_{AP}$	-184.761	16	$(y_A - y_B)\cos\alpha_{BP}$	102.780
17	13—15	175.215	18	14—16	17.580
19	$\alpha_{AP} - \alpha_{BP}$	127°29′54″	20	$\sin(\alpha_{AP} - \alpha_{BP})$	0.793 371
21	$D_{BP} = \frac{17}{20}$	220.849	22	$D_{AP} = \frac{18}{20}$	22.159

(5)计算弯道的弦长 l 和转角 β，如图 7-12 所示。设 $n = 2$，则

弦长为

$$l = 2R\sin\frac{\alpha}{2n} = 2 \times 12 \times \sin\frac{52^\circ 30'06''}{4} = 5.450(\mathrm{m})$$

转角为

$$\beta_A = \beta_B = 180^\circ + \frac{\alpha}{2n} = 193^\circ 07'32''$$

$$\beta_1 = 180^\circ + \frac{\alpha}{n} = 206^\circ 15'03''$$

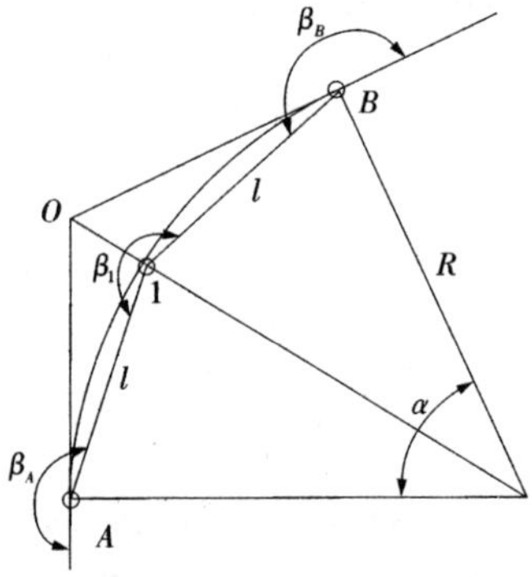

图 7-12 弯道的计算

(6)计算整个设计导线,使坐标闭合以检查计算的正确性,见表 7-6。

表 7-6　设计导线坐标计算

点号	水平角 $\beta_{左}$ (° ′ ″)	方位角 α (° ′ ″)	边长 D(m)	坐标增量		坐标		点号
				Δx (m)	Δy (m)	x (m)	y (m)	
		03 46 57						
8	180 00 00					9 734.529	7 732.511	8
		03 46 57	16.241	16.206	1.071			
A	193 07 32					9 750.735	7 733.582	A
		16 54 29	5.450	5.214	1.585			
1	206 15 03					9 755.949	7 735.167	1
		43 09 32	5.450	3.976	3.728			
B	193 07 31					9 758.925	7 738.895	B
		56 17 03	181.260	100.613	150.772			
C	180 00 00					9 859.538	7 889.667	C
		56 17 03	33.671	18.690	28.008			
21						9 879.228	7 917.675	21

整个解算正确以后,即可按照曲线巷道给向的方法,依据设计导线逐步地在实地标定巷道的方向和坡度。标定时应严格按照解算的数据进行。掘进一段后应进行检查测量,如发现偏差,应及时纠正,以保证巷道的正确贯通。

第三节　两井间巷道的贯通测量

两井间的巷道贯通,是指在巷道贯通前不能由井下的一条起算边向贯通巷道的两端敷设井下导线的贯通。

相对于一井内贯通测量工作,两井间的贯通测量步骤和内容都更多一些,它除包括一井内贯通测量的所有工作外,还需要进行地面的连接控制测量、矿井联系测量等工作。因此,进行两井间的贯通测量一般为大型贯通测量。

从两井间巷道的贯通测量的工作量和难易程度上来说,两竖井之间为最大,两斜井之间次之,两平硐之间相对简单一些。此外,还有竖斜井之间、平斜井之间等类型的贯通。

为保证两井之间巷道的正确贯通,两井的测量数据必须统一,即采用同一坐标系统。所以,这类贯通的特点是两井都要进行联系测量,并在两井之间进行地面测量和井下测量,因而积累的误差一般较大,必须采用更精确的测量方法和更严格的检查措施。下面通过两立井间贯通斜巷的例子来说明如何进行这类贯通测量工作。

图 7-13 为某矿中央回风上山贯通的立体示意图。该矿用立井开拓。主副井在-425 m 水平开掘井底车场和水平大巷。风井在-70 m 水平开掘总回风巷。中央回风上山位于矿井的中部,采用相向掘进,由-425 m 水平井底车场 12 号璇岔绕道起,按一定的倾角向上掘进,并同时由-125 m 水平的 2000 石门处向下掘进。

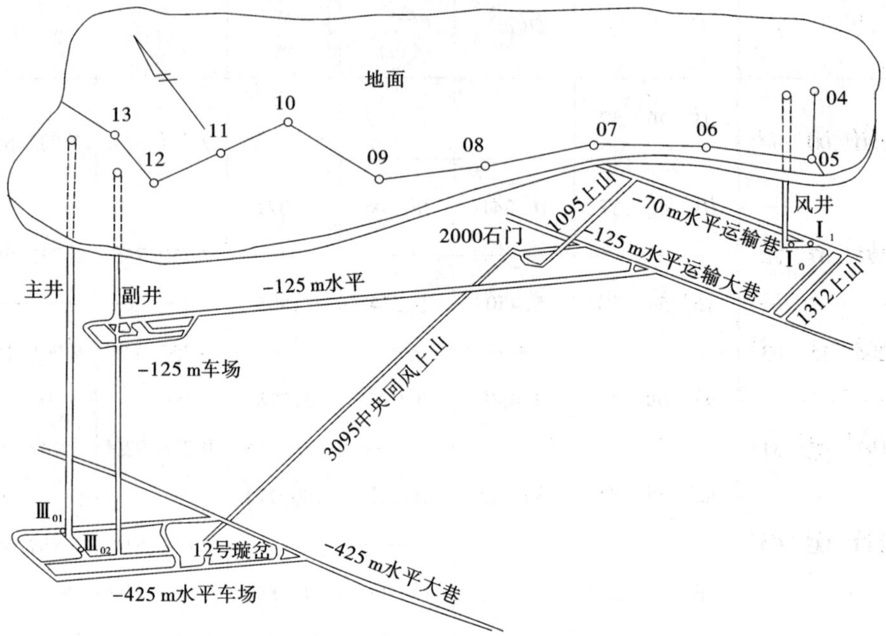

图 7-13　两竖井间中央回风上山贯通的立体示意图

从井巷布置条件来看,可能有两条贯通测量路线(两个方案)供选择。

第一条路线(第一方案):由主副井向-425 m 水平进行联系测量。测得井下 $Ⅲ_{01}$—$Ⅲ_{02}$ 边的坐标方位角及 $Ⅲ_{01}$ 点的坐标和高程,由此敷设导线及高程测量到中央回风上山的下端。由风井向-70 m 水平进行一井定向和导入高程测量,并向-70 m 水平车场的井下起始边 I_0—I_1 向 2000 石门敷设导线及高程测量到中央回风上山的上端。在地面上,主副井与风井之间进行联测。

第二条路线(第二方案):由主副井向-425 m 水平进行联系测量,并由井下起始边 $Ⅲ_{01}$—$Ⅲ_{02}$ 向中央回风上山的下端进行导线测量和高程测量,这一部分与第一方案相同。所不同的是不由风井向-70 m 水平进行联系测量,而由副井向-125 m 水平进行一井定向和导入高程测量,并沿-125 m 水平大巷进行导线测量和高程测量,到 2000 石门处的中央回风石门上端。这一方案因副井进行一井定向及-125 m 水平大巷中进行导线测量和高程测量的条件极差而未被采用,最终选用了第一方案。下面,对第一方案进行介绍。

(1)进行主副井与风井之间的地面联测。

两井间的地面联测可以采用导线、独立三角网或在原有矿区三角网中插点等方式,也可以采用 GPS(全球定位系统)定位,要求点位稳固、观测方便、便于保存。该矿由于地面比较平坦,采用了导线联测。先在主副井附近建立近井点 12 号点,在风井附近建立近井点 05 号点,再在 12 号点与 05 号点之间测设导线,并附合到附近的三角点上,作为检核。在两井之间还要进行四等水准测量,求出近井点的高程。

(2)主副井与风井分别进行矿井联系测量。

主副井采用陀螺定向或两井定向方法,由近井点 12 将方向和坐标传入井下,求出井下起始边 $Ⅲ_{01}$—$Ⅲ_{02}$的坐标方位角和井下定向基点 $Ⅲ_{01}$的坐标。风井采用陀螺定向或一井定向法,由近井点 05 将方向和坐标传入井下,求出井下起始边 I_0— I_1的坐标方位角和井下定向基点 I_1的坐标。同时,通过风井和副井进行导入高程测量,求出井下水准基点的高程。

矿井联系测量工作均需独立进行两次,以资检核。若在建井时期已经进行过精度能满足贯通要求的联系测量,而且井下基点牢固未动,可再进行一次,将两次成果进行对比,互差合乎要求,即可取加权平均值使用。

(3)井下导线和高程测量。

从-425 m 水平井底车场的井下起始边 $Ⅲ_{01}$—$Ⅲ_{02}$敷设导线到中央回风下山的下口,再从风井井底的井下起始边 I_0— I_1敷设导线到中央回风上山的上口。敷设导线要选择路线短、条件好的巷道。如果条件允许,导线应尽可能布设成闭合环形作为检核,支导线则必须独立施测两次。

高程测量在平巷中采用水准测量,斜巷中采用三角高程测量,分别测出中央回风上山的上口及下口处腰线点的高程。

(4)求算贯通巷道的方向和坡度,进行实地标定。

根据中央回风上山的上口处及下口处的导线点(导线点位于巷道的中线上)坐标及腰线点高程,反算出上山的方向和坡度,并与原设计值对比,当差值在容许范围之内时,则进行实地中线及腰线的标定。在中央回风上山的掘进过程中,应经常检查和调整掘进的方向和坡度,直至正确贯通。

两井之间的巷道贯通,由于涉及联系测量、地面和井下测量,积累的误差较大,尤其是两井间距离较大时更为明显。为保证贯通误差不超过容许值,对于大型重要贯通,要根据实际情况选择施测方案和测量方法,并进行贯通误差预计,这一问题将在后面第八章中加以论述。

第四节　立井贯通测量

立井的贯通就是利用两个以上的掘进工作面,将一条竖直巷道打通。其特点是各掘进工作面的中心坐标为同一个(X_0,Y_0)。因此,立井贯通测量的主要任务就是要在各个掘进工作面之间测设连接导线,并且以(X_0,Y_0)标定出井筒的掘进中心。相对而言,其贯通测量工作比较单一。但是当贯通精度要求比较高,而测量精度又不能完全保障时,可以考虑采用以下两种方法:

一是采用小断面掘进,当立井贯通后再按照设计的中心坐标将立井刷大成型。但是这种方法的工程进度比较慢,并且不利于设备的前期安装。

二是在有条件的情况下,可以由上部掘进工作面中心向下打钻,当钻孔打通后,就可以以此为依据,直接进行立井的贯通掘进。这种贯通掘进方法的特点是施工的工序比较多,资金投入比较大一些。

立井贯通最常见的有两种情况:一种是从地面及井下相向开凿的立井贯通,另一种是延深立井时的贯通。下面分别加以介绍。

一、从地面及井下相向开凿的立井贯通

如图 7-14 所示，在距离主副井较远的井田边界附近要新开凿三号立井，并决定采用从地上、下相向开凿方式贯通。一方面从地面向下开凿，另一方面同时由原运输大巷继续向三号井方向掘进，开凿完三号立井的井底车场后，在井底车场巷道中标定出三号井筒的中心位置，由此向上以小断面开凿反井，待与上部贯通后，再按设计的全断面刷大成井，当然也可以全断面相向贯通，但这样会对贯通精度要求更高，从而增大测量工作量和难度。

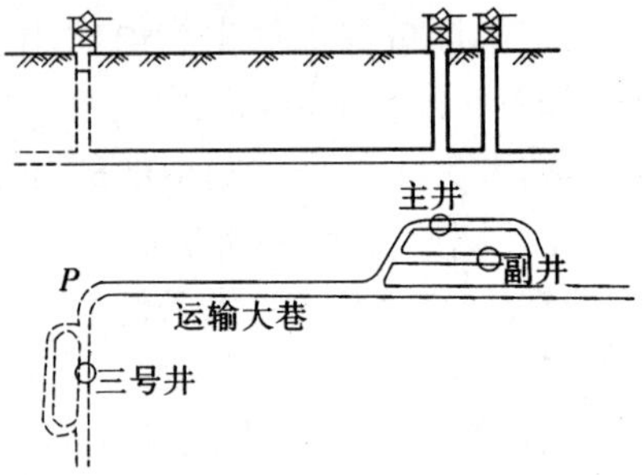

图 7-14　从地面及井下相向贯通三号立井

这时的测量工作内容简述如下：

（1）进行地面联测，建立主副井和三号井的近井点，求得相应的坐标数据。地面联测方案可视两井间的距离和地形情况以及矿上现有仪器设备条件而定。

（2）以三号井的近井点为依据，实际标出井筒中心（井中）的坐标（X_0，Y_0），指示井筒由地面向下开凿。

（3）通过主副井进行联系测量，确定井下导线起始边坐标方位角及起始点的坐标。

（4）在井下沿运输大巷测设导线，直到三号井井底车场出口 P 点。

（5）根据三号井的井底车场设计的巷道布置图，编制井底车场设计导线。由导线点 P 开始，按井底车场设计导线来标定出中、腰线，指示巷道掘进，并准确地标出三号井井筒中心 O 的位置，牢固地埋设好井中标桩及井筒十字中线基本标桩。此后便可开始向上以小断面开凿反井。

在立井贯通中，高程测量的误差对贯通的影响甚小，一般可以采用原有高程测量的成果并进行必要的补测。最后可根据井底的高程推算接井的深度，当上、下两端井筒掘进工作面接近到 10 ~ 15 m 时，要提前通知建井施工单位，停止一端的掘进工作，采取相应的安全技术措施。

在这类立井贯通时，尤其是全断面开凿一次成井的相向贯通，立井中心线的贯通容许偏差较小（见表 7-1），通常应事先进行贯通测量精度预计，做到心中有数，以免造成重大损失。

在立井贯通时，应特别注意水平方向上的偏差（横向贯通误差）。高程方向上的偏差（高程贯通误差）不直接影响贯通，测量高程的目的只是用来推算贯通的时间和地点。

二、延深立井时的贯通

如图 7-15 所示，一号井原来已掘进到一水平，现在要延深到二水平。由于一水平已通过大下山到达二水平，故决定采用贯通方式延深。为了不影响井筒的正常生产，上端由一水平掘进辅助下山，到达一号井井底下方，留设井底岩柱（通常高 6 ~ 8 m），标定出井筒中心 O_2，指示井筒由上向下开凿；同时，在二水平开掘一号井井底车场，标定出一号井井筒中心 O_3，指示井筒由下向上开凿。当立井井筒上、下两端贯通后，再去掉岩柱，从而使一号井由

一水平延深到二水平。就图 7-16 所示的立井延深贯通测量来说，其主要测量工作包括：

（1）在一水平测出一号井井筒底部在该水平的实际中心 O_1 点的坐标，而不能采用地面井中的坐标，更不能采用原来的设计井中坐标作为贯通的依据。因为井筒不可能完全铅直而是有可能变形，而延深的井筒是要和一水平的一号井井筒底部相接的。

（2）从一水平井底车场中的起始导线边开始，沿大巷和大下山测设导线到二水平，直到一号井井筒的下方，并在二水平标定出井筒中心 O_3 点，指示井筒由下向上开凿。

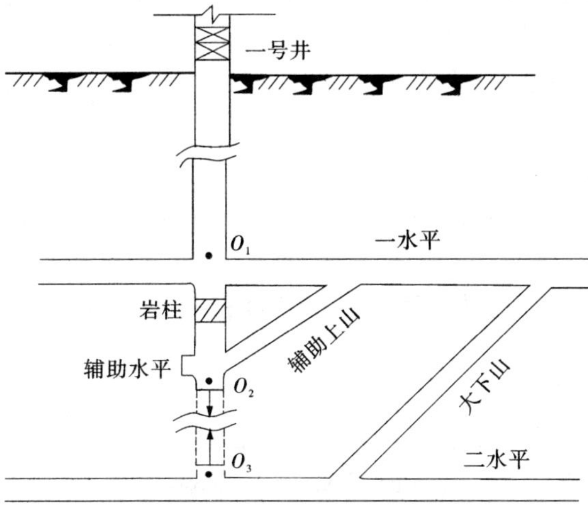

图 7-15　立井延深贯通测量

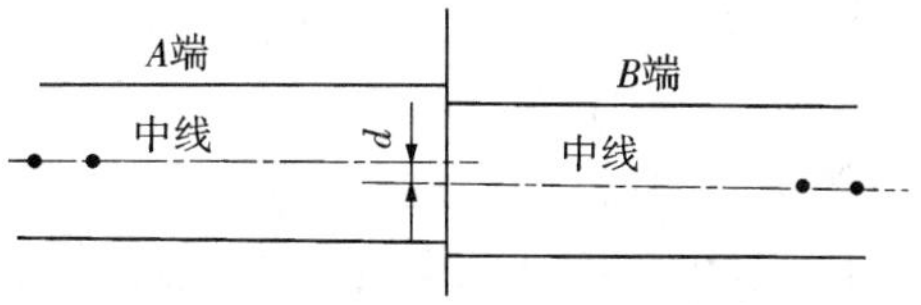

图 7-16　贯通巷道在水平面内的实际偏差

（3）从一水平井底车场中的起始导线边开始，沿大巷和辅助下山测设导线到达一号井岩柱下方，标定出井筒中心 O_2 点，指示井筒由上向下掘进。辅助岩柱下方的临时水平相连接处，通常都有小半径的弯道，导线边很短，必须十分注意经纬仪的对中，必要时，可采用“三联架”法，或者将导线点设置在巷道底板上，用经纬仪的光学对中器在点上对中。

（4）一号井筒延深部分的上、下两端相向掘进到只剩下 10～15 m 时，要书面通知有关单位，停止一端掘进作业，采取相应安全措施。上、下两端贯通后，再去掉岩柱。最终使一号井由一水平延深到二水平。

第五节　贯通后实际偏差的测定及中、腰线的调整

当巷道贯通后，应及时进行贯通误差的测定。实际偏差的测定是一项重要的工作，它具有以下意义。

（1）对巷道贯通的结果作出最后的评定。

（2）用实际数据检查测量工作的正确性，从而验证贯通测量方案和贯通测量误差预计的正确程度，以丰富贯通测量的理论和经验。

（3）通过贯通后的联测，可使两端原来没有闭合或附合条件的井下测量控制网有了可靠的检核和进行平差及精度评定的依据。

（4）作为贯通巷道中、腰线最后调整的依据。

所以《规程》中规定：井巷贯通后，应在贯通点处测量贯通实际偏差值，并将两端导线、

高程连接起来,计算各项闭合差。重要贯通的测量完成后,还应进行精度分析,并作出总结。总结要连同设计书和全部内、外业资料一起保存。

一、贯通后实际偏差的测定

(一)水平面内偏差的测定

测定贯通巷道在水平面内的偏差需要同时进行以下两项工作:

(1)用经纬仪把原来两端巷道的中心线都延长到巷道贯通接合面上,量出两中心线之间的距离 d,其大小就是贯通巷道在水平重要方向上的实际偏差,如图 7-16 所示。

(2)用经纬仪将巷道两端的导线进行联测闭合,求出闭合边的坐标方位角的差值和坐标闭合差,这些差值实际上也反映了贯通平面测量的精度。

(二)竖直平面内偏差的测定

(1)用水准仪测出或用小钢尺直接量出两端腰线在贯通接合面处的高差,其大小就是贯通在竖直面内的实际偏差。

(2)用水准测量或经纬仪三角高程测量联测两端巷道中的已知高程控制点(水准点或经纬仪导线点)。求出高程闭合差,它实际上也反映了贯通高程测量的精度。

(三)立井贯通后井中实际偏差的测定

立井贯通后,可由地面上或由上水平的井中处挂下中心垂球线到下水平,直接丈量出井筒中心之间的偏差值,即为立井贯通的实际偏差值。有时也可测绘出贯通接合处上、下两段井筒的横断面图,从图上量出两中心之间的距离,就是立井贯通的实际偏差。

立井贯通后,应进行定向测量,重新测定下水平井下导线边的坐标方位角和用来标定下水平井中位置的导线点的坐标,与原坐标的差值 Δx 和 Δy,以及导线点的点位偏差 $\Delta = \sqrt{\Delta x^2 + \Delta y^2}$,它也反映了立井贯通的精度。

二、贯通后巷道中、腰线的调整

测定巷道贯通后的实际偏差后,还需对中、腰线进行调整。

(一)中线的调整

巷道贯通后,如实际偏差在容许的范围之内,对次要巷道只需将最后几架棚子加以修整。对于运输巷道或砌碹巷道,可将距相遇点一定距离处的一端中线点 A 与另一端的中线点 B(见图 7-17)相连,以新的中线 $A-1'-2'-4'-3'-B$ 代替原来两端的中线 $A-1-2$ 和 $B-3-4$,以指导砌筑最后一段永久支护和铺设永久轨道。

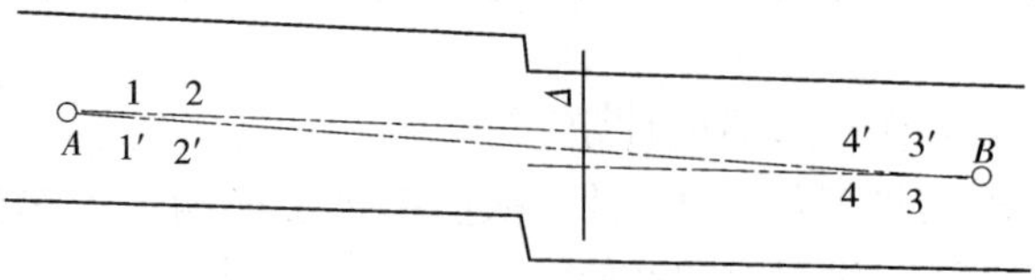

图 7-17　巷道贯通后中线的调整

(二)腰线的调整

巷道贯通后,若实测巷道两端的腰线高差(高程贯通误差 Δh)很小,可按实测高差和距离算出最后一段巷道的坡度,重新标定出新的腰线。在运输平巷中,如果贯通的高程偏差

Δh 较大，可适当延长调整坡度的距离。如图 7-18 所示，实测贯通高程偏差为 60 mm，由贯通相遇点向两端各后退 30 m，与该处的原有腰线点相连接，则得调整后的腰线，其坡度由原设计的 4‰变为 3‰。如果由 K 点向两端各后退 15 m，则调整后的腰线坡度为 2‰。在斜巷中，通常对腰线的调整要求不十分严格，可由掘进人员自行掌握调整。

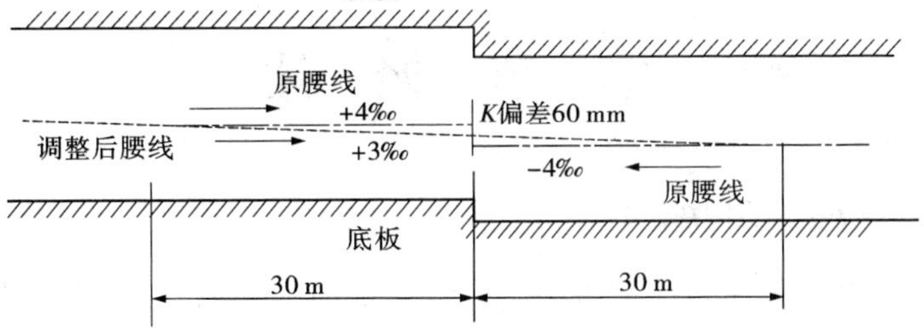

图 7-18　巷道贯通后腰线的调整

复习题

1. 什么是贯通？贯通掘进有何特点？

2. 贯通测量的步骤是什么？

3. 贯通分为几种类型？每种贯通需要进行哪些测量工作？

4. 如图 7-19 所示，当下山从 M 掘至 N 时，便向 P 沿倾斜煤层贯通下平巷。已知 $H_P = -200$ m，$H_M = -98.5$ m，平距 $D_{PN} = 300$ m，$D_{MN} = 100$ m，试计算 h_{MN}、H_N、h_{NP} 及 i_{NP}。

5. 图 7-20 所示为沿煤层贯通斜巷。已知开切点 A、B 的坐标 $x_A = 500$ m，$y_A = 500$ m，$x_B = 400$ m，$y_B = 600$ m，$\alpha_{10-11} = 46°40'$，$\alpha_{1-2} = 230°30'$。试计算 α_{AB}、D_{AB}、β_A、β_B、贯通斜距 S_{AB}。

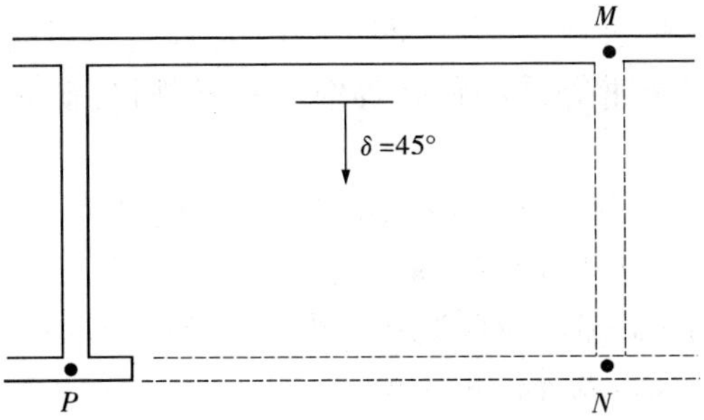

图 7-19　题 4 图

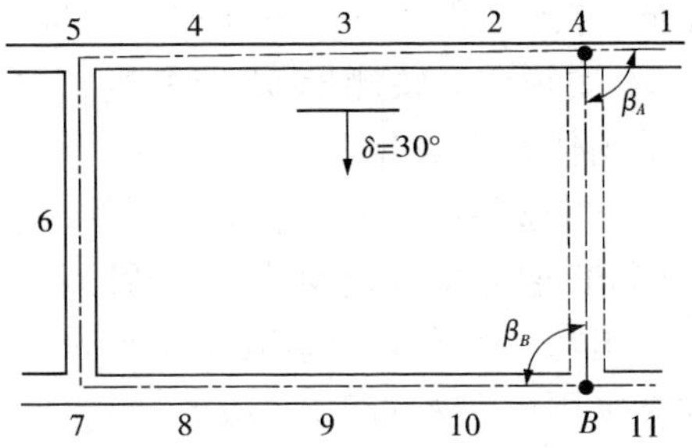

图 7-20　题 5 图

6. 立井贯通时的测量工作有什么特点？应注意什么问题？

7. 在贯通测量中如何测定和调整偏差？

8. 巷道贯通后应当如何测定和调整偏差？

9. 贯通测量的标定要素有哪些？

第八章 贯通测量方案的选择与误差预计

第一节 概 述

一、贯通测量设计书的编写

在矿山开采过程中，巷道贯通可以说是司空见惯的。一般来说，普通矿井每年有数十个大大小小的贯通工程。贯通测量是一项十分重要的测量工作，稍有不慎，就会给矿井生产带来不利影响，甚至酿成事故。尤其是重要的贯通工程，关系到整个矿井的建设和生产，所以必须认真地组织和实施。规模较小的普通巷道贯通可以不进行贯通测量方案设计，但在特大型贯通工程或重要贯通工程施测之前，矿山测量人员应编制贯通测量设计书，以此来指导贯通测量工作。特别重要的贯通工程的贯通测量设计书必须报上级（矿务局、矿建公司、基建公司或煤电公司等）批准之后，方能实施。

编制贯通测量设计书的主要任务在于，按照《规程》的要求并结合本矿的实际情况，选择经济合理的测量方案和切实可行的测量方法，从而达到安全、正确贯通的目的。

贯通测量设计书可按照下列内容编写：

（1）井巷贯通工程概况。包括井巷贯通工程实施的目的、任务和要求，巷道用途、掘进方式、支护方式、断面大小、预计竣工日期，贯通相遇点位置的确定等，并附比例尺不小于1：2 000的井巷贯通工程图。

（2）贯通测量方案的选定。包括贯通测量的起始数据情况、地面的平面控制测量和高程控制测量（GPS测量、导线测量、水准测量、三角高程测量）、矿井联系测量（几何定向、陀螺定向、导入高程）、井下平面控制测量和高程控制测量（导线测量、水准测量、三角高程测量）。主要说明导线测量、水准测量、三角高程测量等采用什么等级或技术规格，矿井联系测量采用什么方法等。

（3）贯通测量方法。包括采用的仪器工具、施测方法、限差要求、工作组织等。

（4）贯通测量误差预计。包括绘制比例尺不小于1：2 000的贯通测量设计平面图，在图上绘出与工程有关的巷道和井上下测量控制点；确定测量误差参数，并进行误差预计。预计误差采用中误差的2倍（或3倍），且应小于规定的允许偏差值。

（5）贯通测量中存在的问题和采取的措施。包括导线通过倾斜巷道时是否加经纬仪竖轴的倾斜改正问题、导线边长归化到投影水准面的改正问题、导线边长投影到高斯-克吕格平面的改正问题、贯通前的准备、贯通后的联测、贯通偏差的调整等。

在上述贯通测量设计书内容当中，贯通测量误差预计是非常重要的一环。所谓贯通测量误差预计，是指按照所选择的测量方案与测量方法，应用最小二乘法则及误差传播定律，对贯通精度的一种估算。它不是预计实际的贯通偏差大小，而是预计贯通偏差值出现的大小范围和可能性。所以，贯通误差预计只有概率上的意义。其目的在于选择最合理、最优化的测量方案、选择最适当的测量方法，让矿山测量人员在巷道贯穿之前就能做到心中有数。既避免盲目追求高精度增加测量工作量造成浪费，又避免心存侥幸降低精度酿成贯通测量事故。

本章将从以下几个方面讲述井巷的贯通误差预计：同一矿井内巷道贯通测量误差预计、两井间巷道贯通测量误差预计、竖井贯通测量误差预计，以及井下导线加测陀螺定向坚强边后的巷道贯通测量预计。

二、选择贯通测量方案及误差预计的一般方法

（一）了解情况，收集资料，初步确定贯通测量方案

在接受贯通测量任务之后，首先应向贯通工程的设计和施工部门了解有关工程的设计部署、工程要求限差和贯通可能的相遇地点等情况，并检查验算有关设计图纸的几何关系，确保施工设计图准确无误。其次应收集与贯通测量有关的测量资料，抄录必要的测量起始数据，了解其测量方法和达到的精度，并在图上绘出与工程有关的一切巷道和井上下测量的控制点、导线点、水准点等，为测量设计做好准备工作。然后就可以根据实际情况选择可能的测量方案。一开始可能会有几个方案，例如地面上采用GPS、测角网、测边网，还是导线，平面联系测量采用两井定向、一井定向，还是陀螺定向，如采用陀螺定向，则在井下导线中加测多少条陀螺定向边，加测在什么位置等。经过对几种方案的对比，根据误差大小、技术条件、工作量或成本大小、作业环境好坏等因素进行综合考虑，结合以往的实际经验，初步确定一个较优的贯通测量方案。

（二）选择适当的测量方法

测量方案初步确定后，选用什么仪器和哪种测量方法，规定多大的限差，采取哪些措施，都要逐一确定下来。这个选择是和误差预计相配合进行的，常常是有反复的过程。通常是根据本矿现有的仪器和常用的测量方法，凭以往的经验先确定其中一种，然后经过误差预计，才能确定最后的测量方法。对于大型重要贯通，有必要时也可以考虑向上级和兄弟单位求援，借用或租用先进的仪器，或由矿务局出面组织几个矿的测量人员分别独立进行测量，并把最终成果互相对比检核，以期更有把握。

（三）根据所选择的测量仪器和方法，确定各种误差参数

误差预计的参数可按以下先后顺序选择：

（1）采用本矿平时积累和分析得到的实际数据。

（2）比照同类条件的其他矿井的资料。

（3）采用有关测量规程中提供的数据。

（4）采用理论公式来估算各项误差参数。

上述四种方法可以结合使用，并相互对比，从而确定出最理想的误差参数。

表8-1为根据我国20多个矿务局提供的大量实测资料经综合分析后求得的测量误差参数，可供作误差预计时参考。

依据初步选定的贯通测量方案和各项误差参数，就可估算出各项测量误差引起的贯通相遇点在贯通重要方向上的误差。通过误差预计，不但能求出贯通的总预计误差的大小，而且可以知道哪些测量环节是主要误差来源，以便在修改测量方案与测量方法时有所侧重，并在将来实测过程中给予充分注意。

表 8-1 测量误差参数

<table>
<tr><th>测量种类</th><th colspan="2">误差参数名称</th><th>测量方法</th><th>参数值</th><th>说明</th></tr>
<tr><td rowspan="4">联系测量</td><td colspan="2">一井定向一次测量中误差</td><td>三角形连接法</td><td>35″</td><td></td></tr>
<tr><td colspan="2">两井定向一次测量中误差</td><td></td><td>18″</td><td></td></tr>
<tr><td colspan="2">陀螺定向一次测量中误差</td><td></td><td>15″</td><td></td></tr>
<tr><td colspan="2">导入高程一次测量中误差</td><td>钢尺法、钢丝法</td><td>$h/22\ 000$</td><td>h 为井筒深度</td></tr>
<tr><td rowspan="4">井下测角</td><td rowspan="2">仪器 J_2</td><td>一测回测角中误差</td><td>测回法</td><td>7″</td><td></td></tr>
<tr><td>两测回测角中误差</td><td>测回法</td><td>6″</td><td>一次对中</td></tr>
<tr><td rowspan="2">仪器 J_6</td><td>一测回测角中误差</td><td>测回法</td><td>20″</td><td></td></tr>
<tr><td>两复测测角中误差</td><td>测回法</td><td>15″</td><td>一次对中</td></tr>
<tr><td rowspan="2">钢尺量边
（平巷）</td><td colspan="2">量边偶然误差系数 a</td><td rowspan="2">基本控制导线的量边方法</td><td>0.000 3～0.000 5</td><td rowspan="2">在 $\delta>15°$ 的巷道中，a、b 系数取平巷的 2 倍</td></tr>
<tr><td colspan="2">量边系统误差系数 b</td><td>0.000 03～0.000 05</td></tr>
<tr><td>井下光电测距</td><td colspan="2">每条边的量边中误差</td><td>往返测取平均值</td><td>5 mm</td><td></td></tr>
<tr><td>井下水准测量</td><td colspan="2">每千米高差中误差</td><td>两次仪器高</td><td>15 mm</td><td></td></tr>
</table>

（四）贯通测量方案和测量方法的最终确定

将估算所得的贯通预计误差与设计要求的容许偏差进行比较，若预计误差小于容许偏差值，则初步确定的测量方案与测量方法是可行的。当然预计误差值过小也是不合适的。若预计误差超过了容许偏差，则必须调整测量方案或修改测量方法，再重新进行估算。通过逐渐趋近的方法，直到符合要求。针对某些特殊的贯通工程，在确有困难的情况下，可以向总工程师和设计部门提出，在施工中采取某些特殊技术措施或改变贯通相遇点位置。

在上述工作的基础上，根据测量方案最优、测量方法合理、预计误差小于容许偏差的原则，把测量方案与方法最终确定下来，编写出完整详细的贯通测量设计书，并以此指导贯通工程的施工。

第二节 同一矿井内巷道贯通的误差预计

所谓同一矿井内巷道贯通，指的是在一个矿井内各水平、各采区及各阶段之间或之内的巷道贯通。这类贯通只需进行井下的平面控制测量和高程控制测量，不必进行地面测量和矿井联系测量。所以，同一矿井内巷道贯通的误差预计也只是估算井下导线测量、井下水准测量和井下三角高程的误差对贯通偏差的影响。

在图 8-1 中，现欲在+100 平巷与+150 平巷之间掘进四号下山。为了加快施工进度，由两个掘进队相向掘进施工，根据两队的施工速度，估计最终在 K 点贯通。

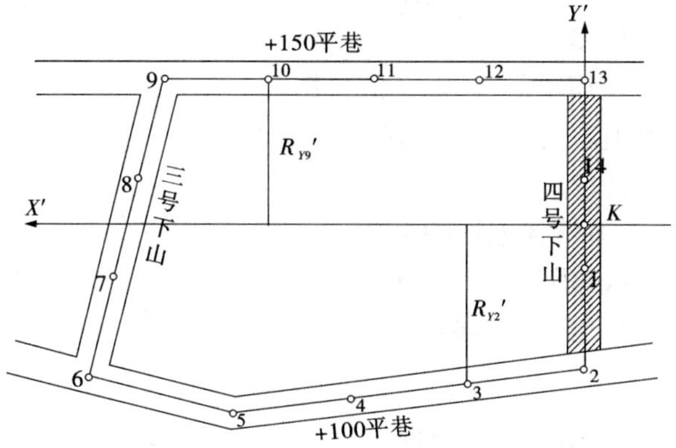

图 8-1　同一矿井内巷道测误差预计示意图

+100 平巷、+150 平巷和三号下山中已测有 30″级采区控制导线，+100 平巷、+150 平巷中已进行水准测量，三号下山中已进行三角高程测量。在未掘进巷道四号下山中计划进行 30″级采区控制导线和三角高程测量。

现以贯通相遇点 K 为原点，以垂直于贯通巷道的方向作为 X'轴，以贯通巷道中线方向作为 Y'轴，建立假定坐标系统。则 X'轴表示贯通的水平重要方向，我们需要预计 K 点在这一方向上的误差和竖直方向上的误差。

一、水平重要方向上的误差预计

在贯通之后，导线布设的形式是从 K 点开始再测回到 K 点的一条闭合导线（K—1—2…13—14—K），但在贯通之前实际上是一条支导线。所以预计水平重要方向上的贯通误差，实质上就是预计支导线终点 K 在 X'轴方向上的误差 $M_{X'K}$。

（1）由导线的测角误差引起 K 点在 X'方向上的误差为

$$M_{X'\beta} = \pm \frac{m_\beta}{\rho}\sqrt{\sum R_{Y'}^2} \tag{8-1}$$

（2）由导线的测边误差引起 K 点在 X'方向上的误差为

①光电测距时

$$M_{X'l} = \pm\sqrt{\sum \cos^2\alpha' m_l^2} \tag{8-2}$$

或

$$M_{X'l} = \pm \frac{m_l}{l}\sqrt{\sum d_X^2} \tag{8-3}$$

②钢尺量边时

$$M_{X'l} = \pm\sqrt{a^2 \sum l\cos^2\alpha' + b^2 L_X^2} \tag{8-4}$$

对本类贯通，$L_X = 0$，则有

$$M_{X'l} = \pm a\sqrt{\sum l\cos^2\alpha'}$$

式中　m_β——井下导线测角中误差；

$R_{Y'}$——K 点与各导线点连线在 Y' 轴上的投影长；

α'—— 导线各边与 X' 轴间的夹角；

m_l ——光电测距的量边误差，$m_l = \pm(A + Bl)$；

d_X—— 各导线边在假定的 X' 轴上的投影长；

a ——钢尺量边的偶然误差影响系数；

l ——导线各边的边长；

b ——钢尺量边的系统误差影响系数；

L_X—— 导线闭合线在假定的 X' 轴上的投影长。

(3)K 点在 X'方向上的预计中误差为

$$M_{X'K} = \pm\sqrt{M_{X'\beta}^2 + M_{X'l}^2} \tag{8-5}$$

若导线独立施测两次，则平均值中误差为

$$M_{X'K平} = \frac{M_{X'K}}{\sqrt{2}} \tag{8-6}$$

若独立施测 n 次，则平均值中误差为

$$M_{X'K平} = \frac{M_{X'K}}{\sqrt{n}} \tag{8-7}$$

(4)K 点在 X'方向上的预计贯通误差为

$$M_{X'K预} = 2M_{X'K平} \tag{8-8}$$

须说明的是，前述公式中 $R_{Y'}$ 、$l\cos^2\alpha'$ 和 L_X 三个量可以用作图的方法直接在贯通设计图上量取。如果按导线平均边长计算出了各边的边长测量相对中误差 $\frac{m_l}{l}$，则可以按式(8-3)计算，此时，各 d_X 的值也可在图上直接量取。

式(8-1)可以这样理解，如图 8-2 所示，当在 6 号点测角时，产生了一个测角误差 m_β，从而使导线在贯通面上的 K 点产生一个位移值 KK'至 K'点，这个位移值在贯通面上的投影(亦即对横向贯通误差的影响)为

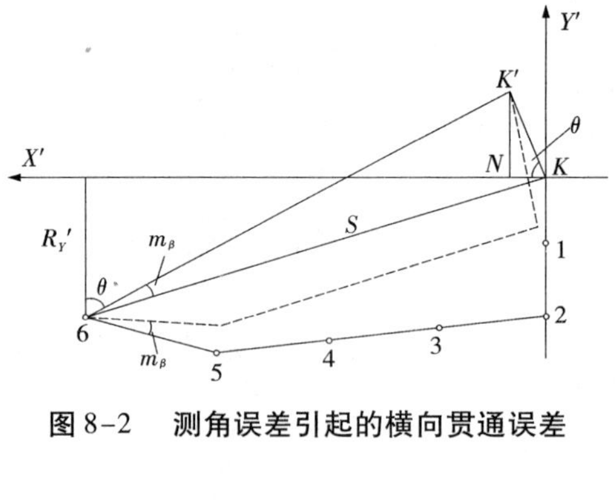

图 8-2　测角误差引起的横向贯通误差

$$m_{X'\beta} = \overline{KN} = \overline{KK'}\cos\theta$$

因　　$\overline{KK'} = \frac{m_\beta}{\rho}S$，　$R_{Y'} = S\cos\theta$，所以

$$m_{X'\beta} = \frac{m_\beta}{\rho}R_{Y'} \tag{8-9}$$

式(8-9)是在6号导线点上的测角中误差对横向贯通误差的影响。实际测量过程中，每个导线点上都有测角中误差。应用误差传播定律，就会得出式(8-1)。

而式(8-2)、式(8-3)则可以这样理解，如图8-3所示，如果在测量导线边2—3时产生了误差3—3′，从图中可以看出，这一测边误差所引起的横向贯通误差为

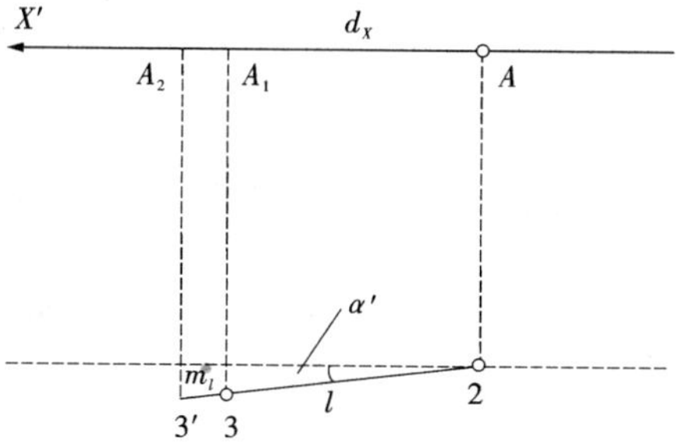

图8-3　测边误差引起的横向贯通误差

$$m_{X'l} = \overline{A_1A_2} = \frac{m_l}{l}d_X$$

因

$$\frac{d_X}{l} = \cos\alpha' \text{，所以}$$

$$m_{X'l} = \frac{m_l}{l}d_X = m_l\cos\alpha' \tag{8-10}$$

式(8-10)是导线边2—3的测边误差对横向贯通误差的影响。实际测量过程中，每条导线边都有测量误差。应用误差传播定律，就会得出式(8-2)或式(8-3)。

二、竖直方向上的误差预计

在图8-1中，贯通相遇点K在竖直方向上的误差是由+100平巷、+150平巷中的水准测量误差和三号下山、四号下山中的三角高程测量误差引起的。所以，可以按照水准测量和三角高程测量公式分别计算，然后求总误差。

(一)+100平巷、+150平巷中的水准测量误差

井下水准测量误差$M_{H水}$可按下列方法之一估算。

1. 按每千米水准路线的高差中误差估算

$$M_{H水} = m_{hL}\sqrt{R} \tag{8-11}$$

式中　m_{hL}——每千米水准路线的高差中误差，可按本矿实测资料分析求得或参照《规程》取值为$m_{hL} = \pm\frac{50}{2\sqrt{2}} = \pm 17.7$(mm/km)；

R——+100平巷和+150平巷中水准路线总长度，km。

2. 按理论公式估算

$$M_{H水} = m_0\sqrt{n}$$

式中　m_0——水准尺读数误差。

n——+100平巷和+150平巷中水准测量的总测站数。

（二）三号下山、四号下山中的三角高程测量误差

井下三角高程测量误差 $M_{H经}$ 可按下列方法之一估算。

1. 按每千米三角高程路线的高差中误差估算

$$M_{H经} = m_{hL}\sqrt{L} \tag{8-12}$$

式中　m_{hL} ——每千米三角高程路线的高差中误差，可按本矿实测资料分析求得或参照《规程》取值，为 $m_{hL} = \pm\frac{100}{2} = \pm 50(\mathrm{mm/km})$；

L——三号下山和四号下山中三角高程路线总长度，km。

2. 按理论公式估算

参照第二章的理论公式，可以计算出三角高程测量误差的影响（三角高程测量路线中每相邻两点的高差均对向观测，并取算术平均值）为

$$M_{H经} = \frac{1}{\sqrt{2}}\sqrt{\sum m_l^2\sin^2\delta + \frac{m_\delta^2}{\rho^2}\sum l^2\cos^2\delta + 2nm_v^2}$$

式中　m_δ ——倾角测量误差；

m_l ——测边误差；

m_v ——量取仪器高和觇标高的误差（设两者相等，都为 m_v）；

n ——测站数。

（三）K 点在高程上的预计中误差

K 点在高程上的预计中误差为

$$M_{HK} = \pm\sqrt{M_{H水}^2 + M_{H经}^2} \tag{8-13}$$

若独立施测两次，则平均值中误差为

$$M_{HK平} = \frac{M_{HK}}{\sqrt{2}} \tag{8-14}$$

如须独立施测 n 次，则平均值中误差为

$$M_{HK平} = \frac{M_{HK}}{\sqrt{n}} \tag{8-15}$$

（四）K 点在高程上的预计贯通误差

K 点在高程上的预计贯通误差为

$$M_{H预} = 2M_{HK平} \tag{8-16}$$

【例 8-1】　如图 8-1 所示，某矿现要贯通四号下山，贯通距离约长 420 m。贯通相遇点为 K 点，贯通导线沿 K—四号下山—+100 平巷—三号下山—+150 平巷—四号下山—K 布设成一闭合路线，导线总长约 2 045 m。其中+100 平巷长 645 m，+150 平巷长 554 m，三号下山长 426 m。求 K 点在水平重要方向（X'）及竖直方向上的贯通预计误差。

解：（1）预计 K 点在水平重要方向上的贯通误差。

作 1∶2 000 的贯通测量设计图，在图上量出 $R_{Y'}$ 和 $l\cos^2\alpha'$ 的值，并列入表 8-2 中。基本误差参数：平巷中 $m_\beta = \pm 30''$，$a_{平} = 0.000\ 8$，斜巷中 $a_{斜} = 0.001\ 6$。

①由导线测角误差引起 K 点在 X' 方向上的误差为

$$M_{X'\beta} = \pm\frac{m_\beta}{\rho}\sqrt{R_{Y'}^2} = \pm\frac{30}{206\ 565}\sqrt{432\ 800} = \pm 0.096(\mathrm{m})$$

②由+100 平巷和+150 平巷中导线的钢尺量边误差引起 K 点在 X' 方向上的误差为

$$M_{X'l平} = \pm a_{平}\sqrt{\sum l\cos^2\alpha'} = \pm 0.000\ 8\sqrt{1\ 366} = \pm 0.030(\text{m})$$

由三号下山和四号下山中导线的钢尺量边误差引起 K 点在 X' 方向上的误差为

$$M_{X'l斜} = \pm a_{斜}\sqrt{\sum l\cos^2\alpha'} = \pm 0.016\sqrt{9} = \pm 0.048(\text{m})$$

③K 点在 X' 方向上的预计中误差为

$$M_{X'K} = \pm\sqrt{M_{X'\beta}^2 + M_{X'l平}^2 + M_{X'斜}^2} = \pm\sqrt{0.096^2 + 0.030^2 + 0.048^2} = \pm 0.111(\text{m})$$

④为了检核，导线独立测量两次，则平均值的中误差为

$$M_{X'K平均} = \frac{M_{X'K}}{\sqrt{2}} = \pm\frac{0.111}{\sqrt{2}} = \pm 0.078(\text{m})$$

⑤K 点在水平重要方向上的预计贯通误差为

$$M_{X'K预} = 2M_{X'K平均} = \pm 0.078 \times 2 = \pm 0.156(\text{m})$$

K 点在水平重要方向上的预计误差明显小于 0.5 m 的贯通容许偏差。

表 8-2　$\sum R_{Y'}^2$ 和 $l\cos^2\alpha'$ 值量算　（单位：m）

点　号	$R_{Y'}$	$R_{Y'}^2$	边　号	$l\cos^2\alpha'$
1	61	3 721	2—3	146
2	192	36 864	3—4	148
3	213	45 369	4—5	145
4	230	52 900	5—6	183
5	248	61 504	9—10	187
6	202	40 804	10—11	182
7	72	5 184	11—12	191
8	61	3 721	12—13	184
9	191	36 481	$\sum$（平巷）	1 366 m
10	190	36 100	K—2	0
11	188	35 344	6—7	3
12	188	35 344	7—8	3
13	190	36 100	8—9	3
14	58	3 364	13—K	0
$\sum R_{Y'}^2$		432 800 m^2	$\sum$（斜巷）	9 m

可以看出，导线测角误差引起的贯通误差是主要的，而沿贯通巷道中线（Y' 轴）的量边误差，对贯通精度没有什么影响。

（2）预计 K 点在竖直方向上的贯通误差。

基本误差参数平巷中每千米水准路线的高差中误差为 $m_{hL}=\pm17.7\ \text{mm/km}$,倾斜巷道中每千米三角高程路线的高差中误差为 $m_{hL}=\pm50\ \text{mm/km}$。

①+100 平巷、+150 平巷中的水准测量误差为

$$M_{H水}=m_{hL}\sqrt{R}=\pm17.7\sqrt{1.199}=\pm19.4(\text{mm})$$

②三号下山、四号下山中的三角高程测量误差为

$$M_{H经}=m_{hL}\sqrt{L}=\pm50\sqrt{0.846}=\pm46.0(\text{mm})$$

③K 点在竖直方向上的预计中误差为

$$M_{HK}=\pm\sqrt{M_{H水}^2+M_{H经}^2}=\pm\sqrt{19.4^2+46^2}=\pm49.9(\text{mm})$$

④为了检核,水准测量和三角高程测量均独立施测两次,则平均值的中误差为

$$M_{HK平均}=\frac{M_{HK}}{\sqrt{2}}=\pm\frac{49.9}{\sqrt{2}}=\pm35.3(\text{mm})$$

⑤K 点在竖直方向上的预计贯通误差为

$$M_{H预}=2M_{HK平均}=\pm35.3\times2=\pm71(\text{mm})=0.071\ \text{m}$$

K 点在竖直方向上的预计误差明显小于 0.2 m 的贯通容许偏差。

可见,对于同一矿井内的贯通,高程上 0.2 m 的容许偏差是较易达到的。

第三节　两井间巷道贯通的误差预计

对于两井之间的巷道贯通,除进行井下导线测量和井下高程测量外,我们还必须进行地面测量和矿井联系测量。所以,在进行贯通测量误差预计时,还要考虑地面测量误差、矿井联系测量误差及井下测量误差的综合影响。

一、贯通相遇点 K 在水平重要方向上的误差预计

贯通相遇点 K 在水平重要方向上的误差来源包括地面平面控制测量误差、定向测量误差和井下导线测量误差。下面分别讨论这些误差影响的预计方法。

(一)地面平面控制测量误差引起 K 点 X' 方向上的误差

两井间地面联测的平面控制测量的可能方案有:GPS、导线、三角网(锁)、插点等多种方法。由于 GPS 技术和全站仪的应用十分普及,所以目前 GPS 测量和导线测量在贯通工程的地面测量中几乎成了首选方案。

1. 地面采用 GPS 时的误差预计

在将 GPS 用于两井间巷道贯通测量时,可选用 D 级或 E 级精度来布设两井井口附近的近井点,而且两近井点 A 与 B 之间应尽量通视(见图 8-4)。这时,由地面 GPS 测量误差所引起的 K 点在 X' 轴方向上的贯通误差按下式估算:

$$M_{X'上}=\pm M_{SAB}\cos\alpha'_{AB} \tag{8-17}$$

式中　M_{SAB}——近井点 A 与 B 之间边长的误差, $M_S=\pm\sqrt{a^2+(bS)^2}$;

a——固定误差,D 级及 E 级 GPS 网的 $a\leqslant10$ mm;

b——比例误差系数,D 级 GPS 网 $b\leqslant10\times10^{-6}$,E 级 GPS 网 $b\leqslant20\times10^{-6}$;

α'——AB 边与贯通重要方向 X' 轴之间的夹角。

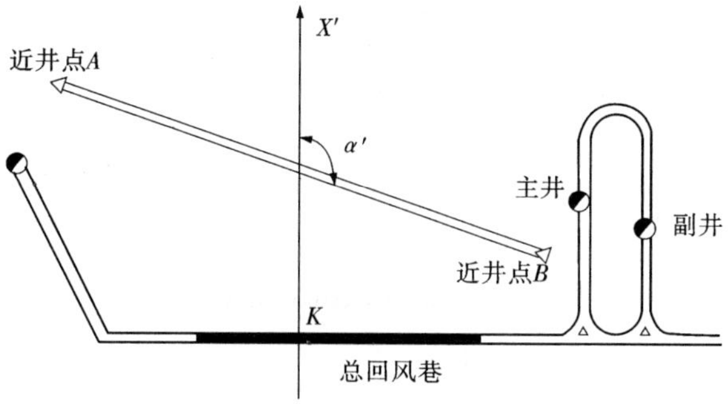

图 8-4　GPS 测量近井点

【例 8-2】　某矿在风井与主、副井之间贯通总回风巷时，用 GPS 敷设近井点 A 和 B，两近井点 A、B 之间互相通视，按照 E 级 GPS 的精度要求施测。已知边长 $S=1\ 736$ m，$\alpha'=113°29'$（见图 8-4），试进行误差预计。

解： $M_{X'上}=\pm M_{SAB}\cos\alpha'_{AB}$

$$=\pm\sqrt{(0.010)^2+(1\ 736\times 20\times 10^{-6})^2}\times\cos 113°29'=\pm 0.014(\text{m})$$

可见，在进行两井间的巷道贯通测量时，地面平面控制测量采用 GPS 建立近井点是值得提倡的一种方案，施测简便，精度又高。

用 GPS 作近井网（点）时，也可不局限于如图 8-4 所示的 A、B 两个近井点。可以考虑布设一个控制范围更大的 GPS 网，这样也能够以较高精度解决两近井点不通视的问题。

需说明的是，两近井点之间应尽量互相通视，这样在由近井点 A 向风井井口施测边接导线时，可用近井点 B 作为后视点。同样，由近井点 B 向主、副井施测连接导线时，也可以近井点 A 作为后视点，从而消除起始边的坐标方位角中误差对贯通的影响。

有时，矿区近井点破坏严重，可供使用的两近井点之间受地形、地物限制无法通视，则可在近井点之间沿地面敷设连接导线。由于两近井点的坐标已知，可以采用“无定向导线”的方法计算，求出两近井点之间各导线点的坐标及各导线边的坐标方位角。

2. 地面采用导线测量方案时的误差预计

地面导线测量误差引起的 K 点在 X' 方向上的误差预计方法与井下导线测量的误差预计方法基本相同。

通常在地面两井近井点之间布设闭合导线（或者是附合导线中的一部分），如图 8-5 所示。这时，在进行地面闭合导线（或附合导线）的严密平差时，应当同时评定出两井口连接点 1、j 之间在 X' 方向上的相对点位中误差，以及 1—n 边的坐标方位角 α_1 与 j—j+1 边的坐标方位角 α_j 之间的相对中误差 $M_{\Delta\alpha}$，并计算出地面导线测量误差对贯通的影响为

$$M_{X'上}=\pm\sqrt{M_{X'1-j}^2+\frac{M_{\Delta\alpha}^2}{\rho^2}\left(\frac{R_{Y'1}^2+R_{Y'j}^2}{2}\right)}\tag{8-18}$$

式中　$M_{X'1-j}$——两井口连接点 1 和 j 在 X' 方向上的相对点位误差；

$M_{\Delta\alpha}$——两条近井点后视边坐标方位角之间的相对中误差；

$R_{Y'1}$、$R_{Y'j}$——导线点 1 和点 j 连线在 Y' 轴上的投影长。

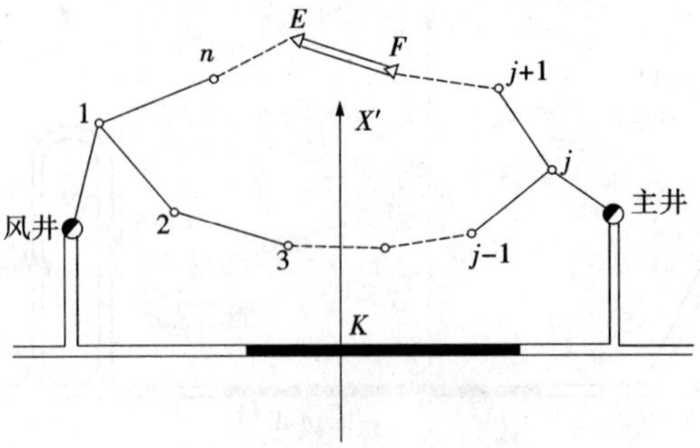

图 8-5　地面采用闭合导线

当地面采用导线方案时，除上述较为严密的方法外，也可采用下述的近似估算方法来估算地面导线测量误差对于贯通的影响。如图 8-5 所示，可将地面闭合导线以点 1 和点 j 为界拆成两段导线：

Ⅰ段　$1,2,3,\cdots,j-1,j$

Ⅱ段　$j,j+1,\cdots,n-1,n,1$

按照角度平差后任一点误差的计算公式算出 $M_{X'K\text{Ⅰ}}$ 和 $M_{X'K\text{Ⅱ}}$，再求加权平均值的误差，这就是地面导线测量误差引起的 K 点在 X' 方向上的误差 $M_{X'上}$。公式如下（用测距仪测边时）：

$$M_{X'K\text{Ⅰ}}^2=\frac{m_{\beta上}^2}{\beta^2}\left[\sum_1^j R_{Y'i}^2-\frac{\left(\sum_1^j R_{Y'i}\right)^2}{n+1}\right]+\sum_1^j m_{li}^2\cos^2\alpha'_i$$

$$M_{X'K\text{Ⅱ}}^2=\frac{m_{\beta上}^2}{\beta^2}\left[\sum_j^1 R_{Y'i}^2-\frac{\left(\sum_j^1 R_{Y'i}\right)^2}{n+1}\right]+\sum_j^1 m_{li}^2\cos^2\alpha'_i$$

$$M_{X'上}=\pm\frac{M_{X'\text{Ⅰ}}\cdot M_{X'\text{Ⅱ}}}{\sqrt{M_{X'K\text{Ⅰ}}^2+M_{X'K\text{Ⅱ}}^2}}$$

当近井点精度不太高或近井网精度估算数据不足时，为了满足贯通工程急需，也可以在地面布设如图 8-6 所示的复测支导线。这种导线测量误差对贯通影响的预计方法与井下导线完全相同。

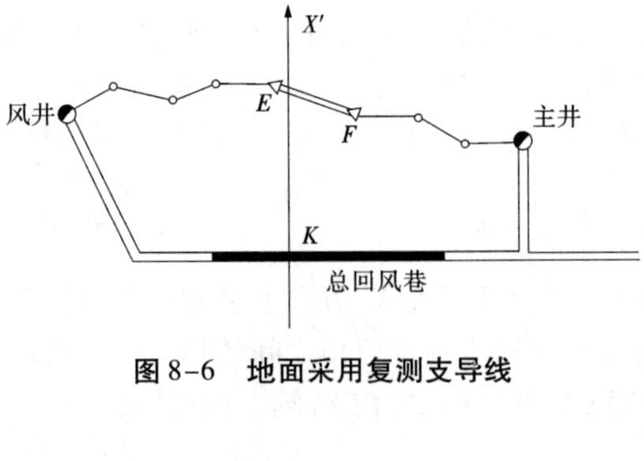

图 8-6　地面采用复测支导线

3. 地面采用三角网(锁)测量方案时的误差预计

当两井相距较远且地势不平坦时,可布设三角网(锁)。如图 8-7 所示,在两井之间布设一单三角锁,并由三角点 1 和 7 分别向两个井口敷设连接导线。

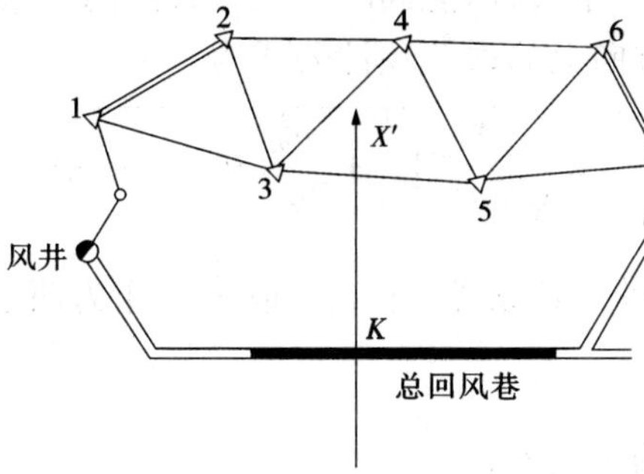

图 8-7　地面采用三角网

上述三角网(锁)在进行严密平差时,应同时按照求平差值函数的中误差的方法,求出近井点 1 与近井点 7 两点之间在 X' 方向上的相对点位误差,以及 1—2 边的坐标方位角与 7—6 边的坐标方位角之间的相对中误差,然后对照式(8-18)计算出地面三角测量误差对贯通的影响。

有时也可采用近似的估算方法,选择一条较短线路,如图 8-7 中的 1—3—5—7,将三角网(锁)的这几条边看成导线边。其测角中误差可按相应等级三角网的测角中误差来确定,也可在施测后根据各三角形闭合差用菲列罗公式求得,其量边误差可根据估算的三角网最弱边相对中误差乘以各相应边长来求得。把上述的较短路线各边,加上三角点 1 和三角点 7 到两个井口的连接导线,看成一整条导线,按照前述导线方案中所用的计算公式来估算它们对 K 点在 X' 方向上的误差的影响。

在实际贯通过程中,下列一些方法也是比较实用的。

(1) 两近井点能直接通视而构成三角网中的一条边(也可以是光电测距导线的一条边,或测边网中的一条边)时,由近井点的误差引起的 K 点在 X' 方向上的误差预计公式为(见图 8-8)

$$M_{X'上} = \pm \frac{1}{T} S_{X'}$$

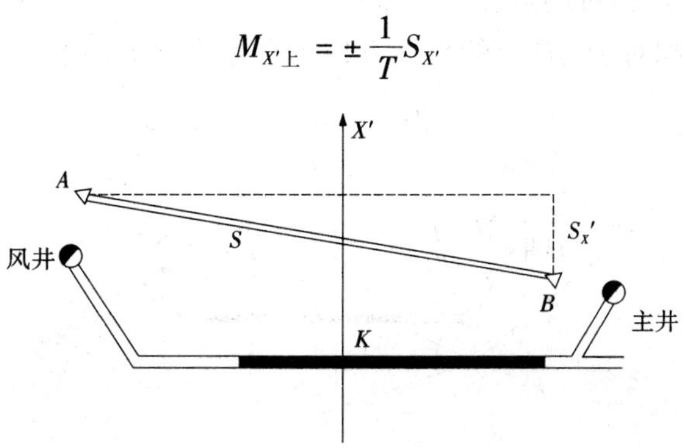

图 8-8　两近井点直接通视

式中　$S_{X'}$ —— $\overline{AB}$ 边长 S 在 X' 轴上的投影长；

$\frac{1}{T}$ —— AB 边长平差值的相对中误差。

(2)近井点 A 和 B 不构成一条边，但能同时后视一共同的三角点 C 时(见图8-9)，由近井点的误差引起的 K 点在 X' 方向上的误差预计公式为

$$M_{X'上} = \pm\sqrt{\left(\frac{M_{AB}}{\sqrt{2}}\right)^2 + \frac{m_\beta^2}{2\rho^2}(R_{Y'A}^2 + R_{Y'B}^2)}$$

式中　M_{AB} ——两近井点相对的点位误差(上式中取 $\frac{M_{AB}}{\sqrt{2}}$ 作为两近井点在 X' 方向上的相对点位误差)；

m_β —— $\angle ACB$ 平差值的中误差；

$R_{Y'A}$、$R_{Y'B}$ —— A、B 点与 K 点连线在 Y' 轴上的投影长度。

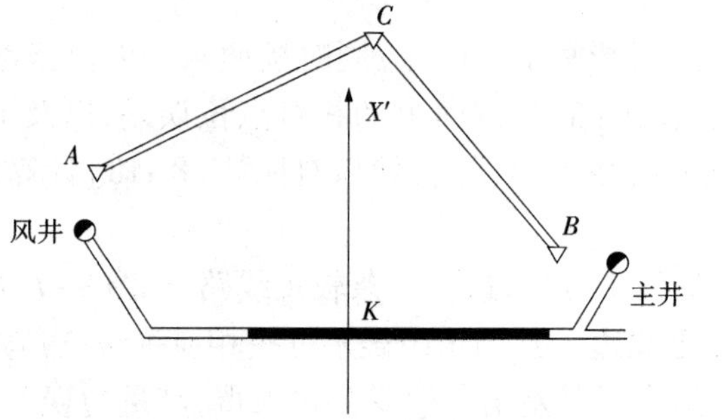

图8-9　两近井点能同时后视一共同点 C

(3)两近井点 A、B 互不通视，又不能后视同一三角点时(见图8-10)，由近井点的误差引起的 K 点在 X' 方向上的误差预计公式为

$$M_{X'上} = \pm\sqrt{\left(\frac{M_{AB}}{\sqrt{2}}\right)^2 + \frac{m_{\alpha AB}^2}{\rho^2}\left(\frac{R_{Y'A}^2 + R_{Y'B}^2}{2}\right)}$$

式中　M_{AB} ——两近井点相对的点位中误差；

$m_{\alpha AB}$ —— AC 边相对于 BD 边的坐标方位角平差值的中误差。

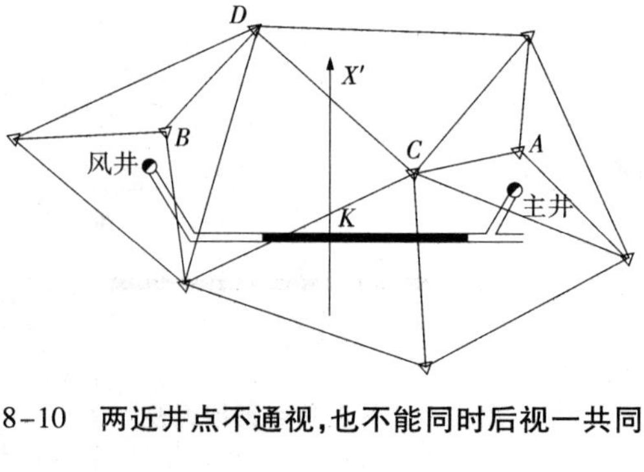

图8-10　两近井点不通视，也不能同时后视一共同点

以上(1)、(2)、(3)三种情况，除近井点的影响误差外，还应将从近井点到井口所敷设的连接导线的测量误差考虑进去，这样就预计出了整个地面平面测量误差所引起的 K 点在 X' 方向上的误差。

(二)定向测量误差引起 K 点 X' 方向上的误差

不论是采用几何定向还是陀螺定向，定向测量的误差都集中反映在井下导线起始边的坐标方位角误差上，所以定向测量误差引起的 K 点在 X' 方向上的误差为

$$M_{X'0} = \pm\frac{m_{\alpha 0}}{\rho}R_{Y'0} \tag{8-19}$$

式中 $m_{\alpha 0}$——定向测量误差，即由定向引起的井下导线起始边坐标方位角的误差；

$R_{Y'0}$——井下导线起始点与 K 点连线在 Y' 轴上的投影长，如图 8-11 中所示的 $R_{Y'01}$ 和 $R_{Y'02}$。

在图 8-11 中，如果从两个立井都分别进行了一井定向测量，定向误差所引起的 K 点在 X' 方向上的误差 $M_{X'01}$ 和 $M_{X'02}$ 应分别求出。

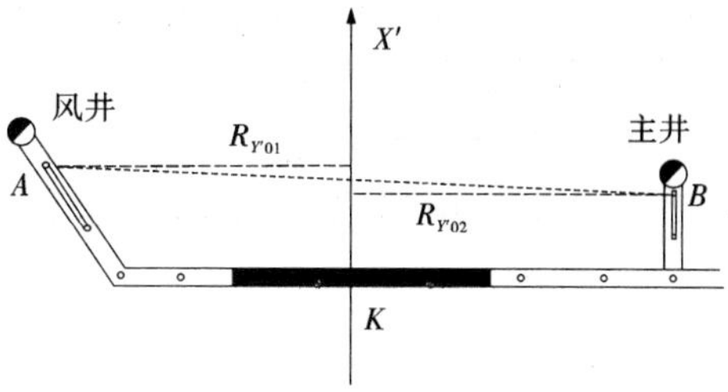

图 8-11 定向误差对贯通的影响

两井定向时，井下两竖井之间的连接导线一般由几条边构成。此时，应选择一条边作为井下贯通导线的起算边，并估算出由两井定向引起的该边的方向中误差 $m_{\alpha 0}$。再用式(8-19)预计出定向测量误差引起的 K 点在 X' 方向上的误差。

定向过程中所积累的井下导线起始点的坐标误差因其值很小，可以忽略不计。

(三)井下导线测量误差引起 K 点 X' 方向上的误差

井下导线测量测角和量边误差引起的 K 点在 X' 方向上的误差的预计公式与同一矿井内巷道贯通的预计误差公式相同，不过此时要考虑井下量边系统误差对贯通的影响。井下导线量边系统误差为 $b_{下}L_X$，$b_{下}$ 为井下量边系统误差系数，L_X 为井下导线两个起始点连线(见图 8-11 中的 A、B 点连线)在 X' 轴上的投影长。

需说明的是，如果矿井的开拓方式为平硐开拓或斜井开拓，其平面联系测量的方式就是导线。这时可以把平硐或斜井中的导线与井下导线看成一个整体来进行误差预计。

(四)各项测量误差引起 K 点 X' 方向上的总误差

由地面测量误差、定向测量误差和井下导线测量误差所引起的 K 点在 X' 方向上的总的中误差为

$$M_{X'K} = \pm\sqrt{M_{X'上}^2 + M_{X'01}^2 + M_{X'02}^2 + M_{X'\beta下}^2 + M_{X'l下}^2} \tag{8-20}$$

若各项测量均独立进行了 n 次，则平均值的中误差为

$$M_{X'K平} = \frac{M_{X'K}}{\sqrt{n}} \tag{8-21}$$

K 点在 X' 方向上的预计贯通误差(取 2 倍中误差为极限误差)为

$$M_{X'预} = 2M_{X'K平} \tag{8-22}$$

二、贯通相遇点 K 在高程上的误差预计

两井间巷道贯通相遇点 K 在高程上的误差来源包括地面水准测量误差、导入高程误

差、井下水准测量误差和井下三角高程测量误差四个方面。

(一)地面水准测量误差

地面水准测量引起的高程误差的估算公式为

$$M_{H上} = m_{hl}\sqrt{L} \tag{8-23}$$

或

$$M_{H上} = m_0\sqrt{n} \tag{8-24}$$

式中 m_{hl}——地面水准测量每千米长度的高差中误差;

L——地面水准路线长度,km;

m_0——地面水准测量水准尺读数中误差;

n——地面水准测量总测站数。

有一些矿区地处山区,地表自然坡度较大,在难以用等级水准测量的方法进行地面高程测量时,可以在地面进行三角高程测量,作为地面水准测量的补充。此时,还要估算地面三角高程测量误差对贯通的影响。

(二)导入高程误差

导入高程引起的误差的估算公式为

$$M_{H0} = \pm\frac{1}{T_0}h \tag{8-25}$$

式中 $\frac{1}{T_0}$——导入高程的相对中误差;

h——井筒深度,m。

两个立井的导入高程中误差 M_{H01}、M_{H02} 应分别计算。

如果缺乏根据大量实测资料所求得的导入高程中误差,可按《规程》中规定的两次独立导入高程的容许互差来反算一次导入高程的中误差。根据《规程》,两次独立导入高程的互差不得超过井筒深度 h 的 1/8 000,则可计算出导入高程的相对中误差为

$$\frac{1}{T_0} = \pm\frac{1}{2\sqrt{2}}\times\frac{1}{8\ 000}\approx\pm\frac{1}{22\ 600}$$

从平硐或斜井将地面高程传递到井下巷道时,导入高程的误差不必单独计算,而应将平硐中的水准测量或斜井中的三角高程测量与井下水准测量或三角高程测量看成整体一并进行误差预计。

(三)井下水准测量误差和井下三角高程测量误差

(1)井下水准测量误差引起 K 点在高程上的误差为

$$M_{H水} = m_{hL}\sqrt{R}$$

或

$$M_{H水} = m_0\sqrt{n}$$

(2)井下三角高程测量误差引起 K 点在高程上的误差为

$$M_{H经} = m_{hL}\sqrt{L}$$

(四)各项误差引起 K 点在高程上的总误差

由上述几项误差引起的 K 点在高程上的总中误差为

$$M_{HK} = \pm\sqrt{M_{H上}^2 + M_{H01}^2 + M_{H02}^2 + M_{H水}^2 + M_{H经}^2} \tag{8-26}$$

如须独立施测 n 次,则平均值中误差为

$$M_{HK平} = \frac{M_{HK}}{\sqrt{n}} \tag{8-27}$$

取 2 倍中误差为预计误差,则 K 点在高程上的预计贯通误差为

$$M_{H预} = 2M_{HK平} \tag{8-28}$$

三、两井间巷道贯通误差预计实例

如图 8-12 所示为某矿中央回风上山的贯通实例,其贯通测量误差预计的具体方法如下。

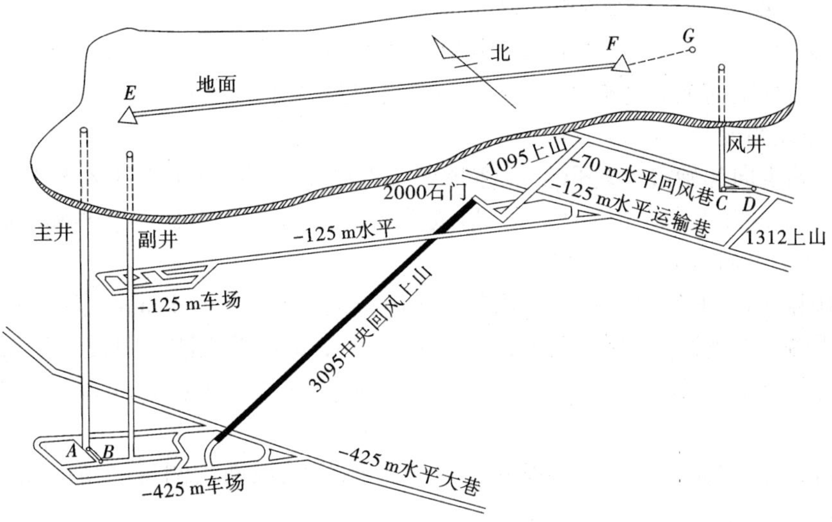

图 8-12　某矿 3095 中央回风上山贯通示意图

(一)测量方法简述

3095 中央回风上山全长 1 442 m,由 501 掘进队和 503 掘进队相向掘进贯通,根据两队的施工速度,预计最后可能在从下向上的 740 m 处贯通。该工程属特大型重要贯通,必须编写贯通方案设计书,进行贯通误差预计。该贯通工程要求在水平重要方向(X')上的容许偏差为 0.5 m,竖直方向上的容许偏差为 0.2 m。

为准确实施该贯通工程,平面测量方案如下:在地面主、副井和风井附近敷设两 GPS 点 E、F,两点相互通视,主、副井处进行两井定向,在井上确定 AB 边的坐标和方位角,风井处地面用 5″级光电测距导线敷设一站到井口附近,并用一井定向进行联系测量,在井下确定 CD 边的坐标和方位角,井下按 7″级导线施测。

高程测量方案如下:在地面两井口水准基点之间敷设四等水准路线,并分别经主井和风井导入高程,井下平巷采用水准测量,斜巷则采用三角高程测量。

1. 地面 GPS 测量

在地面主、副井和风井附近处敷设 D 级 GPS 控制点作为近井点,GPS 边 EF 长度为 1 270 m。两近井点 E 与 F 长之间互相通视,这样可以消除 GPS 边 EF 的坐标方位角中误差对贯通的影响。

2. 地面导线测量

E 点离主、副井较近，可以直接进行联系测量（两井定向）。F 点离风井距离较长，须增设一连接点 G，再由 G 点进行联系测量（一井定向）。

采用5″级光电测距导线测量连接点 G。使用 TOPCON GTS－222 全站仪，精度为 2″，±(2 mm+2×$10^{-6}D$，D 为测距边长度，单位为 km)，以 4 个测回测量水平角，边长进行往返测量，往测及返测各 2 个测回，一测回内各读数之间较差不得超过 10 mm，测回之间较差不得超过 15 mm，往返测边长较差不得超过$\pm\sqrt{2}$(2 mm+2×$10^{-6}D$)。F 点至 G 点边长 260 m。

地面导线独立施测两次。

3. 定向测量

主、副井井深 455 m，采用两井定向。

风井井深 100 m，采用一井定向，三角形法连接，两钢丝之间间距为 2.8 m。

主、副井两井定向独立进行两次，风井一井定向独立进行三次。

4. 井下导线测量

主、副井从定向起始边 AB 开始，沿井底车场测复测支导线到中央回风上山的下口。

风井从－70 m 井下起始边 CD 开始，沿风道经 1312 上山、－125 m 平巷和 2000 石门，测复测支导线到中央回风上山的上口。

测角用国产南方 ET02 电子经纬仪，2 个测回施测，测边用 Red mini2 防爆型测距仪，每边往、返观测各 4 个测回，一测回内读数较差不大于 10 mm，单程测回间较差不大于 15 mm，往测及返测边长化算为水平距离（经气象改正和倾斜改正）后的互差，不得大于边长的1/6 000。

井下所有复测支导线均由不同观测者独立测量两次，取两次测量的角度及边长的平均值参与计算。

5. 地面水准测量

主、副井处的井口水准基点与风井处的井口水准基点之间按四等水准要求施测。单程路线长度 1 458 m，采用北光厂 DS_1 级水准仪测量。

地面四等水准采用往返测量，并独立进行两次。

6. 导入高程

主井和风井的高程联系测量均采用长钢丝法导入高程。定向投点工作结束后，在钢丝上、下做好标志，提升到地面后再进行丈量。导入高程独立进行两次，互差不得超过井深的1/8 000。

7. 井下高程测量

平巷中的水准测量采用北光厂 DS_3 级水准仪往返观测，往返测高差的较差不得大于±50 mm$\sqrt{R}$（R 为水准点间的路线长度，以 km 为单位）。井下平巷水准路线长度为 1 092 m。水准测量独立进行两次。

斜巷中的三角高程测量与井下导线测量同时进行。竖直角观测采用南方 ET02 电子经纬仪进行对向观测（中丝法）一测回。仪器高和觇标高应在观测开始前和结束后用钢卷尺各量一次，其互差不大于 4 mm，取其平均值作为丈量结果。相邻两点往返测高差的互差不应超过±(10 mm+0.3 mm×l)（l 为导线水平边长，以 m 为单位）；三角高程导线的高程闭合差不应超过±100 mm$\sqrt{L}$（L 为导线长度，以 km 为单位）。井下三角高程路线长 1 127 m。三角高程测量独立进行两次。

（二）贯通误差预计所需基本误差参数的确定

本次贯通误差预计所用参数主要来源有三个方面：一是根据本矿过去积累的实测资料进行分析求得，二是根据《规程》中的规定限差反算求得，三是根据仪器的标称精度和检定结果估算求得。各误差参数如下：

（1）地面 GPS 边 EF 的边长误差。按 $m_S = \pm\sqrt{a^2 + (bS)^2}$ 公式估算，a 为固定误差系数，D 级 GPS 网 $a \leqslant 10$ mm，b 为比例误差系数，D 级 GPS 网 $b \leqslant 10\times10^{-6}$。$EF$ 边长 $S=$ 1 270 m。算得 $m_S = \pm\sqrt{0.010^2 + (10\times10^{-6}\times1\ 270)^2} = \pm0.016(\text{m})$。

（2）地面导线的测角误差。由于地面导线测量采用 5″级的技术规格，取测角中误差为 $m_{\beta上} = \pm5''$。

（3）地面导线测边误差。按全站仪的标称精度±(2 mm+2×$10^{-6}D$)，计算出边长为260 m 的一条边的测边误差为 $m_{l上} = \pm0.002 + 2\times10^{-6}\times260 = \pm0.003(\text{m})$。

（4）两井定向误差。根据过去积累的两井定向资料求得两井定向一次定向中误差为 $m_{\alpha0主} = \pm16''$。

（5）一井定向误差。根据过去积累的一井定向资料求得一井定向一次定向中误差为 $m_{\alpha0风} = \pm34''$。

（6）井下导线测角误差。根据过去积累的 247 个测站两次独立测角的较差，求得两测回平均值的测角中误差为 $m_{\beta下} = \pm5.8''$。

（7）井下导线测边误差。根据 Red mini2 防爆型测距仪的标称精度±(5 mm+5×$10^{-6}D$)，按井下导线平均边长 46 m 计算求得 $m_{l下} = \pm(0.005 + 5\times10^{-6}\times46) = \pm0.005\ 2(\text{m})$。

（8）地面水准测量误差。《规程》规定，矿区地面四等水准测量的附合路线闭合差小于 $\pm20\sqrt{L}$ mm（往返观测，L 为附合路线总长度，以 km 为单位），按此限差反算求得四等水准测量每千米的高差中误差为 $m_{hL上} = \pm\dfrac{0.020}{2\sqrt{2}} = \pm0.007(\text{mm})$。

（9）导入高程误差。根据过去积累的通过竖井采用长钢丝法导入高程的资料，求得一次导入高程的中误差为 $M_{H0} = \pm0.018$ mm（井深为 100～500 m）。

（10）井下水准测量误差。根据过去积累的大量井下水准测量资料，求得井下水准测量每千米高差中误差为 $m_{hL水} = \pm0.015$ mm。

（11）井下三角高程测量误差。根据过去积累的大量井下斜巷三角高程测量资料，求得井下三角高程测量每千米高差中误差为 $m_{hL经} = \pm0.034$ mm。

（三）贯通测量误差预计

根据上述测量方案，绘制一张比例尺为 1∶1 000 或 1∶2 000 的误差预计图，如图 8-13 所示。会同设计部门和生产部门，根据相向掘进的两掘进队的掘进速度等因素，确定出贯通相遇点 K 的位置大约在回风上山由下向上的 740 m 处。在误差预计图中绘出 K 点，过 K 点建立假定坐标系，以待贯通的中央回风上山中线方向为 Y' 轴方向，以垂直于 Y' 轴的方向为 X' 轴方向，并在图上标出已有导线点和设计导线点的位置。

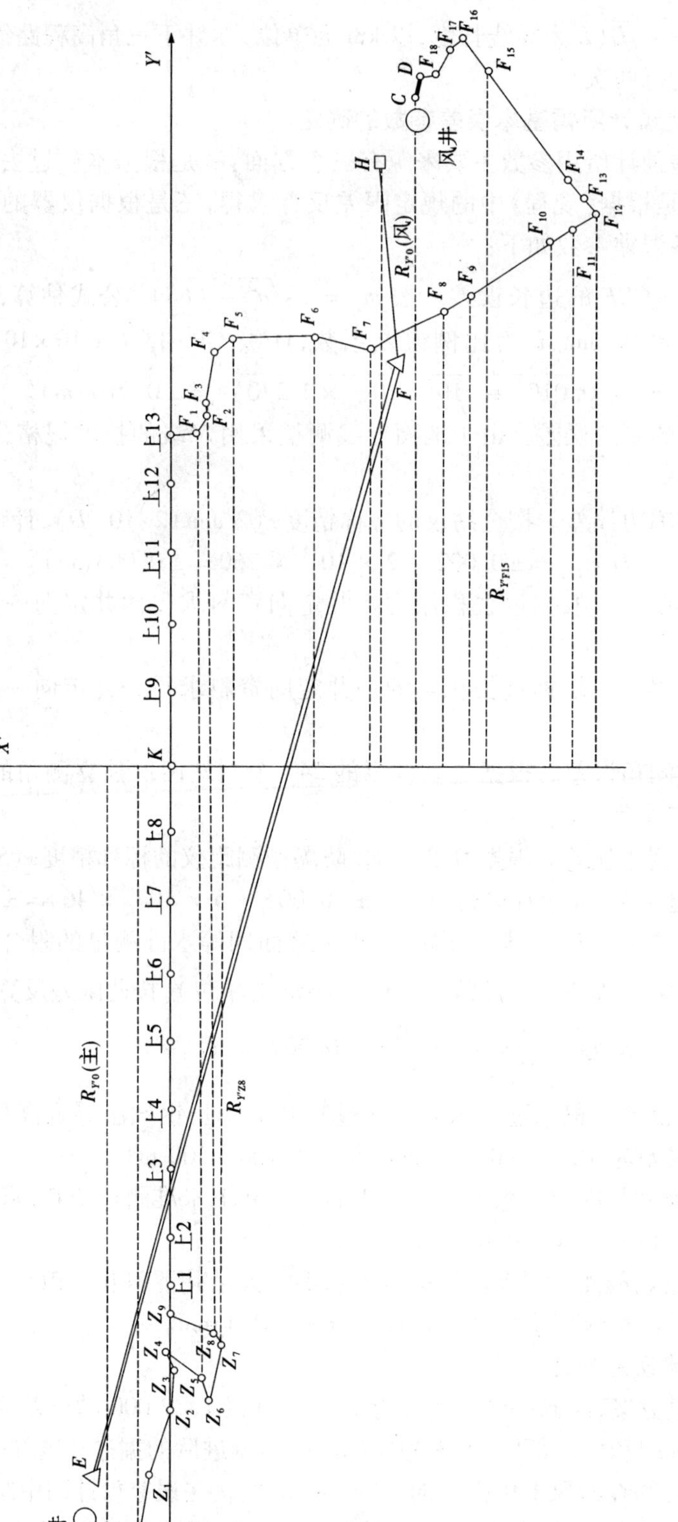

图8-13 两井间巷道贯通误差预计图

1. 贯通相遇点 K 在水平重要方向(X')上的误差预计

(1)由地面 GPS 测量误差所引起的 K 点在 X'轴方向上的贯通误差：

$$M_{X'EF}=\pm m_S\cos\alpha'_{EF}=\pm 0.016\times\cos 163^{\circ}=\pm 0.015(\mathrm{m})$$

式中 α'_{EF} ——GPS 边 EF 与 X'轴的夹角。

(2)地面导线测量误差引起 K 点在 X'方向上的误差：

地面导线的测角误差(独立测量两次)为

$$M_{X'\beta上}=\pm\frac{m_{\beta上}}{\sqrt{2}\rho}\sqrt{\sum_{上}R_{Y'}^2}=\pm\frac{5}{\sqrt{2}\times 206\ 265}\sqrt{478\ 864}=\pm 0.012(\mathrm{m})$$

地面导线测边误差(独立测量两次)为

$$M_{X'l上}=\pm\frac{1}{\sqrt{2}}\sqrt{\sum_{上}m_{l上}^2\cos^2\alpha'}=\pm\frac{1}{\sqrt{2}}\sqrt{1.73\times 10^{-6}}=\pm 0.001(\mathrm{m})$$

(3)定向误差引起 K 点在 X'方向上的误差：

风井一井定向(独立进行三次)平均值引起的 K 点误差为

$$M_{X'0风}=\pm\frac{m_{\alpha0风}}{\rho\sqrt{3}}R_{Y'0风}=\pm\frac{34}{206\ 265\times\sqrt{3}}\times 765=\pm 0.073(\mathrm{m})$$

主、副井两井定向(独立进行两次)平均值引起的 K 点误差为

$$M_{X'0主}=\pm\frac{m_{\alpha0主}}{\rho\sqrt{2}}R_{Y'0主}=\pm\frac{16}{206\ 265\times\sqrt{2}}\times 876=\pm 0.048(\mathrm{m})$$

(4)井下导线测量误差引起的 K 在 X'方向上的误差：

井下导线测角误差(独立测量两次)为

$$M_{X'\beta下}=\pm\frac{m_{\beta下}}{\sqrt{2}\rho}\sqrt{\sum_{下}R_{Y'}^2}=\pm\frac{5.8}{\sqrt{2}\times 206\ 265}\sqrt{15\ 181\ 138}=\pm 0.077(\mathrm{m})$$

井下导线测边误差(独立测量两次)为

$$M_{X'l下}=\pm\frac{1}{\sqrt{2}}\sqrt{\sum_{下}m_{l下}^2\cos^2\alpha'}=\pm\frac{1}{\sqrt{2}}\sqrt{434.779\ 7\times 10^{-6}}=\pm 0.015(\mathrm{m})$$

计算结果见表 8-3。

(5)贯通在水平重要方向(X')上的总中误差：

$$\begin{aligned}M_{X'K}&=\pm\sqrt{M_{X'EF}^2+M_{X'\beta上}^2+M_{X'l上}^2+M_{X'0主}^2+M_{X'0风}^2+M_{X'\beta下}^2+M_{X'l下}^2}\\&=\pm\sqrt{0.015^2+0.012^2+0.001^2+0.048^2+0.073^2+0.077^2+0.015^2}\\&=\pm 0.119(\mathrm{m})\end{aligned}$$

(6)贯通在水平重要方向(X')上的预计误差：

$$M_{X'预}=2M_{X'K}=\pm 0.238\ \mathrm{m}$$

2. 贯通相遇点 K 在高程上的误差预计

(1)地面水准测量误差引起的 K 点高程误差：

$$M_{H上}=\pm m_{hL上}\sqrt{L}=\pm 0.007\times\sqrt{1.458}=\pm 0.008\ \mathrm{m}$$

(2)导入高程引起的 K 点高程误差：

$$M_{H0主}=\pm 0.018\ \mathrm{m}$$

$$M_{H0风}=\pm 0.018\ \mathrm{m}$$

(3)井下水准测量误差引起的 K 点高程误差：

$$M_{H水} = \pm m_{hL水}\sqrt{R} = \pm 0.015 \times \sqrt{1.092} = \pm 0.016(\text{m})$$

表 8-3　井下导线 $\sum R_{Y'}^2$ 和 $\sum m_l^2\cos^2\alpha'$ 值计算

点　号	$R_{Y'}$	$R_{Y'}^2$	边　号	$m_l^2\cos^2\alpha'$ (mm²)	点　号	$R_{Y'}$	$R_{Y'}^2$	边　号	$m_l^2\cos^2\alpha'$ (mm²)
A	876	767 376	AB	26.055 5	上 12	323	104 329	上 12 上 13	0
B	883	779 689	BZ1	1.811 3	上 13	379	143 641	上 13F1	26.516 3
Z1	810	656 100	Z1Z2	3.163 1	F1	383	146 689	F1F2	11.172 3
Z2	735	540 225	Z2Z3	0.008 2	F2	401	160 801	F2F3	3.163 1
Z3	690	476 100	Z3Z4	10.249 2	F3	416	173 056	F3F4	4.473 4
Z4	670	448 900	Z4Z5	15.867 7	F4	473	223 729	F4F5	21.843 7
Z5	699	488 601	Z5Z6	3.163 1	F5	489	239 121	F5F6	27.031 8
Z6	724	524 176	Z6Z7	1.811 3	F6	491	241 081	F6F7	25.671 7
Z7	671	450 241	Z7Z8	13.520 0	F7	477	227 529	F7F8	22.210 5
Z8	660	435 600	Z8Z9	25.228 7	F8	520	270 400	F8F9	22.911 8
Z9	627	393 129	Z9 上 1	0	F9	538	289 444	F9F10	21.080 3
上 1	596	355 216	上 1 上 2	0	F10	600	360 000	F10F11	22.210 5
上 2	543	294 849	上 2 上 3	0	F11	614	376 996	F11F12	22.210 5
上 3	459	210 681	上 3 上 4	0	F12	632	399 424	F12F13	9.342 1
上 4	393	154 449	上 4 上 5	0	F13	650	422 500	F13F14	9.342 1
上 5	318	101 124	上 5 上 6	0	F14	671	450 241	F14F15	8.455 3
上 6	237	56 169	上 6 上 7	0	F15	796	633 616	F15F16	10.249 2
上 7	153	23 409	上 7 上 8	0	F16	833	693 889	F16F17	18.144 1
上 8	78	6 084	上 8 上 9	0	F17	820	672 400	F17F18	20.280 0
上 9	153	23 409	上 9 上 10	0	F18	791	625 681	F18D	26.224 6
上 10	163	26 569	上 10 上 11	0	D	765	585 225	DC	1.368 3
上 11	245	60 025	上 11 上 12	0	C	685	469 225		
$\sum R_{Y'}^2 = 15\ 181\ 138\ \text{m}^2$					$\sum m_l^2\cos^2\alpha' = 434.779\ 7\times10^{-6}\ \text{m}^2$				

(4)井下三角高程测量误差引起的 K 点高程误差：

$$M_{H经} = \pm m_{hL经}\sqrt{L} = \pm 0.034 \times \sqrt{1.127} = \pm 0.036(\mathrm{m})$$

(5)贯通在高程上的总中误差(以上各项高程测量均独立进行两次)：

$$M_{HK平} = \pm \frac{1}{\sqrt{2}}\sqrt{M_{H上}^2 + M_{H0主}^2 + M_{H0风}^2 + M_{H水}^2 + M_{H经}^2}$$

$$= \pm \frac{1}{\sqrt{2}}\sqrt{0.008^2 + 0.018^2 + 0.018^2 + 0.016^2 + 0.036^2} = \pm 0.048(\mathrm{m})$$

(6)贯通在高程上的预计误差：

$$M_{H预} = 2M_{HK平} = \pm 2 \times 0.048 = \pm 0.096(\mathrm{m})$$

从以上误差预计结果可以看出：在水平重要方向(X')上的预计误差为0.238 m，高程上的贯通预计误差为0.096 m，均未超过容许的贯通偏差值，说明所选定的测量方案和测量方法是能满足贯通精度要求的。从误差预计值的大小来看，在引起水平重要方向上的贯通误差的诸多因素中，井下测角误差及风井一井定向误差是最主要的误差来源。在引起高程测量误差的诸多因素中，井下三角高程是最主要的误差来源。最终在水平重要方向(X')上的预计误差和高程上的贯通预计误差均小于容许偏差值，说明目前的测量仪器及方法足以保证大型贯通测量的精度要求。同时，本贯通实例也说明，对于矿井一般巷道的贯通来说，中线方向的贯通偏差值定为0.5 m，腰线上的贯通偏差值定为0.2 也是比较适中的，使用常用的测量方法就能比较容易地达到贯通精度，又能避免精度要求过高造成浪费。

第四节　立井贯通的误差预计

立井贯通时，测量工作的主要任务是保证井筒上、下两个掘进工作面上所标定出的井筒中心位于一条铅垂线上，贯通的偏差为这两个工作面上井筒中心的相对偏差，而竖直方向在立井贯通中属于次要方向，无须进行误差预计。

实际工作中，一般是分别预计井筒中心在提升中心线方向(作为假定的 X'方向)和与之垂直的方向(作为假定的 Y'方向)上的误差，然后求出井筒中心的平面位置误差。当然，也可以直接预计井筒中心的平面位置误差。

立井贯通的几种典型情况和它们所需进行的测量工作，已在前面第五章介绍过了。对于从地面和井下相向开凿的立井贯通，需要进行地面测量、定向测量和井下测量。这些测量误差所引起的贯通相遇点(井筒中心)的误差，其预计方法与前一节讨论的预计方法基本相同，只是必须同时预计 X'和 Y'两个方向上的误差，并按下式求出平面位置中误差：

$$M_{中} = \pm\sqrt{M_{X'}^2 + M_{Y'}^2}$$

立井延深贯通(见图8-14)时，贯通点的平面位置误差只受井下导线测量误差的影响，所以可按下式直接预计相遇点的平面位置中误差：

光电测距时　$$M_{中} = \pm\sqrt{\frac{m_\beta^2}{\rho^2}\sum R_i^2 + \sum m_{li}^2}$$

钢尺量边时　$$M_{中} = \pm\sqrt{\frac{m_\beta^2}{\rho^2}\sum R_i^2 + a^2\sum l_i}$$

式中　m_β——井下导线测角中误差；

R_i——各导线点与井筒中心的连线的水平投影长度；

m_{li}——光电测距的量边误差；

a——钢尺量边的偶然误差影响系数；

l_i——导线各边的边长。

为方便立井施工，常常通过辅助下山和辅助平巷在原井筒下部的保护岩柱（或人造保护盖）下向上施工，这时井筒的掘进方式多为全断面掘进，有时甚至要求将下部新延深的井筒中的罐梁罐道全部安装好后，才打开保护岩柱。所以对井筒中心标设精度要求很高，尽管这时的导线距离不长，一般也需要进行误差预计。下面通过一个实例来说明这类贯通的误差预计方法。

【例 8-3】　某矿立井延深工程（见图 8-14）是在预留的 8 m 保护岩柱下施工的。要求在下部新掘进的井筒中预先安装罐梁罐道，破岩柱后上、下罐道准确连接。罐道连接时在 X' 和 Y' 方向上的容许偏差定为 10 mm，即井筒中心位置的容许偏差为 10 mm×$\sqrt{2}\approx$14 mm。

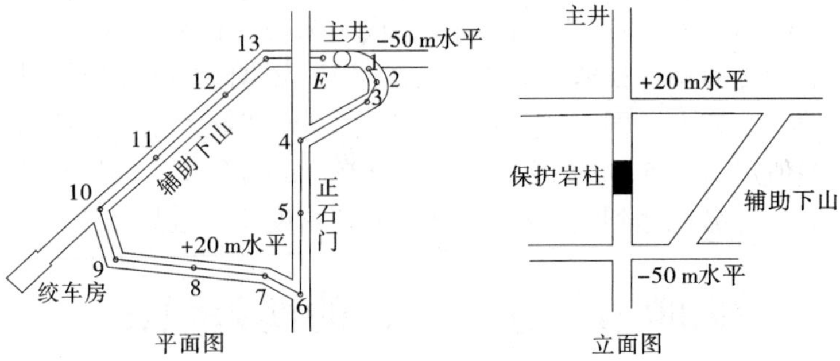

图 8-14　立井延深贯通

采用的测量方案和测量方法如下：根据井巷具体情况，从立井+20 m 水平的井底边场内的 1 点经正石门、绕道、辅助下山至临时水平（-50 m 水平）的 E 点敷设光电测距导线，共计 14 个导线点，全长 392 m。其中 1 号点用以测定立井井底原有井筒中心的坐标，E 点用以标定保护岩柱下立井井筒延深部分的井筒中心位置。导线先后独立施测三次，采用北京光学仪器厂生产的 DCB1-J 型防爆测距经纬仪，两次对中，每次对中一个测回测角，测回间较差小于 10″，量边往、返各两个测回，测回间较差不大于 10 mm，往返测（加入气象和倾斜改正后的平距）互差不大于边长的 1/10 000。

解：首先绘制一张比例尺为 1∶1 000 的误差预计图（见图 8-15）。导线测量误差参数参照仪器标称精度及实测数据分析取 $m_\beta=\pm5''$，$m_l=\pm3$ mm，考虑到导线测量共独立施测三次，取其平均值作为标定井筒中心的依据，则井中的预计误差为

$$M_{预}=\pm2\sqrt{\frac{1}{3}\left(\frac{m_\beta^2}{\rho^2}\sum R_i^2+\sum m_{li}^2\right)}=\pm11.6\ \text{mm}$$

由于预计误差（11.6 mm）小于允许偏差（14 mm），所以该立井贯通测量方案能够满足要求。

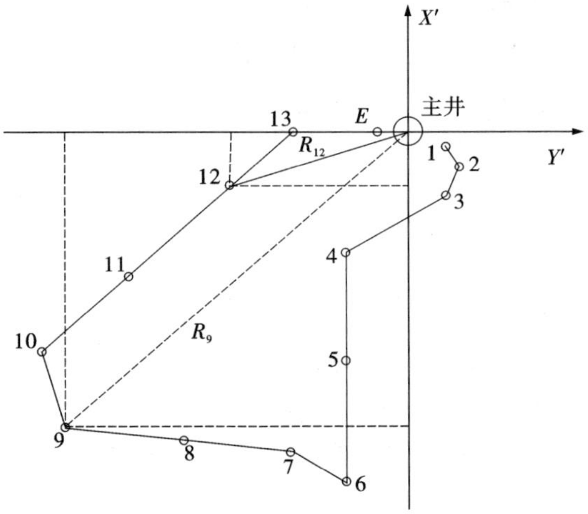

图 8-15　立井延深贯通误差预计

第五节　井下导线加测陀螺定向坚强边后巷道贯通测量的误差预计

在某些大型重要贯通工程中,通常要测量很长距离的井下经纬仪导线,测角误差的影响较大。导线在巷道转弯处往往有一些短边,这也会产生较大的测角误差。由于井下测角误差的积累,所以往往难以保证较高精度的实施贯通。而在井下要大幅度提高测角精度是比较困难的,因此在实际工作中经常采用在导线中加测一些高精度的陀螺定向边的方法来建立井下平面控制,以增加方位角检核条件。它可以在不增加测角工作量的前提下,显著减小测角误差对经纬仪导线点位误差的影响,从而保证了巷道的正确贯通。

下面介绍在井下导线中加测了坚强陀螺定向边后,巷道贯通测量的误差预计方法。

一、导线中加测陀螺定向边后导线终点的误差预计公式

如图 8-16 所示,由起始点 A 和起始定向边 AA_1(坐标方位角为 α_0)敷设导线至终点 K,并加测陀螺定向边 $\alpha_1,\alpha_2,\cdots,\alpha_N$ 共 N 条,将导线分为 N 段,各段的重心为 $O_{\mathrm{I}},O_{\mathrm{II}},\cdots,O_N$,其坐标为

$$x_{oj}=\sum_{1}^{n_j}x/n_j\,,\quad y_{oj}=\sum_{1}^{n_j}y/n_j\,,\quad (j=\mathrm{I},\mathrm{II},\cdots,N)$$

由 B 点至 K 点的一段为支导线。

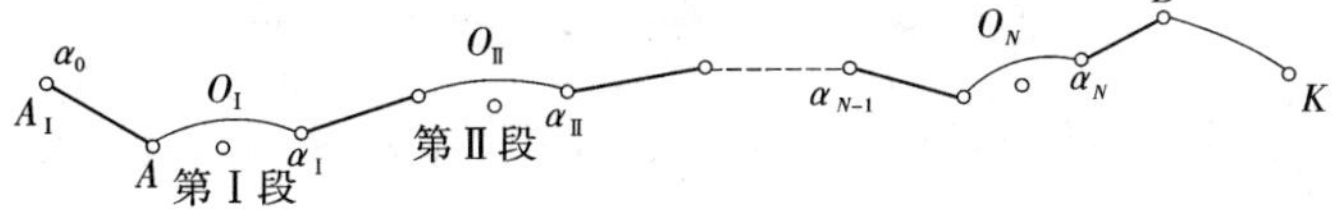

图 8-16　井下加测陀螺定向边示意

（一）由导线测边误差引起的终点 K 的贯通误差估算公式

光电测距时 $$M_{X'Kl}=\pm\sqrt{\sum m_l^2\cos^2\alpha'} \tag{8-29}$$

钢尺量边时 $$M_{X'Kl}=\pm\sqrt{a^2\sum l\cos^2\alpha'+b^2L_X^2} \tag{8-30}$$

式中 m_l——光电测距的量边误差，$m_l=\pm(A+Bl)$；

α'——导线各边与 X' 轴间的夹角；

l——导线各边的边长；

a——钢尺量边的偶然误差影响系数；

b——钢尺量边的系统误差影响系数；

L_X——导线闭合线在假定的 X'轴上的投影长。

（二）由导线的测角误差引起 K 点贯通误差的估算公式

$$M_{X'K\beta}^2=\frac{m_\beta^2}{\rho^2}\{[\eta^2]_{\text{I}}+[\eta^2]_{\text{II}}+\cdots+[\eta^2]_{N-1}+[\eta^2]_N+[R_{Y'}^2]_B^K\} \tag{8-31}$$

式中 m_β——井下导线测角中误差；

η——各导线点至本段导线重心 O 的连线在 Y' 轴上的投影长度；

$R_{Y'}$——由 B 至 K 的支导线各导线点与 K 点连线在 Y' 轴上的投影长度。

（三）由陀螺定向边的定向误差引起 K 点贯通误差估算公式

$$M_{X'KO}^2=\frac{m_{\alpha0}^2}{\rho^2}(y'_A-y'_{O\text{I}})^2+\frac{m_{\alpha\text{I}}^2}{\rho^2}(y'_{O\text{I}}-y'_{O\text{II}})^2+\cdots+\frac{m_{\alpha N-1}^2}{\rho^2}(y'_{ON-1}-y'_{ON})^2+\frac{m_{\alpha N}^2}{\rho^2}(y'_K-y'_{ON})^2$$

当 $m_{\alpha0}=m_{\alpha\text{I}}=\cdots=m_{\alpha N}$ 时，则

$$M_{X'KO}^2=\frac{m_{\alpha0}^2}{\rho^2}[(y'_A-y'_{O\text{I}})^2+(y'_{O\text{I}}-y'_{O\text{II}})^2+\cdots+(y'_{ON-1}-y'_{ON})^2+(y'_K-y'_{ON})^2] \tag{8-32}$$

二、一井内巷道贯通时，相遇点 K 在水平重要方向上的误差预计

如图 8－17 所示，在贯通导线 $K—E—A—B—C—D—F—K$ 中加测了三条陀螺定向边 α_1、α_2和 α_3，将导线分成四段，其中 $A—B$ 和 $C—D$ 两段是两端附合在陀螺定向边上的方向附合导线，其重心分别为 O_{I}、O_{II}，而 $E—K$ 和 $F—K$ 两段是支导线，导线独立施测两次。这时 K 点在水平重要方向 X'上的贯通误差估算公式为

$$M_{X'l}^2=\frac{1}{2}\sum m_l^2\cos^2\alpha' \tag{8-33}$$

$$M_{X'K\beta}^2=\frac{m_\beta^2}{2\rho^2}\left(\sum_A^B\eta^2+\sum_C^D\eta^2+\sum_E^F\eta^2+\sum_F^K\eta^2\right) \tag{8-34}$$

$$M_{X'0}^2=\frac{1}{\rho^2}[m_{\alpha1}^2(y'_K-y'_{O\text{I}})^2+m_{\alpha2}^2(y'_{O\text{I}}-y'_{O\text{II}})^2+m_{\alpha3}^2(y'_{O\text{II}}-y'_K)^2] \tag{8-35}$$

而 $$M_{X'}=\pm\sqrt{M_{X'l}^2+M_{X'\beta}^2+M_{X'O}^2} \tag{8-36}$$

贯通相遇点 K 在水平重要方向 X'上的预计误差为

$$M_{X'预} = 2M_{X'} \tag{8-37}$$

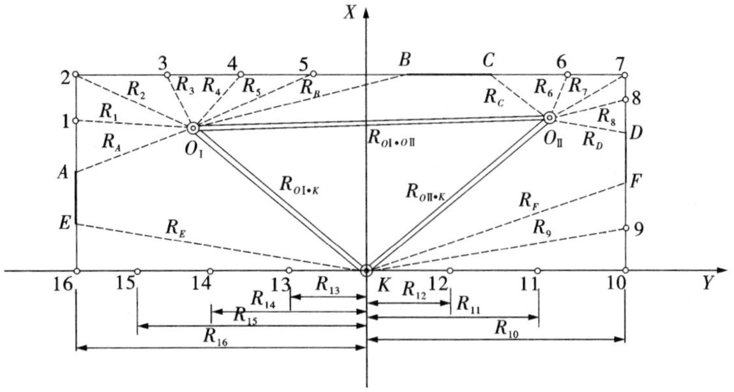

图 8-17　加测陀螺边的一井内巷道贯通

三、两井间巷道贯通时，相遇点 K 在水平重要方向上的误差预计

如图 8-18 所示，地面从近井点 P 向一号井和二号井分别敷设支导线 P—Ⅰ—Ⅱ—Ⅲ和 P—Ⅳ—Ⅴ—Ⅵ，测角中误差为 $m_{\beta上}$，量边中误差为 $m_{\alpha上}$，导线独立施测两次，井下用陀螺经纬仪测定 5 条导线边的坐标方位角 $\alpha_1,\alpha_2,\cdots,\alpha_5$，其定向中误差分别为 $m_{\alpha_1},m_{\alpha_2},\cdots,m_{\alpha_5}$，在一号井和二号井中各挂一根垂球线（长钢丝下悬挂重锤），与井下定向边 A—1 和 C—23 联测，以传递平面坐标。井下导线被分成 AE、EM、MK、BC、NK 六段，其中 MK、BC、NK 三段为支导线，AE、EM、CN 三段为方向附合导线，井下导线独立测量两次，测角中误差为 $m_{\beta下}$，量边中误差为 $m_{l下}$。

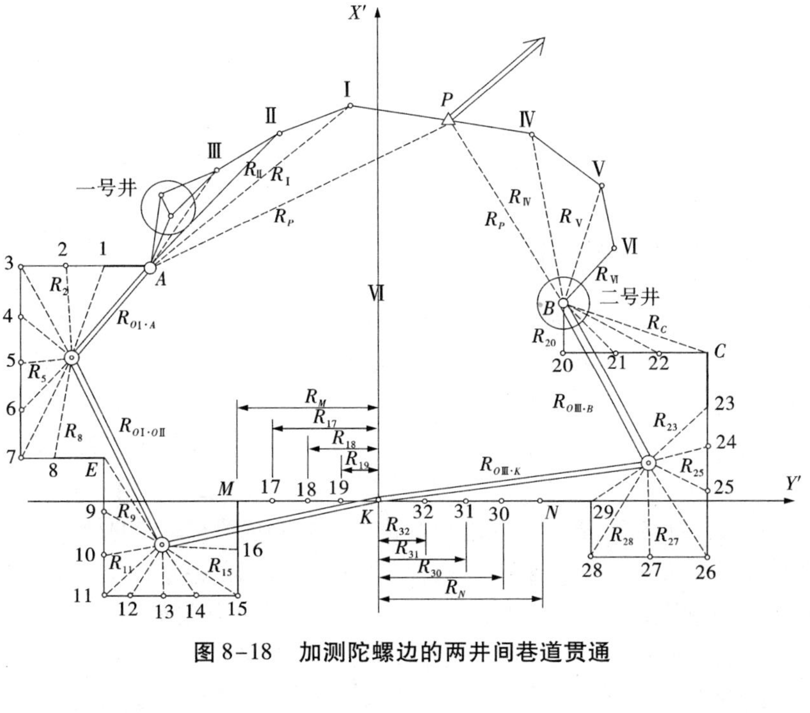

图 8-18　加测陀螺边的两井间巷道贯通

贯通相遇点 K 在水平重要方向 X' 上的误差预计方法如下。

(1)由地面导线测量引起的 K 点在 X' 上的误差为

$$M_{X'上}^2 = \frac{m_{\beta上}^2}{2\rho^2}\left(\sum_P^A R_{Y'}^2 + \sum_P^B R_{Y'}^2\right) + \frac{1}{2}\left(\sum_P^A m_{l上}^2 \cos^2\alpha' + \sum_P^B m_{l上}^2 \cos^2\alpha'\right) \tag{8-38}$$

式中 $R_{Y'}$—— 地面导线各点与井下导线的起始点 A 和 B(视为近井导线的终点)的连线在 Y' 轴上的投影长度；

α'—— 导线各边与 X' 轴间的夹角。

(2)由陀螺定向误差引起的 K 点在 X' 上的误差为

$$M_{X'0}^2 = \frac{1}{\rho^2}[m_{\alpha1}^2(y'_1 - y'_{O\mathrm{I}})^2 + m_{\alpha2}^2(y'_{O\mathrm{I}} - y'_{O\mathrm{II}})^2 + m_{\alpha3}^2(y'_{O\mathrm{II}} - y'_K)^2 + m_{\alpha4}^2(y'_{OB} - y'_{O\mathrm{II}})^2 + m_{\alpha5}^2(y'_{O\mathrm{II}} - y'_K)^2] \tag{8-39}$$

(3)由井下导线测角误差引起的 K 点在 X' 上的误差为

$$M_{X'\beta下}^2 = \frac{m_\beta^2}{2\rho^2}\left(\sum_{O\mathrm{I}}\eta^2 + \sum_{O\mathrm{II}}\eta^2 + \sum_{O\mathrm{III}}\eta^2 + \sum_M^K R_{Y'}^2 + \sum_N^K R_{Y'}^2\right) \tag{8-40}$$

式中 η——各段方向附合导线的重心与该段导线各点连线在 Y'轴上的投影长度；

$R_{Y'}$—— 地面导线各点与井下导线的起始点 A 和 B(视为近井导线的终点)的连线在 Y' 轴上的投影长度。

(4)由井下导线测边误差引起的 K 点在 X' 上的误差为

$$M_{X'l下}^2 = \frac{1}{2}\sum m_{l下}^2 \cos^2\alpha' \tag{8-41}$$

(5)贯通相遇点 K 在 X'方向上的总中误差为

$$M_{X'K} = \pm\sqrt{M_{X'上}^2 + M_{X'O}^2 + M_{X'\beta下}^2 + M_{X'\alpha下}^2} \tag{8-42}$$

(6)贯通相遇点 K 在水平重要方向 X' 上的预计误差为

$$M_{X'预} = 2M_{X'K} \tag{8-43}$$

第六节 贯通实测资料的精度分析与技术总结

一、贯通实测资料的精度分析

贯通测量工作,尤其是一些大型重要贯通的测量工作,通常要独立进行两三次甚至更多次,这样便积累了相当多的实测资料,从而使我们有条件对这些资料进行精度分析,以评定实测成果的精度,并为以后再进行类似贯通测量工作提供可靠的参考和依据。

例如,可以由多个测站的角度的两次或多次独立观测值,分析评定测角精度,用多条导线边长的两次或多次独立观测结果分析评定量边精度,并将分析评定得到的数值与原贯通测量误差预计时要求的测角、量边精度进行对比,看是否达到了要求的精度。如果实测精度太低,则有必要返工重测或采取必要措施以提高实测精度,以免给贯通工程造成无法挽回的损失。又如,可以由两次或多次独立定向成果求得一次定向中误差;由地面或井下复测支导线的两次或多次复测所求得的导线最终边坐标方位角的差值和导线最终点的坐标差值来衡量导线的整体实测精度。尽管根据两次或三次成果来评定定向和导线测量的精度时,由于数据较少,评定出的结果不十分可靠,但也在一定程度上客观地反映了实测成果的质量,有利于我们在贯通测量的施测过程中及时了解和掌握各个测量环节,而不是直到贯通工程结束后才去面对最后的实际贯通偏差。

综上所述,贯通实测资料的精度分析有两个作用:一是可以指导正在实施的贯通工程,把分析得到的各实测误差参数值与贯通误差预计时所采用的参数值进行比较,以判断原预计时所采用的方案是否恰当;二是为以后的矿井贯通测量积累实测资料,以便能在将来的贯通误差预计中采用更准确的预计参数。

【例 8-4】 某矿立井贯通测量的精度分析评定。

该矿在距风井(立井)1.6 km 处用贯通方式开凿一新立井,井深 450 m。地面采用光电测距导线联测,共 11 个测站,全长 1 930 m,平均边长 193 m。施测时采用的技术指标测角中误差为 5″,导线相对闭合差为 1/15 000,采用 TOPCON GTS-223 全站仪测角测边。导线共独立施测了三次,其最终边坐标方位角和终点坐标列于表 8-4 中。

表 8-4　地面导线最终成果

独立测量次数	最终边方位角 (° ′ ″)	Δα (″)	最终点坐标					导线相对闭合差
			x	f_x	y	f_y	f	
1	211 08 59	−11	897.109	−0.004	506.452	−0.009	0.010	1/193 000
2	211 08 40	8	897.133	−0.028	506.442	+0.001	0.028	1/69 000
3	211 08 45	3	897.073	+0.032	506.435	+0.008	0.033	1/58 000
平均值	211 08 48		897.105		506.443			

(1)地面导线的实际一次测角中误差为

$$m_{\beta 上} = \pm\sqrt{\frac{[\Delta\alpha]^2}{N(N-1)}} = \pm\sqrt{\frac{(-11)^2+8^2+3^2}{11\times(3-1)}} = \pm 3.0''$$

(2)地面导线终点点位三次测量平均值的中误差为

$$m_{上} = \pm\sqrt{\frac{[f]^2}{N(N-1)}} = \pm\sqrt{\frac{0.010^2+0.028^2+0.033^2}{3\times(3-1)}} = \pm 0.018(\mathrm{m})$$

平面联系测量是通过风井采用一井定向的几何定向方式,共独立进行了三次,三次定向分别测定的井下导线起始边的坐标方位角列入表 8-5 中。

表 8-5　井下导线起始边方位角成果

独立测量次数	起始边方位角 (° ′ ″)	Δα(″)	$(\Delta\alpha)^2$
1	230 47 52	−27	729
2	230 47 12	13	169
3	230 47 11	14	196
平均值	230 47 25	$\sum(\Delta\alpha)^2$	1 094

(3)三次定向平均值的中误差为

$$m_{\alpha0} = \pm\sqrt{\frac{[\Delta\alpha]^2}{N(N-1)}} = \pm\sqrt{\frac{1\ 094}{3\times(3-1)}} = \pm 13.5''$$

(4)由定向测量误差引起的井下导线终点(即待贯通的立井中心)的点位中误差为

$$m_0 = \pm\frac{m_{\alpha0}}{\rho}R_0 = \pm\frac{13.5}{206\ 265}\times 1\ 770 = \pm 0.116\ (\mathrm{m})$$

该贯通工程的井下导线也独立施测了三次,导线全长 2 591 m,共计 35 个测站,平均边长 74 m,采用北光厂 DCB1-J 型防爆测距经纬仪测角测边。井下导线三次独立测量的最终成果列入表 8-6 中。

表 8-6 井下导线最终成果

独立测量次数	最终边方位角 (° ′ ″)	Δα (″)	最终点坐标					导线相对闭合差
			x	f_x	y	f_y	f	
1	196 59 47	+29	103.628	−0.211	944.923	+0.155	0.262	1/9 800
2	197 01 03	−47	103.340	+0.077	945.281	−0.203	0.217	1/11 000
3	196 59 58	+18	103.283	+0.134	945.030	+0.048	0.142	1/18 000
平均值	197 00 16		103.417		945.078			

(5)井下导线实际的一次测角中误差为

$$m_{\beta下} = \pm\sqrt{\frac{[\Delta\alpha]^2}{n(N-1)}} = \pm\sqrt{\frac{29^2+(-47)^2+18^2}{35\times(3-1)}} = \pm 6.9''$$

(6)井下导线终点位置三次测量平均值的中误差为

$$m_{下} = \pm\sqrt{\frac{[f]^2}{N(N-1)}} = \pm\sqrt{\frac{0.262^2+0.217^2+0.142^2}{3\times(3-1)}} = \pm 0.150(\mathrm{m})$$

(7)由地面导线、一井定向和井下导线测量所引起的总的点位中误差为

$$M_{预} = \pm 2\sqrt{M_{上}^2+M_0^2+M_{下}^2} = \pm 2\sqrt{0.018^2+0.116^2+0.150^2} = \pm 0.381(\mathrm{m})$$

立井贯通后,经过新井定向联测到井下导线的原最终边和最终点,其方位角闭合差为 −29″,坐标闭合差为 $f_x=+0.086$ m、$f_y=-0.073$ m、$f=0.113$ m。

可见,最终的贯通实际偏差小于贯通预计误差,所以按实测成果进行的精度评定和误差预计,只能估算出贯通偏差大小可能出现的范围,而不是给出实际贯通偏差的确切数值。

二、贯通测量技术总结编写纲要

重大贯通工程结束后,除测定实际贯通偏差、进行精度评定外,还应编写贯通测量技术总结,连同贯通测量设计书和全部内业资料一起促成。

贯通测量技术总结的编写提要如下:

(1)贯通工程概况。贯通巷道的用途、长度、施工方式、施工日期及施工单位。贯通相

遇点的确定。

(2)贯通测量工作情况。参加测量的单位、人员,完成的测量工作量及完成日期,测量所依据的技术设计和有关规范。测量工作的实际支出决算,包括人员工时数、仪器折旧费和材料消耗等。

(3)地面控制测量。包括平面控制测量和高程控制测量。平面控制网的图形;测量时间和单位,观测方法和精度要求,观测成果的精度评定;近井点的敷设及其精度。

(4)矿井联系测量。定向及导入高程的方法;所采用的仪器,定向及导入高程的实际精度。

(5)井下控制测量。贯通导线施测情况及实测精度的评定;导线中加测陀螺定向边的条数、位置及实测精度;井下高程控制测量及其精度;原设计测量方案的实施情况及对其可行性的评价,曾做了哪些变动及变动的原因。

(6)贯通精度。贯通工程的容许偏差值;贯通的预计误差,贯通的实际偏差及其对贯通井巷正常使用的影响程度。

(7)对本次贯通工作的综合评述。

(8)全部贯通测量工作明细表及附图。

复习题

1. 编制贯通测量设计书的主要目的是什么?
2. 贯通测量设计书的编制内容有哪些?
3. 确定贯通误差预计的各种误差参数有哪些方法?
4. 试写出井下全站仪导线的测角误差和测边误差对贯通误差的影响公式。
5. 试写出井下水准测量和三角高程测量误差对贯通误差的影响公式。
6. 进行同一矿井内巷道贯通的误差预计时要考虑哪些误差的影响?
7. 进行两井间巷道贯通的误差预计时要考虑哪些误差的影响?
8. 地面 GPS 测量误差对两井间的贯通误差有何影响?
9. 在井下巷道中加测陀螺边对贯通误差有何影响?
10. 一井定向和两井定向的定向误差对贯通误差有何影响?
11. 贯通测量技术总结需要写哪些内容?

第九章 露天矿测量

第一节 露天矿测量概述

煤炭是我国重要的基础能源和原料,在国民经济中具有重要的战略地位。露天煤矿开发与建设,是我国“十一五”期间建设十三个大型煤炭基地的重要组成部分。国家《“十一五”煤炭行业发展规划》中提出“大型煤炭基地建设将以大型煤炭企业为主体,优先建设大型现代化露天煤矿和矿井”;《中国节能技术政策大纲》12.3.1 中明确指出:“新建矿山,在采矿技术和经济条件允许的情况下,优先采用露天开采。大中型露天矿,边坡稳定,岩石坚硬,尽量采用陡帮开采;深凹露天矿,宜采用汽车胶带联合运输方案;露天采矿设备应逐步大型化、配套化。”

世界各主要采煤国都优先发展露天采煤。以露天煤矿的产量占煤炭生产总量计算,德国为76.6%,澳大利亚为71.2%,印度为70.5%,美国为67.0%,俄罗斯为58.2%,南非为52.9%。目前,我国露天煤矿的产量只占煤炭总产量的5.0%左右。

20 世纪 50 ~ 60 年代,我国在苏联的援助下,建设了一批露天开采骨干矿山。其中抚顺西露天矿、阜新海州矿生产能力皆在 3 Mt/a(百万吨/年)以上。全国露天煤矿年生产能力为2 000 余万 t。这一阶段的露天开采工艺,以单斗—铁道工艺为主,完成产量占 90% 以上。较大型露天矿采用3 ~ 4 m^3 单斗电铲,向标准轨距(1 435 mm)列车装车;小型露天矿则多采用 1 m^3 电铲装载窄轨(900 mm 以下)矿车,只有个别矿山采用卡车运输。准轨机车黏着质量为 80 ~ 150 t,自翻车载重 50 ~ 60 t。20 世纪 70 年代以后,我国决定开发五大露天煤矿,即安太堡、黑岱沟、霍林河、伊敏河、元宝山露天矿。其设计总生产能力为 52 Mt/a,80 ~ 90 年代,五大露天矿已经先后建成移交生产。这一阶段,露天开采工艺也发生了较大变化,卡车运输逐渐取代铁道运输,据 1991 年统计,在 14 个国营统配露天煤矿中,58% 的煤和 43% 的剥离物已由卡车运出。随着新建矿山产量规模的逐年提高,此比例继续扩大,目前卡车运输已占统治地位。21 世纪以来,我国露天煤矿发生了若干重要变化。近年在卖方市场的刺激下,生产矿山纷纷增加产量,扭亏增盈,多年来未达设计产量的矿山迅速实现达产。黑岱沟、安家岭露天矿的发展尤为喜人。生产矿山在已有高产高效基础上进行改扩建,同时引进先进工艺与技术,以进一步提高经济效益。如黑岱沟引进巨型拉斗铲,辅以抛掷爆破,进行倒堆剥离,将原生产能力 12 Mt/a 提高到 20 Mt/a;小龙潭露天矿进行技术改造,将产量由原设计 4.8 Mt/a 一举提高到 13 Mt/a;伊敏河露天矿 3 期扩建生产能力将达 21 Mt/a。若干新建矿山已经立项或已动工兴建。于 1997 年动工建设的安家岭露天矿已经建成;胜利 1 号露天矿设计产量 20 Mt/a,采用拉斗铲倒堆与移动破碎半连续工艺进行剥离工程;哈尔乌素露天矿设计产量 20 Mt/a,采用拉斗铲倒堆,56 m 级电铲+300 t 以上级卡车进行剥离;白音华露天矿设计产量 15 Mt/a,采用移动破碎半连续工艺进行剥采工程等。我国露天采煤新高潮正在到来。这个露天开采新高潮的标志是:采用现代先进开采技术与工艺,实行高度集中化开采，充分利用工程承包制，快速建设露天矿。全国露天煤矿远景总生产能力将达5亿～7亿t，发展前景相当乐观。

露天采矿工程和其他工程一样，都占有一定的空间位置，而且工程各部位之间存在着严格的相对位置关系。为满足露天采矿工程中各工程及各工程之间的相互位置关系所进行的测量工作，称为露天采矿测量。内容包括控制测量、采场验收测量、工程测量、矿图绘制与资料管理。

第二节　露天矿控制测量

一、露天矿控制测量介绍

露天矿基本控制网是露天矿一切测量工作的基础，它分为基本平面控制网和基本高程控制网。

根据露天矿生产建设对测量工作的要求，地面三四等三角网、边角网、测边网或导线网、一级小三角网、一级小测边网或一级导线网均可作为露天矿的基本控制。小型露天矿可采用二级小三角网、二级小测边网或二级导线网作为矿区的基本控制。基本高程控制一般采用地面三四等水准网（点），小型露天矿亦可用等外水准作为基本高程控制。

露天矿坑根据生产需要，允许采用与矿体走向线垂直和平行的独立平面坐标系统，但必须与矿区坐标系统联测，以便进行坐标换算。高程一般应采用国家统一高程系统。

有条件时，亦可采用相应的GPS网点作为露天矿的基本控制。

布设露天矿基本控制网时，必须满足以下要求：

（1）根据露天矿的地形状况，在选择基本控制方案时，应使控制点能均匀分布在露天矿坑四周的边帮上，以便为设置露天工作控制创造良好的条件。

（2）选点时须注意采矿场轮廓和露天边坡坡度。尽量使较多的基本控制点能够在矿坑内看到。

（3）设点时应考虑采矿工作的发展方向和边坡滑（移）动的影响，使控制点能够在较长的时间内不被破坏，一般应尽可能设在固定帮一侧，并且位于矿坑境界外的稳定地区。

（4）平面控制网的大部分点应测定高程，所以露天矿的平面控制网在一般情况下又是高程控制网。

二、露天矿平面工作控制测量

露天矿建立了基本控制网以后，还不能满足采剥生产和工程施工的要求，必须在基本控制的基础上，在采场、排土场建立平面工作控制点。露天矿的平面工作控制网（点），一般分为两级：Ⅰ级工作控制是在基本平面控制的基础上加密，测角中误差为±10″；Ⅱ级工作控制是在Ⅰ级工作控制或基本控制的基础上加密，测角中误差为±20″。为满足露天采场内验收测量及其他测量工作的需要，工作控制点应有一定的密度精度。点的密度依图的比例尺而异，当测图比例尺为1∶1 000时，工作控制点的距离不应大于200 m；当测图比例尺为1∶500时，测点间的距离不应大于150 m。工作控制点的精度，以成图精度为依据，要求工作控制点相对于基本控制点的点位误差不大于图上0.2 m。

在采场、排土场以外，需要长期保存的工作控制点应埋设永久点，并建立觇标，采场内的工作控制点可埋设临时点，用木桩或铁棒固定在采剥平盘上，也可用红色铅油在暂时不被采动的岩石上标出其位置。

露天矿工作控制网（点）的布设方法要根据采场的地形条件、煤层的轮廓、开采深度及方向，以及所采用的碎部测量方法来确定，采用极坐标法、导线法、断面线法、交会法、小三角网（锁）法和方格网法等方法测定。

（一）极坐标法

用光电测距仪测边的极坐标法布设工作控制点，具有布点灵活、施测方便、计算简单、精度可靠等优点。图 9-1 中 A、B 为基本控制点，1，2，3，…为欲布设的工作控制点，在 B 点安置测距仪，后视 A 点，依次瞄准 1，2，3，…的反射镜，测出斜距 $s_1, s_2, s_3, \cdots$，倾角 $\delta_1, \delta_2, \delta_3, \cdots$，水平角 $\beta_1, \beta_2, \beta_3, \cdots$。工作控制点的坐标为

$$\left.\begin{aligned} x_i &= x_B + s_i\cos\delta_i\cos\alpha_i \\ y_i &= x_B + s_i\cos\delta_i\sin\alpha_i \end{aligned}\right\} \tag{9-1}$$

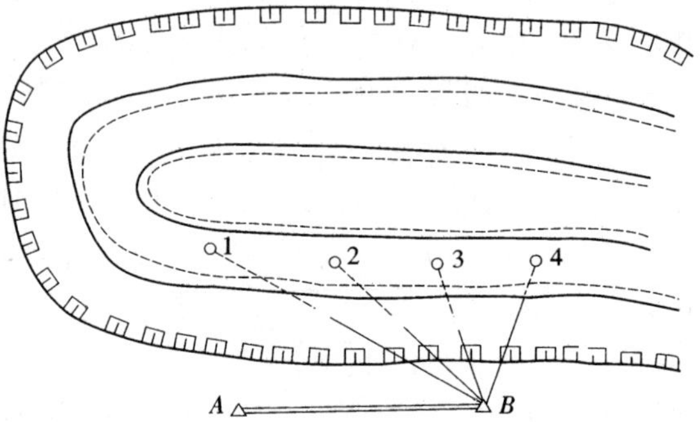

图 9-1　极坐标法

第 i 点的点位中误差为

$$M_i = \pm\sqrt{\cos^2\delta_i m_s^2 + R_i^2\frac{m_\beta^2}{\rho^2}} \tag{9-2}$$

式中　m_s——测距仪的测距中误差；

m_β——测水平角中误差；

R_i——测站点 B 至第 i 点的连线长度。

用全站仪极坐标法布设工作控制点，则更为简单、方便。在图 9-1 中的 B 点安置全站仪，后视 A 点，依次瞄准 1，2，3，…点的反射镜，直接测出各点的坐标即可。

（二）导线法

当采场、排土场的走向较长且平盘较宽时，宜采用导线法建立工作控制网。导线路线应尽可能以直伸形状敷设在同一个阶段工作平盘上，在采场端帮也可布设跨阶段的闭合导线。图 9-2 为以导线形式布设的露天采场工作控制网。图中 A_2、B_2、A_3、B_3 及 A_n 点为用极坐标法建立的露天 Ⅰ 级工作控制点。A_2—1—2—3—4—B_2 和 A_3—1—2—3—4—B_3 为布设在第二和第三阶段上的直伸形附合导线。A_n—1—2—3—4 是随着掘（拉）沟工程进展向前敷设的复测支导线。A_2—Ⅰ—Ⅱ—…—Ⅵ—A_2 为采场西端帮跨第二、第三阶段的闭合导线。这 4

条导线均属于露天Ⅱ级工作控制点。

有条件的露天矿，尽可能采用全站仪或光电测距导线布设工作控制网，也可采用传统的经纬仪钢尺导线。光电测距导线的主要技术指标见表9-1。

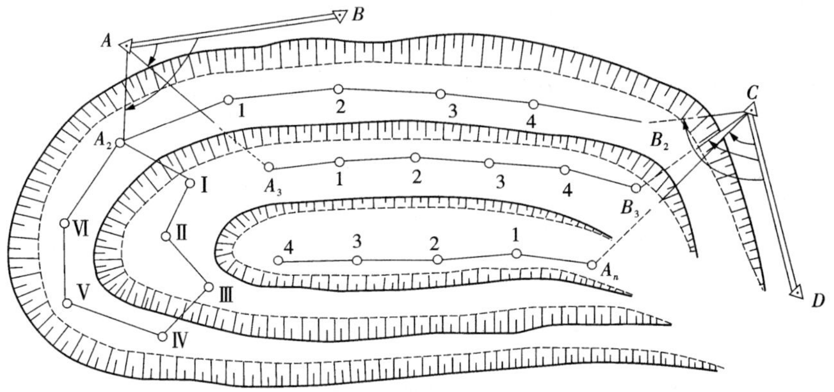

图9-2 导线法布设工作控制网

表9-1 光电测距导线观测要求

级别	附合导线长度（m）	平均边长（m）	测角中误差（″）	方位角闭合差	导线全长相对闭合差
Ⅰ级	2 400	200	±10	$\pm20\sqrt{n}$	1/10 000
Ⅱ级	1 500	150	±20	$\pm40\sqrt{n}$	1/6 000

注：n 为附合导线的总测站数。

（三）断面线法

在露天采场的采剥平盘（即工作线长度）较长、开采深度较深的情况下，宜采用断面线法。断面线法的优点是在采场内根据断面线上的工作点，可以很容易地确定某一点的坐标值，从而有利于生产、工程管理和测量工作的进行。

各条断面线应大致垂直于矿床走向，并相互平行、间距相等。断面线的间距通常同勘探线间距一致，一般为40 ~250 m。

每条断面线上有基点和工作点。基点起着固定该断面线位置的作用，基点应是基本控制点或Ⅰ级工作控制点，基点应设置在露天采场两帮的稳定地带，当只能设在一帮时，其数目不得少于2个，点间距应大于40 m，并随着采剥工程的进展，及时将基点移设到非工作帮的下部阶段平盘上，以提高露天采场深部工作控制点的精度。

图9-3为采用断面线法布设工作控制点的平面示意图。断面线间距为200 m，主断面线EW0与矿床走向垂直，与露天矿假定坐标系统 x 轴重合，往东各断面线上各点的横坐标分别为E2000，E4000，…；往西各断面线上各点的横坐标分别为W2000，W4000，…。

为了实地标定出断面线的位置，首先应在采场四周（警戒线外）布置露天矿基本控制网，如图9-3中的Ⅰ，Ⅱ，Ⅲ，…，Ⅷ点，然后根据这些基本控制点再标定出各断面线。由于各断面线上基点的设计坐标是已知的，就可根据这些设计坐标值算出各基点相对于有关基本控制点的标定要素，从而采用极坐标法用全站仪或光电测距仪标定出这些基点。然后利用这些基点标定出各断面线上的工作点，其方法有如下三种。

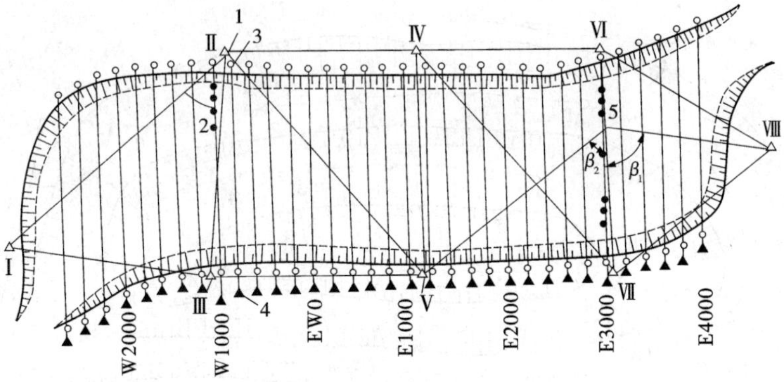

图 9-3　断面线法

1. 全站仪或光电测距仪法标定

在断面线的一端基点上安置测距仪，后视另一端点上的觇标，此时的仪器视线就处在该断面线的方向上，然后依次照准立在各平盘上的反射镜。测出斜距 s_i、倾角 δ_i，利用基点的已知坐标，便可求出各工作点的平面坐标。或者在断面线一端基点上安置全站仪，用同样的方法直接测出各工作点的平面坐标。

2. 导线法标定

从断面线的基点开始，以直伸形导线测至矿坑最下部的一个工作点，与相邻断面线最下部的工作点联测并返测上去，形成闭合导线或导线网，经导线平差后算出各工作点坐标。

3. 断面线交会法标定

如图 9-3 所示在 E3000 断面线的 5 号点上安置经纬仪，测出水平角 β_1 和 β_2，由于 5 号点到Ⅴ和Ⅷ的横坐标增量 Δy 为已知，故可求出其纵坐标增量 Δx：

$$\begin{aligned}\Delta x_{5\text{V}} &= \Delta y_{5\text{V}}\cot\beta_2 \\ \Delta x_{5\text{VIII}} &= \Delta y_{5\text{VIII}}\cot\beta_1\end{aligned} \tag{9-3}$$

进而可求得 5 号工作点的纵坐标为

$$x_5=\frac{x_{\text{V}}+\Delta x_{5\text{V}}+x_{\text{VIII}}+\Delta x_{5\text{VIII}}}{2} \tag{9-4}$$

(四)交会法

在形状复杂、开采深度较深、阶段平盘较窄的露天矿和阶段平盘较多的排土场，可采用交会法测设露天Ⅱ级工作控制点。采用这种方法时，在采场四周必须有足够的基本控制点和露天Ⅰ级工作点。

如图 9-4 所示，$A,B,\cdots,G,H$ 为露天矿基本控制点，P_1、P_2、P_3、P_4 为交会点。图形 ABP_1、$CDEP_2$、$EFGP_3$、GHP_4 分别表示侧方交会、后方交会、前方交会。

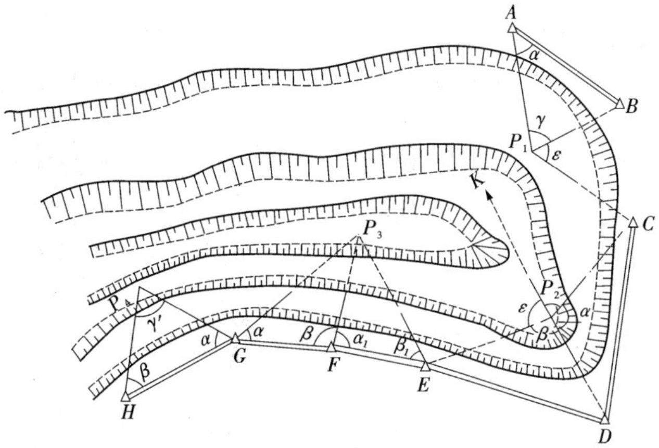

图 9-4　交会法

1. 基本要求

(1)前方、侧方交会的交会角不得少于3个基点,后方交会不得少于4个基点,当用2个基点作前方交会时,必须测出三角形的三个内角。

(2)前方、侧方交会的交会角,均应不小于30°和不大于150°。

(3)后方交会点应尽可能设置在3个已知点构成的三角形中。当交会点有可能位于3个已知点的外接圆的圆周附近时,则应特别注意,交会点与圆周的距离一般不应小于外接圆半径的1/5,或交会角 α、β 和固定角 D 之和不应在160°~200°。

(4)观测交会角的经纬仪精度应不低于 DJ_6 级,当采用后方交会时应尽可能提高测角精度。

(5)对交会点,一般应独立解算两组坐标。当两组坐标不符值不超过0.4 m时,取其算术平均值作为计算结果。在特殊情况下,如后方交会点只解算一组坐标,则必须进行点位精度估算,并用多余观测方向作检核,计算角和观测角之差小于 $M\rho/5\,000\,S$(S 为多余方向边的边长,单位为m;M 为测图比例尺分母)。

2. 测边交会法

当采场太深、视线倾角太大时,采用测边交会法在精度上比较可靠。一般是采用测边后方交会,即将光电测距仪安置在采场内交会点上,观测立于3个基本控制点上的反射镜,测得3条边长,解算出交会点坐标。

三、露天矿高程工作控制测量

露天矿高程工作控制分为Ⅰ、Ⅱ两级。一般情况下,Ⅰ、Ⅱ级平面工作控制点也是Ⅰ、Ⅱ级高程点。如果Ⅰ、Ⅱ级高程点尚不能满足采矿工程和基建工程的需要,可增设独立高程点。

露天矿Ⅰ级高程点应在三、四等水准点的基础上加密;Ⅱ级高程点应在三、四等水准点或Ⅰ级高程点的基础上加密。Ⅰ级高程点一般设在露天采场(或排土场)周围、采场固定帮和地面工业广场上,其点位应设在不受采动影响、便于使用和不致被破坏的地方。高程点应统一编号,并设置明显标志。露天矿高程工作控制可采用水准测量或三角高程测量方法布设。

(一)露天Ⅰ、Ⅱ级水准测量

露天Ⅰ、Ⅱ级水准路线,应以露天矿基本高程控制网、点为基础,敷设成附合路线、结点路线、环线或支线。

露天Ⅰ、Ⅱ级水准测量主要沿露天Ⅰ、Ⅱ级工作点进行。当组成闭合环或附合路线时,可采用单程观测;当以Ⅰ级水准路线作为露天矿基本高程控制或施测支线水准时,应进行往返观测或单程双测。单程双测法即用4个尺台,布置成左、右水准路线,在每一测站上测完左(或右)路线后,再测右(或左)路线。

露天矿工作高程网水准测量的主要技术指标应符合表9-2的规定。

表9-2　露天矿工作高程网的主要技术指标

等级	每千米高差中数中误差(mm)	环线或附合路线长度(km)	仪器级别	水准标尺	观测次数		往返互差、环线或附合路线闭合差(mm)
					与已知点联测	环线或附合路线	
Ⅰ	±15	10	DS_{10}	木质,单面或双面	往返各一次	往一次	$\pm 30\sqrt{L}$
Ⅱ	±25	4					$\pm 50\sqrt{L}$

注:计算两水准点往返测互差时,L为水准点间路线长度(km);计算环线或闭合路线闭合差时,L为环线或闭合路线长度(km)。

露天矿水准测量观测的技术要求见表9-3。当高程闭合差不超限时,可按测站数进行分配或取往返观测的平均值。

表9-3　露天矿水准测量观测的技术要求

等级	仪器级别	视线长度(m)	前后视距差(m)	前后视距累计差(m)	视线离地面最低高度(m)	基本分划、辅助分划(黑红面)读数差(mm)	基本分划、辅助分划(黑红面)高差之差(mm)
Ⅰ	DS_{10}	100	10	50	0.1	4	6
Ⅱ		100				5	7

注:用单面水准尺进行露天矿Ⅰ、Ⅱ级水准测量时,应变动仪器高观测,所测高差之差与黑红面所测高差之差的限差相同。

(二)三角高程测量

采用三角高程测量方法测定露天Ⅰ级高程点的高程时,应以三、四等水准点为起、闭点组成三角高程路线。对于露天Ⅱ级高程点,可在高一级高程点的基础上组成三角高程路线或用独立交会法测定其高程。

三角高程的倾斜角观测,通常与水平角观测一并进行。组成三角高程路线的各边,均应进行双向观测。仪器高和觇标高需要丈量两次,两次丈量互差应小于10 mm。

相邻两点间往返测的不符值或交会点由各个方向算得的高程不符值，不超过限差规定时，可取其平均值作为测量结果。露天矿三角高程测量的施测规格和限差要求见表9-4。

表9-4　三角高程测量主要技术要求

等级	仪器级别	测回数		倾斜角互差(″)	指标差互差(″)	对向观测高差互差(mm)	环线或附合路线闭合差(mm)
		中丝法	三丝法				
Ⅰ	J_2	1			15	0.4 l	$\pm 70\sqrt{L}$
	J_6	2	1	25	25		
Ⅱ	J_6	1			25	0.8 l	$\pm 100\sqrt{L}$

注：l 为相邻两点间的水平边长(m)，L 为环线或附合路线总长度(km)。

独立交会点由各方向推算的高程互差不得超过0.2 m。当交会边长超过400 m时，须进行地球曲率和大气垂直折光差改正。

露天Ⅰ、Ⅱ级三角高程闭合差不超过限差规定时，可按边长成比例进行分配。

第三节　露天矿采剥场验收测量

在露天矿生产过程中，为了及时了解生产的进展情况、作业机械的位置、工作平盘要素、矿石的产量和岩石的剥离量，以及配合开沟和爆破工程所进行的测量工作，称为露天矿采剥场测量，包括采剥场验收测量、技术境界测量、开掘沟道测量和爆破高程测量。这些测量工作是露天矿测量的主要组成部分，并属露天矿坑内的正常生产测量，故亦称露天矿生产测量。

一、采剥场验收测量

露天矿在剥离、露采(采场)工作中，必须及时地测量采、剥工作面的位置，验收采、剥工作面规格质量，计算岩土的剥离量和矿物的采出量。这些测量工作，统称为采剥场验收测量。其主要任务是：测量采剥工作面的位置并绘制采剥工程平面、断面图；按区域、阶段平盘、工程项目、电铲号等计算实际采剥工程量；在验收测量图纸上量取实际工程技术指标，如工作线长度、阶段平盘宽度、采剥进度、采宽、采高、工作帮坡度、阶段高程等。

为了检查计划执行情况，计算实际的剥采比以及安排生产计划，必须按旬、半月或月进行一次验收测量。

(一)验收测量的主要对象

验收测量的主要对象为采剥阶段的段肩和段脚，阶段平盘上的岩石堆，主要机械的位置，露天矿坑内的运输线路，地质勘探用的井巷和地质素描点，空巷、火区及水淹区，崩岩及水源，露天坑内的排水设施及泄水井巷，绞车道、栈桥、变电所和车库等的位置，大爆破用的井巷和硐室。

(二)采剥场验收测量方法

采场验收测量时，一般采用极坐标法，用全站仪直接测出各测点的坐标；或者用经纬仪测量水平角，用光电测距仪测量距离后，用极坐标法计算公式算出各测点的坐标；在一些小型露天矿或没有全站仪（测距仪）的露天矿，也可采用经纬仪测角、视距法测距来确定各测点的坐标。如图 9-5 所示，将经纬仪置于-28 平盘上的Ⅱ级工作点 *A* 上，根据基本控制点 *M* 定向，然后顺次瞄准立于段上 1，2，3，…和段下 1′，2′，3′，…各点的视距尺或反射棱镜，测出水平角和距离以确定各测点的位置。对露煤平盘进行验收测量时，应同时进行地质点的测绘工作，如图 9-5 中 1，4′，5′，…等点为被剥离露出的煤层顶板位置。

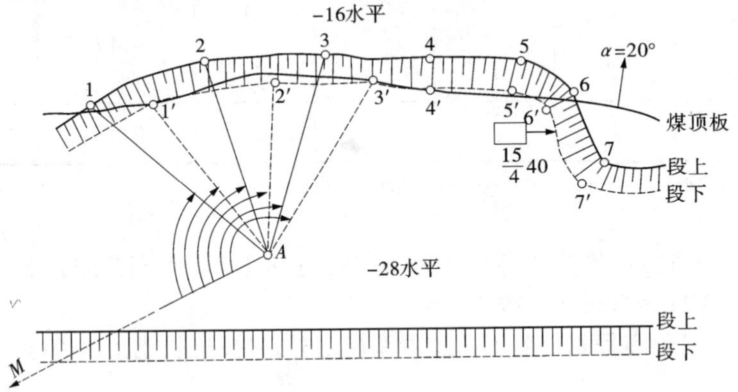

图 9-5　验收测量

采用经纬仪用视距方法进行验收测量时，应满足下列要求：

（1）视距测量应使用精度不低于 DJ_6级的经纬仪进行。所使用的水准尺（视距尺）应安装有水准气泡，尺上分米分划的分划误差不得大于 1 mm。

（2）视距测量的仪器站应是工作控制点，相邻两工作控制点的距离一般不应大于 200 m。在特殊情况下，允许在控制点上引测一个视距支导线点作为仪器站。引测时，水平角及倾斜角以一个测回观测，视距边长不得超过 80 m，并须进行往返测量。往返测的边长及高差不符值，分别不得大于 0.5 m 和 0.1 m，取其平均值计算点的平面坐标和高程。

（3）进行验收测量时的测点（立尺点），应选在所测对象有代表性的地方，但点间距离不得大于 25 m。经纬仪至视距尺的最大视距：测图比例尺为 1 ∶ 500 时，不得超过 100 m；比例尺为 1 ∶ 1 000 时，不得超过 150 m。

（4）在相邻两测站点上进行验收测量时，必须有 1 ~2 个测量校核点。两测站上测得同一校核点的点位偏差，在图上不得大于 1.5 mm，高程不符值不得大于 0.3 m。

（5）进行视距测量时，还应做到以下几点：

①经纬仪对中和量取仪器高的误差均不得超过 10 mm；②在水准尺处于竖直状态下读取视距；③视距读取至分米，倾斜角与水平角读至分；④在一测站测完后，须重新瞄准起始方向，检查水平度盘读数是否发生变化，如差值超过 2′，则所测各点须重测；⑤观测结果须记入专用的视距测量记录簿内，并绘出所测对象的略图，注明作业电铲位置及测量校核点编号。

（三）采剥工程平面图和断面图的绘制

采剥工程平面图绘制的传统方法是：根据外业测量出的水平角、水平距离和高程等碎部点展绘要素，将所测出的各碎部点依比例尺展绘在图纸上，并在点旁注出高程，将坡顶线和坡底线分别用实线和虚线连接起来，就绘制成了采剥工程平面图。采剥工程平面图是绘制其他矿图的基础。

采剥工程断面图则是根据采剥工程平面图转绘而成的。图 9-6(a)为采剥工程平面图，如果要绘制 EW0 断面线的断面图，首先在该断面线上选取诸如 0,1,…,5 等一系列特征点，并量取其与基准线 SN0 的水平距离；其次按给定的水平和竖向比例尺绘出断面格网，最后按比列尺将 1,2,…,5 各点展绘在格网上，并将各点依次相连，就绘制成了采剥工程断面图，如图 9-6(b)所示。

近年来，我国数字化测图技术的开发研究与应用发展很快。使用全站仪或半站仪，在野外数据采集采用编码和绘制草图，利用各种记录器或微型计算机记录，数据输入计算机，进行数据处理和图形处理，绘图仪输出成图；或者利用全站仪和便携机(电子平板)相结合，在野外采集数据，不用编码，测量数据直接进入电子平板绘图，现场修改、编辑，屏幕显示，最后由绘图仪输出成果。采用数字化测图技术，可及时准确地自动绘制完成采剥工程平面图，并为建立露天矿测量数据库和露天矿地质测量信息系统打下基础。

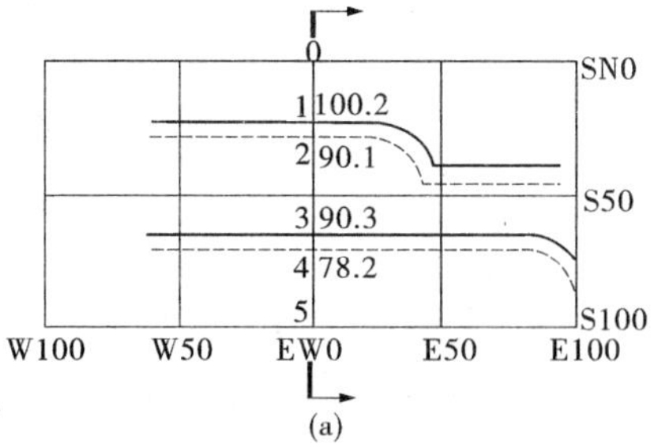

(a)

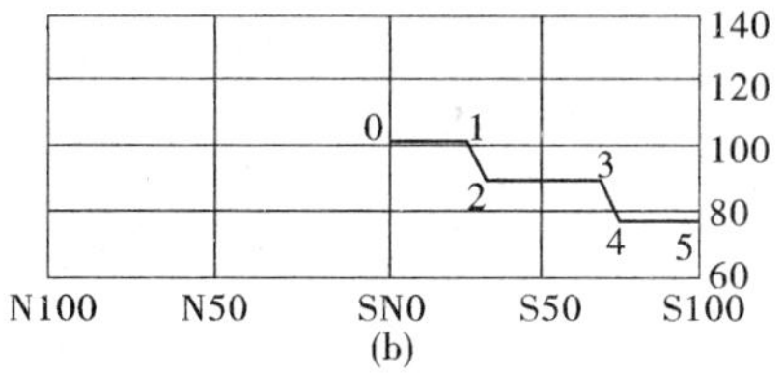

(b)

图 9-6　采剥工程断面图的绘制方法

根据露天矿采剥工程数字化平面图，利用数字化测图系统的相关功能，可自动绘制任意断面的采剥工程断面图。

计算验收量用的采剥工程平面图和断面图，按《规程》的有关规定绘制，并须符合下列要求：

(1)采剥工程断面图的间距不得大于 25 m。

(2)工作控制点的点位展绘误差不超过图上 0.3 mm，刺孔不大于 0.2 mm；作为起始方向线的方向描绘误差不超过±10′。

(3)用极坐标法绘制碎部点，其方向描绘误差不超过±10′，量距误差不超过图上±0.2 mm。

(4)由平面图转绘断面图，其横向误差不超过图上±0.4 mm，纵向误差不超过图上±0.2 mm。

(四)验收量计算

验收量(采剥工程量)计算的传统方法是图解法。所谓图解法，就是从采剥工程平(断)面图上量取有关数据，计算验收量。图解法又分为垂直断面法和水平断面法。当采剥平盘的坡顶线和坡底线近似呈直线且较长时，宜采用垂直断面法；否则宜采用水平断面法。目前在大型露天矿中计算验收量时，一般采用垂直断面法。

1. 垂直断面法

用垂直断面法计算验收量，首先在已绘出的平面图上按一定间隔绘出剖面线，沿此剖面线绘制采剥工程断面图；然后在断面图上求出断面面积，将相邻两断面的平均面积，乘以断面间距，即得验收体积；最后用验收体积乘以有用矿物的容重，便求得验收量(重量)。

断面之间的距离为 10～25 m，为保证计算验收量的精度，在台阶顶(底)线形状复杂和台阶高度变化大的地方加设辅助断面。由于断面线不一定都正好位于测点(验收作业时的立尺点)上,此时断面线的高程可根据邻近两个测点的高程用内插法求出。断面的面积,可以用几何图形法求出,也可以用求积仪求出。图 9-7 为垂直断面法计算验收量的示意图。

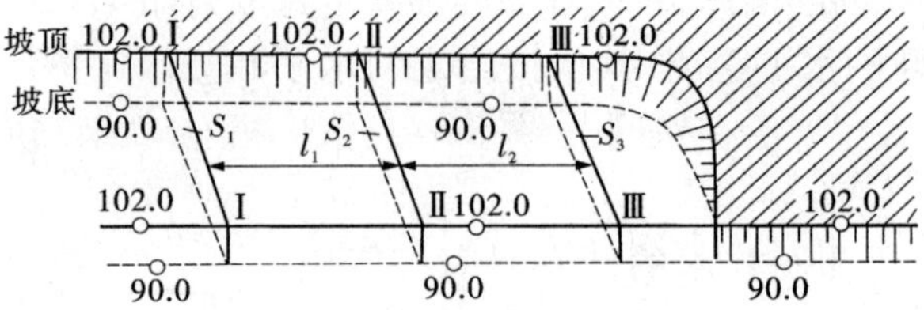

图 9-7　垂直断面法计算验收量

理论分析和实践证明,根据平面图绘制断面图计算验收量的方法误差较大,而宜采用在平面图上量取采宽和直接用碎部点高程计算采高,从而求得采剥量的方法。

一个区间的采剥总体积可按下式计算:

$$V = S_1 l' + \left(\frac{S_1 + S_2}{2} + S_2 + S_3 + \cdots + S_{n-1}\right) l + S_n l'' \tag{9-5}$$

式中　$S_1, S_2, S_3, \cdots, S_n$——相应断面的断面面积;

l'——采掘点至第一个断面的距离;

l''——第 n 个断面至采掘终点的距离;

l——断面间距。

设有用矿物的容量为 R,则验收量(重量)可用下式计算:

$$Q = VR \tag{9-6}$$

2. 水平断面法

图 9-8 为水平断面法计算验收量的示意图,$A_1B_1C_1D_1$ 和 $A_2B_2C_2D_2$ 分别为上期末和本期末的采剥终止线。设上平盘 $A_1A_2B_1B_2$ 和下平盘 $C_1C_2D_2D_1$ 的面积分别是 S_1 和 S_2,上下平盘之间的平均高差为 h_a,则该采剥体的体积为

$$V = \frac{S_1 + S_2}{2} h_a \tag{9-7}$$

式中,S_1、S_2 可用求积仪根据平面图求得,h_a 应根据平盘上各测点的平均高程求得。验收量(重量)可用式(9-6)求得。

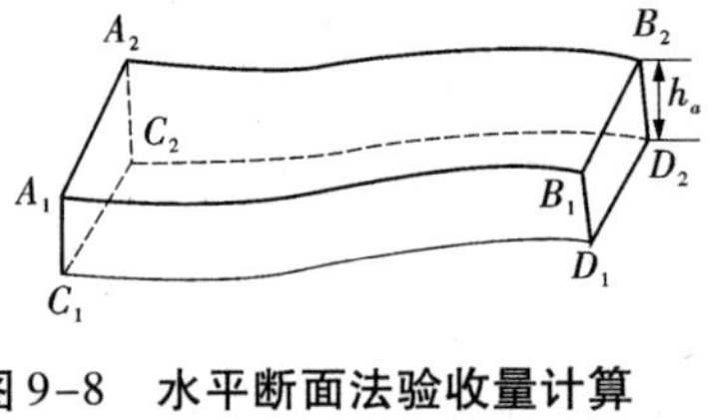

图 9-8　水平断面法验收量计算

3. 解析法

由于图解法计算验收量误差大,计算烦琐,效率低下,已越来越不适应露天矿生产现代化的需要。随着全站仪、电子计算机等现代化设备的普及和数字测图系统、地理信息系统的推广应用,验收量的计算由图解法向解析法发展是必然趋势。

所谓解析法计算验收量,就是利用全站仪或光电测距仪等仪器设备采集验收台阶各碎部点的平面坐标和高程;根据验收台阶上、下盘边界线上各点的平面坐标,采用解析法面积计算公式为

$$S = \frac{1}{2}\sum_{i=1}^{n} x_i(y_{i+1} - y_{i-1})$$

或 (9-8)

$$S = \frac{1}{2}\sum_{i=1}^{n} y_i(x_{i-1} - x_{i+1})$$

计算出上、下盘的面积，然后计算出上、下盘间的面积，再计算出上、下盘间的平均高差，最后利用式(9-7)和式(9-6)计算出验收体积 V 和验收量 Q。上述计算是通过设计专用功能模块用计算机计算出来的。

4. 全月验收量计算

由于验收时间不可能正好在月末，所以全月验收量需按下式计算：

$$V_{月} = V_{验} + V_{本} - V_{上} \tag{9-9}$$

式中 $V_{月}$——全月验收量；

$V_{验}$——上月验收时间到本月验收时间内的验收量；

$V_{本}$——本月验收时间到本月末的生产统计量；

$V_{上}$——上月验收时间到上月末的生产统计量。

二、露天矿技术境界测量

露天矿的技术境界通常指露天矿最终境界，滑坡处理境界，干线站场境界，露煤工程境界以及年、季、月的设计计划境界等。

标定露天矿的技术境界，根据具体情况可采用极坐标法、断面线法或其他方法进行。

(一)标定方法

1. 极坐标法

用极坐标法标定露天矿最终技术境界时，通常是根据境界点的设计坐标和选定的工作点的坐标进行的。如图9-9(a)所示，P 为一选定的工作控制点，1、2、3、4、5 为设计给出的境界点，根据工作点和境界点的坐标，反算出已知工作点到每一境界点的坐标方位角 α_i 和边长 l_i。在 P 点安置全站仪(或光电测距仪)，照准起始方向 M，将水平度盘置零，拨水平角 α_i，测距 l_i，依次将各个境界点($i=1,2,3,\cdots$)标设于实地上。

2. 断面线法

当露天矿的工作控制网采用断面线法布设时，如图9-9(b)所示，则境界点可根据断面线上的工作控制点直接标定出来。这样只需要计算各条断面线上的工作控制点(例如10号点)至相应境界点的距离 $l_1, l_2, \cdots, l_n$。外业标定时，把标杆立在10号和11号工作点上，标出该断面线的方向，丈量由10号工作点到境界点的水平距离 l_i，并钉下境界标桩，即得境界线。

由于每条断面线在同一阶段平盘上均有1~2个工作控制点，而各境界点是由同一阶段平盘的不同工作点独立标定出来的，所以对于丢失的境界点的补测工作，也比较方便。

如果在一个阶段平盘上，由于某些原因已不具备两个工作点时，应用经纬仪在一个工作点上照准同一断面线上任一阶段上的工作点或后视标杆，定出断面线方向，再标定距离 l_i，并钉出境界桩。

(二)标定技术境界时的有关要求

(1)标定露天矿最终技术境界时，测站点至最终境界点的距离应用光电测距仪或钢尺

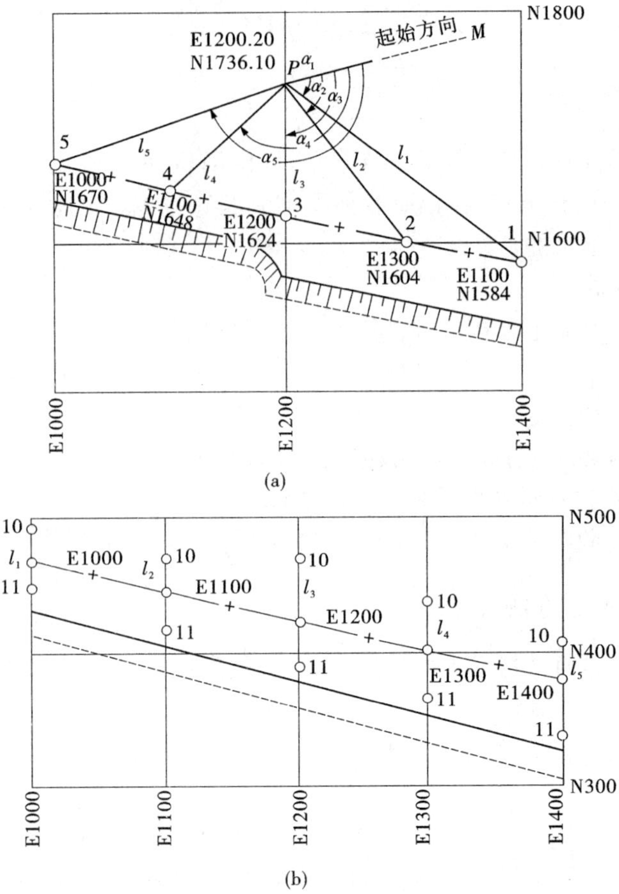

图 9-9　技术境界标定

测量，标定出最终技术境界点，埋设永久标石，以便供第一阶段验收测量和矿坑周围地形补测时作为图根点使用。

(2)除露天矿最终技术境界外，标定其他各种技术境界时，一般可按视距法标定测站点至技术境界点的距离。

(3)当计划图上没有给出生产计划境界线点的坐标数据，而且设计图的比例尺不小于1：1 000时，标定数据可用图解法求得，即用量角器和比例尺量出标定角值和边长，但这一工作必须独立进行两次，取平均值作为标定数据。

三、开掘沟道测量

在露天矿建设和生产时期，由于剥离、露煤和延深工程的需要，要开挖出、入沟和开段沟。这些沟道的平面位置和坡度都是设计好的，在开挖过程中所进行的测量工作称为开掘沟道测量。

开掘沟道测量的主要任务，就是将已设计好的沟道（方向、形式、坡度）标设于实地，以供施工需要。在沟道测量开始前，应具具有沟道平面图、沟道纵断面图和沟道横断面图等图纸资料。依据这些资料可以求出沟道中心线的设计方位角和沟道起始点的坐标、各段的设计高程和沟道设计坡度、沟道的宽度和沟道两帮的坡面角等。

在标定沟道时，可用极坐标法按露天Ⅱ级导线测量（标定出、入沟道时）或按碎部点测量的要求定出沟道的起点（或连接点）、中心线和肩线。在出入沟道的肩线桩（或中心线桩）上注明下挖深度，并沿肩线设置部分标杆，以示机械作业方向。

根据开沟的方法不同，标定时的具体要求如下。

（一）沿陡坡开掘出入沟时的测量方法

所谓沿陡坡开掘的沟道，是沟道的中心线与山坡的走向一致，而沟道的一侧为陡坡，如图 9-10(a)所示，这种沟道的具体标定方法如下：

（1）按设计坐标找出沟道中心线的起点或连接点 1。

（2）用临时标桩在实地上标出沟的中心线，如图 9-10(a)中的 3、4 点。标桩间的间距一般可为 20～100 m。

（3）根据沟道起点的设计高程及沟底纵向设计坡度，在陡坡地表面上标出沟的底部外侧边挖方"零位线"上的各"零位点"1′，2′，3′，…。

（4）根据在实地上已标出的"零位点"测出开沟中心线上对应点的下挖深度，并注记在各个点的标示板上。

（5）定出沟的肩线，如图 9-10(a)中的 1″，2″，3″，…。

（6）在沟道的曲线地段，应按设计测设曲线。

（7）机械开挖后，须及时恢复中线桩，并用几何水准测量各桩的高程，如图 9-10(a)的 1，2，3，…，以此作为线路施工时的依据。

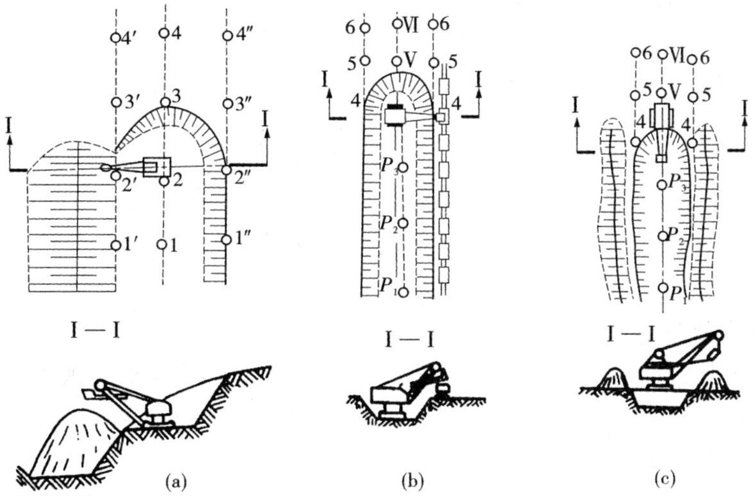

图 9-10　开掘沟道测量

（二）用上装车方式开沟或用吊斗式电铲开沟时的标定方法

所谓上装车开沟方式，是电铲在沟内、自翻车在沟上一侧的开沟方式，见图 9-10(b)；用吊斗式电铲开沟方式，是电铲在沟上、被挖出的岩石堆积在沟两侧的开沟方式，见图 9-10(c)。这两种开沟方式的标定方法和上述沿陡坡开沟时的标定方法基本相同。

（1）按设计图从沟道的起点（或连接点）开始，标出沟道中心线点，如图 9-10(b)中的

Ⅴ、Ⅵ等点,并在各中心标桩上注明开掘深度。中心线点间的距离一般可为 20～50 m,在曲线地段可适当加密。

(2)定出沟道两边肩线上的各点,如图 9-10(b)、(c)中的 4,5,6,…等点。

(3)在中心线或肩线点上设置标杆,以示机械作业方向。

(4)机械开掘后,恢复中线标桩并用几何水准方法测量各点高程,以检查能否满足设计坡度要求和便于铺设运输线路。

(三)用大爆破法开沟时的标定工作

(1)定出沟的中心线。

(2)按设计定出爆破用的井巷和硐室(包括装药平巷、硐室和小井等)的位置。

(3)爆破用井巷和硐室开好之后,应及时测量其实际位置并绘于采剥工程图上。

(4)在图上绘出爆破安全边界线并标定于实地。

(5)爆破后应进行实际爆破边界和爆堆的碎部测量,并以此计算爆破前实方量和爆破后的松方量。

(6)定出沟道的肩线桩,并根据设计高程,在一侧肩线桩上标出拉沟深度。

(7)随着沟道的开出,再一次标出沟道中心桩,用几何水准测量各桩的高程,并在桩上标出设计高程位置,以便为铺设运输线路提供依据。

四、爆破工程测量

爆破的效果,与炮孔间距、行距、炮孔口坡顶线的距离、阶段高度、最小抵抗线的大小、超钻值以及炸药质量和装药量等因素有关。这些参数的合理性大都需要经过测量才能确定。因此,爆破工程测量对提高爆破质量有着重要的作用。爆破工程测量内容包括以下五项。

(一)为爆破设计提供必要的图纸资料

(1)爆破地区的采剥工程平面图和断面图的复制图。图上应绘出阶段坡顶线、坡底线,并注明有代表性点的高程;开采煤层(矿层)和其他岩层的分界线及有关地质资料。

(2)根据穿爆工程需要,在各个阶段平盘上,沿采掘线和运输干线进行纵断面测量,并绘制成综合线路竖直面投影图,以示露天矿工作帮采矿运输系统和各阶段的阶段坡度以及任一区间的阶段段高。

(二)炮孔位置测量

炮孔位置测量包括两个方面:一是将设计图上的设计孔位标定于实地上,二是将实地上已有的孔位测绘于图上。

(三)爆破区的测量工作

当爆破孔打好后,需要对爆破地区进行全面测量,测量工作包括爆破区平面测量、高程测量、横断面测量和炮孔深度测量。

爆破区平面测量的内容包括爆破阶段的坡顶线、坡底线、炮孔位置、孔间距离、靠近段肩的炮孔中心到坡顶线的距离和爆破时岩石散落范围内的构筑物等。平面测量可采用极坐标法,用经纬仪测角,光电测距仪测距或钢尺、皮尺量距。

高程测量包括测出爆破阶段的段肩、段脚上有代表的点和炮孔口的高程,以确定爆破区的平均高度。高程点的密度根据阶段高度而定,一般情况下,点间的距离可为 10～13 m。高程测量一般宜用几何水准进行。

横断面测量的内容是测绘通过炮孔中心并垂直于坡顶线的垂直断面。其目的是能较准确地求出最小抵抗线的数值和正确地计算装药量,以提高爆破效果。

炮孔深度测量是在炮孔打完以后,及时对所有炮孔的孔深进行验收。孔深测量是用测绳零端悬一重物投入孔内来进行的。当孔内有积水时,应同时测出积水深度,以便选择炸药或采取扫孔措施。

(四)爆破测量的内业工作

爆破测量的内业工作主要包括绘制爆破区的平面图和通过炮孔的垂直断面图,确定最小抵抗线、底盘抵抗线和计算爆破量等。

爆破区平面图的比例尺一般为 1∶500 或 1∶1 000。图上应绘出爆破阶段的坡顶线和坡底线、炮孔的位置和炮孔口及炮孔底的高程、爆破区内的地质素描、爆破岩石散落边界及边界内的构筑物。

为了明显起见,垂直断面图的比例尺一般采用 1∶200。在图上应绘出阶段的坡顶线和坡底线,并关注高程、炮孔的位置及孔口和孔底的高程、坡面上特征点的位置、必要的地质资料。

(五)爆破验收测量

为了检查爆破工作的质量和效果,在爆破后还应对爆破区进行一次全面的测量,一般称为爆破验收测量。爆破验收测量应在爆前通过炮孔中心的断面线位置上进行。如图 9-11(a)所示,根据工作点 P_1 和 P_2,在断面Ⅳ上采用上述爆破区测量的方法和要求,测出爆后段肩、爆堆边界以及爆堆坡面上的 1,2,…等特征点的位置和高程。

爆破后测量的外业工作完成后,应绘制爆后的垂直断面图,如图 9-11(b)所示,以反映爆堆坡面的真实形状。

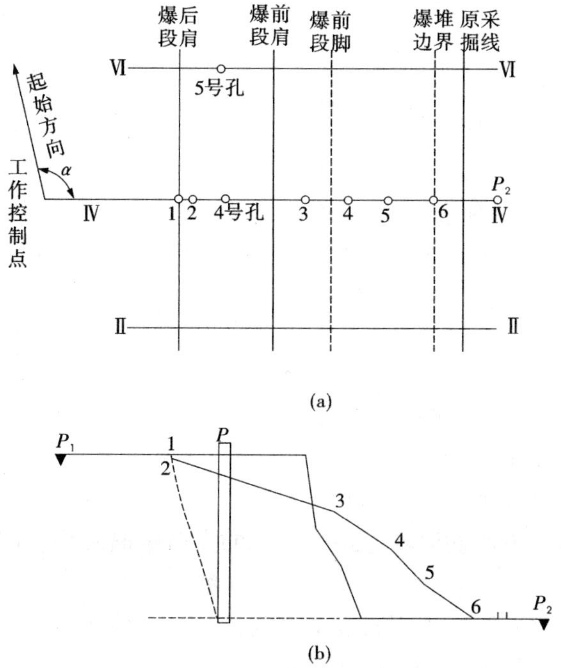

图 9-11　爆破验收测量

当电铲采掘完后,结合采剥验收测量,可确定实际的采剥位置,精确计算爆破区间的采出量,将其和预计的采剥位置与爆破量相比较,可以检验爆破工作的效果。

第四节　露天矿排土场测量与管理

一、排土场测量的主要任务

排土场测量是指在露天矿基建和生产时期对排土场所进行的测量工作。其主要任务为:

(1)在露天矿基建和改建时期,为设计排土场提供图纸资料。根据设计确定的排土场高度和面积,计算排土场的接收能力。根据最终境界,计算和划分各类排土场的面积和范围。实地标定排土场境界,埋设永久境界标桩。

(2)测绘境界内的地形图,并附必要的计算与说明资料。

(3)在露天矿生产过程中,为了及时了解排土场情况,以便有计划地安排各阶段剥离岩土的排弃位置,需要对排土场进行定期测量。测量要求在每年的 6 月末或 12 月末进行,每次可只测量这一段时间内有变动的阶段和构筑物。

(4)对贫矿储存阶段应进行定期的验方测量,计算出储存量并登入专用台账。

(5)对排土场杂煤区,除需要进行正常的测量外,当用试验法计算损失率时,还应及时在斜坡和平盘上标定出固定采样小槽或采样点位置,并画在测量图上,作为计算损失煤量和损失率的图纸资料。

(6)进行排土场下沉和变形的观测工作。

二、排土场排弃面积的计算

(一)排土场排弃面积的计算

根据地质勘探和技术设计资料,首先计算出全部露天矿的岩土剥离体积,然后乘以松散系数,换算成松散剥离体积。如果露天矿设有内部排土场,则应根据规定的排土高度和采空区区间,计算内部排土场的接收能力。在全部岩土剥离体积中减去可在内部排土场排弃的数量,就求得了外部排土场应排弃的岩土体积。再按照已经确定的排土高度,即可求出外部排土场的面积。

$$S = k\frac{V}{h} \tag{9-10}$$

式中　k——根据排土场地形条件所考虑的系数;

V——应在外部排土场排弃的岩土松方体积;

h——排土场的设计排土高度。

外部排土场的面积,再加上运输通路和必要的安全距离所增加的面积,即为排土场的总面积。

另外,应将露天矿贫矿松方体积和混杂煤的估算松方体积(内剥离量)所需要占用的排土场面积计算出来,加到外排土场的总面积内。

年度排土面积,可根据年度剥离计划产量和设计排弃进度按上述方法计算。但应分别求出每一阶段的排弃面积和年度境界,以便使排土工作有计划地进行。

(二)排土场境界的标定

排土场境界标定的方法和要求如下:

(1)以三四等三角(边)网、点或一二级小三角点以及同级导线点,作为标定最终境界转折点的控制基础。

(2)按照露天Ⅱ级工作控制的精度要求,对境界转折点进行定位测量,并埋设永久标石。

(3)在境界线上,每隔 100 m 左右埋设一个永久地界标石。临时境界可设临时地界标桩。

(4)转折点标石埋设并稳固后,应按露天Ⅰ级工作控制和Ⅰ级高程测量的精度要求,重新与露天矿基本控制网(点)联测,求出各转折点的坐标和高程,作为排土场的Ⅰ级工作控制。

(5)转折点之间的百米地界标石,可按照露天Ⅱ级工作控制和Ⅱ级高程点高程测量的精度要求,用经纬仪光电测距导线法或其他方法,测出其平面坐标和高程,作为排土场的Ⅱ级工作控制。

(6)年度进度境界,可采用极坐标法标定。

三、排土场测图

排土场境界内开始排土前的初期地形测量与普通地形测量方法和要求相同。但必须配合实地调查编制必要的统计和说明资料,包括排土场范围内的各种耕地面积,房屋、树木、坟地数量,输电、通信线杆的根数,公路、铁路长度等以供有关单位使用。

排土场开始使用后的测量工作与采剥场测量方法相同。但考虑到排土场测量次数少,时间比较集中,因此在加密Ⅱ级工作点时,可根据境界外基本控制点或排土场Ⅰ级控制点,布设小三角网(锁)和附合导线,或用全站仪测设支导线。在碎部测量时,可采用全站仪(光电测距仪)采集特征点信息,电子手簿记录(或微型计算机记录),数据输入计算机后进行数据和图形处理;绘图仪输出成图,或者利用全站仪和便携机相结合,野外通过电子平板编辑修改后,室内绘图仪输出成图。不具备数字测图条件的单位,也可采用经纬仪测记法、经纬仪配合小平板法成图。排土场测图的碎部点,应是所测对象的特征点。排土场测图的主要对象为排土阶段的坡顶线和坡底线,排土场内的运输线路、采样地点、排水设施、地类界与境界以及排土场下沉观测点的位置。

四、排土场下沉观测

排弃在排土场上的松方岩土,将随着堆置的时间而逐渐压实。结果就使排土场排土平盘发生了下沉和变形,从而将影响排土线和自翻车的作业安全。为了掌握这种下沉和变形的规律性,给排土场生产线路维修提供资料,需要建立排土平盘观测站并进行定期的观测工作。

观测站布置成方格网形,每个排土带一般至少设 3 排观测点。然后对格网的所有角点进行平面、水准测量。点的平面位置可用导线测量法、全站仪极坐标法或垂距法测定,点的高程可用几何水准法测定。根据测量结果可求出点的下沉曲线和下沉速度曲线图。

第五节　露天矿边坡滑移动观测

一、概述

矿山未开采时，地下的岩体保持着自然的应力平衡状态。随着矿山的采掘（剥），这种应力平衡状态便遭到破坏，引起岩体的变形和移动。在露天矿开采过程中，要形成很多台阶，这些台阶随着采剥工程的进展而逐渐接近采掘终了边界。当台阶边坡的坡度超过一定限度时，边坡岩体的稳定条件就不复存在，便会产生边坡滑动。

为了研究露天矿边坡的移动和稳定问题，应建立专门观测站，定期进行边坡滑移动观测，以便总结出不同的工程地质、水文地质和采矿条件下边坡移动的规律。边坡移动规律主要包括下列内容：①边坡岩体上不同点在空间的移动及其过程；②滑落体的大小、形状和滑落方向；③滑动面的形状、大小、倾角和位置；④边坡岩体移动对采剥工程、边坡上各种建（构）筑物的危害程度。

二、边坡观测站的建立

（一）边坡观测站设计

在建站之前，要编制观测站设计。观测站设计，包括设计平面图、沿观测线剖面图和设计说明书。选择建站地点时，要考虑对本矿边坡移动有代表性、观测方便和经济合理。具体的设计原则是：

（1）边坡观测站一般由多条观测线组成，见图9-12。观测线的数目要根据地质、采矿条件和观测目的来确定。观测线应沿预计的最大移动值方向和大致垂直于露天矿边坡走向布设，并设定在稳定性差，存在薄弱岩层等各种因素的地段。

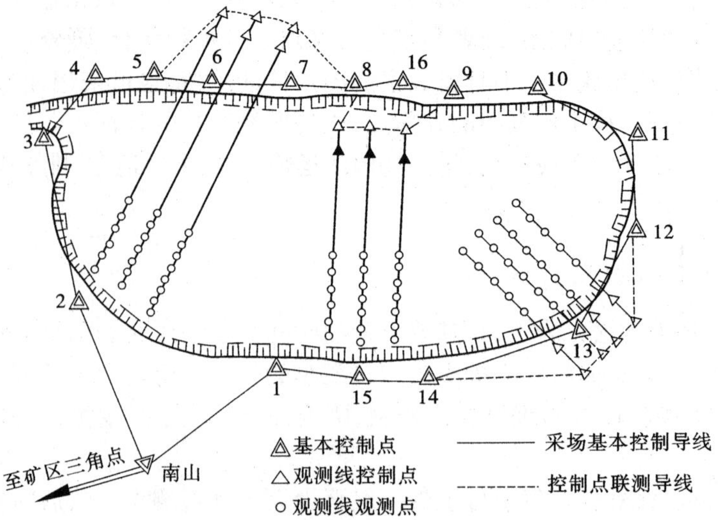

图9-12　边坡观测站设计示意图

(2)每条观测线均应有控制点和观测点。控制点应设于稳定地区,一般设在坑外且至少第一阶段段肩的距离大于 H(H 为预计滑动范围的垂直高度)的地方。控制点至少要设 2 个,其间距应大于 20 m。观测点则应设在预计要滑动或已经滑动的边坡上。在每个阶段上,至少应在段肩和段脚附近各设一个点。

(二)边坡观测站的建立

根据观测站设计,以采场基本控制点为基础,用光电测距导线或极坐标法,将观测站标定于实地。标桩埋好后,在标桩旁建立标记,以便于观测时寻找。

在设观测站的同时,应设立水准基点。露天矿基本高程控制点可作为水准基点。

三、边坡观测工作

(一)联测

在预测站全部测点埋设 10 ~ 15 天后,即可进行观测工作。首先,在观测线控制点与露天矿基本控制点之间进行联测。平面联测,可用一级光电测距导线;高程联测,可用四等水准或相当于四等水准的光电测距三角高程。观测线控制点联测后,须测出所有其他测点的平面坐标和高程,此项工作应进行两次,如两次测量结果的导线闭合差均符合露天矿Ⅰ级经纬仪导线的精度要求,高程闭合差均不超过 $\pm 35\ \text{mm}\sqrt{L}$ 时,取其平均值作为原始数据。

(二)正常观测

在边坡移动延续的各个时期内,应进行的观测内容如下:

(1)预测。预测的目的是发现边坡何时开始移动。预测工作根据季节和观测线的具体情况,每隔 7 ~ 30 天进行一次高程测量。当观测点下沉超过 30 mm 时,即认为移动期已开始。

(2)移动期观测。移动期观测一般每隔 1 ~ 2 个月进行一次,在移动速度快、变形大的情况下,应缩短观测的时间间隔,以便全面了解移动的过程。移动期内的每次观测,均应进行平面测量、高程测量、裂缝(包括裂缝的位置、宽度、长度和深度)测量等。

(3)滑坡后测量。包括能够找到的观测点的平面测量、高程测量及滑落体的碎部测量。

四、边坡观测数据的整理和分析

(一)观测资料的整理与分析

每次观测工作结束后,应及时检查外业手簿,计算所有观测点的高程、相邻点间的水平距离在观测线方向上的投影长度、测点的下沉量 ω 和下沉速度 v、测点的水平移动 u 和点间的水平变形 ε、测点在垂直面内的移动向量 W、测点在平面上的移动向量 U、空间的移动向量 U_w 和坐标方位角 α。

(二)图纸绘制

资料整理分析后,还应绘制观测区域地形图、观测线地质剖面图、观测线垂直下沉曲线图、观测点水平移动与水平变形曲线图、观测点在垂直面内的移动向量图等图件。观测资料的整理分析和图纸绘制方法与开采沉陷资料处理要求相同,此处不再赘述。

第六节　GPS在露天矿测量工作中的应用

GPS全球定位系统是美国从20世纪70年代开始研制,历时20年,耗资200亿美元研制成功的具备在海、陆、空全方位实时三维导航与定位能力的新一代卫星导航与定位系统。可以实时和全天候地为全球范围从地面到9 000 km高空之间任一载体提供高精度的三维位置、三维速度和系统时间信息。

GPS全球定位系统早期主要用于军事领域。随着技术不断进步和价格不断下降,从20世纪90年代中期开始在民用领域的应用范围不断扩大。目前已广泛应用于航空、航海、极地考察、城市交通等诸多领域。在我国应用于测绘部门已近20年,通过几十年的应用表明,GPS以全天候、高精度、自动化、高效益等显著特点赢得了广大测绘工作者的信赖,并成功应用于大地测量、工程测量、航空摄影测量、地壳运动监测、工程变形监测、资源勘察、地球动力学等多种学科。从而给测绘领域带来了一场深刻的技术革命。

由于GPS系统定位精度高,不受天气、气候、昼夜的影响,因此露天矿测量工作中需要精确定位和实时监控的控制测量,验收测量、边坡监测等方面具有广泛的应用前景,对露天矿传统测量工作方式将产生巨大的革命性转变,同时将产生极大的经济效益和社会效益。

一、GPS控制测量

GPS控制测量可以很好地解决露天矿控制测量工作。先根据矿区或国家已知控制点,建立露天矿首级网,再根据需要建立其他控制网。

(一)GPS控制测量工作流程

无论建立什么样的GPS网,其流程基本一样,如图9-13是GPS控制测量工作流程图。

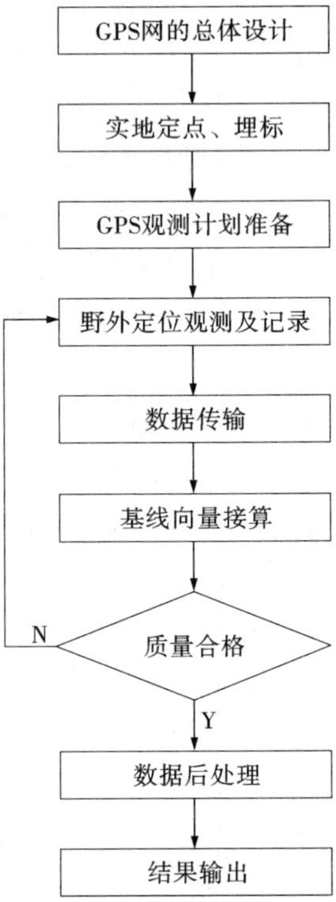

图9-13　GPS控制测量工作流程

(二)GPS网的总体设计

GPS网总体设计主要是确定控制网等级及精度指标、网的图形设计、网中基线边长度、网的基准。

1. GPS网等级及精度指标的确定

GPS网等级及精度指标的确定,应根据国家测绘局颁布的《全球定位系统(GPS)测量规范》的规定,GPS控制网分为A～E五级,可根据需要和用途确定GPS控制网为C级。测量精度一般用网中相邻点间的距离中误差(mm)来表示:

$$\sigma=\sqrt{a^2+(b\times D)^2}$$

式中　σ——网中相邻点间的距离中误差,mm;

a——固定误差,mm;

b——比例误差;

D——相邻点间的距离,km。

2. GPS 网形设计

GPS 控制网是根据工程要求、测区实际情况等因素把所选定的控制点连接而成的图形，类似于常规测量中的导线网。GPS 控制网设计应遵循以下原则：

(1)GPS 控制网应尽量与测区附近等级高的国家平面控制点联测，联测点应不少于 3 个，并力求分布均匀。

(2)GPS 点需进行高程联测时，可采用 GPS 点与水准点重合或与水准点联测的方法。GPS 网进行高程联测的目的是使 GPS 网所测的大地高程有效地转化为海拔高程，一般应联测 6 个以上并分布均匀的水准点才能保证 GPS 网高程拟合的准确度。

(3)GPS 观测网应尽量采用独立观测边构成闭合图形，如三角形、多边形、附合路线，这样来增加检核条件，以提高网的可靠性。

3. GPS 网的基线长度

由于卫星信号在大气中传播时不可避免地受到电离层和对流层的扰动，美国对 GPS 采用了 SA 政策，导致观测精度降低，因此在 GPS 测量中通常采用差分的形式，即用两台接收机对一条基线进行同步观测。在同步观测同一组卫星时，大气层对观测的影响及 SA 政策的人为干扰大部分被抵消了，基线越短抵消程度越显著，因此在设计基线边时基线长度越短越好。

4. GPS 网的基准

GPS 网的直接观测成果 WGS-84 大地坐标系，而实际采用的是地方坐标系的坐标值，故需要把 GPS 成果转换为地方坐标系中的成果。实现转换需确定网的位置基准(点的坐标)、方位基准(已知边方位角)和尺度基准(已知边距离及统一的距离度量单位)，以上统称 GPS 网基准设计。当测区内已有控制网时，GPS 网基准应尽量采用原有控制网的基准，这时需进行联测。若测区网为独立坐标系统，则需确定该独立坐标系统的基本设计参数。

(三) GPS 观测计划的准备

GPS 观测计划的准备主要是确定最佳观测时段，观测卫星的几何分布对 GPS 定位精度影响很大，其影响程度一般用空间位置精度因子 PDOP 和几何精度因子 GDOP 表示。观测前了解某一时刻的可见卫星分布数量和状况及精度因子，从而制定最佳观测时段，是提高 GPS 定位精度的重要因素，一般要求 GBOP 不大于 6。

(四) GPS 外业观测

GPS 外业观测的自动化程度较高，只要按相应的操作手册执行即可。但由于是数台机子同时观测，所以开测的时间必须经过通信或约定统一。另外在同一点不同时段号要注意不要混淆或相同。观测阶段要注意随时查看当时的卫星分布状况、精度因子、收集的历元数、接收机电源状况。

(五) 内业处理

内业处理包括 GPS 基线向量解算和 GPS 网平差。GPS 基线向量解算是以卫地距离为观测值，两测站间基线向量为未知数建立误差方程进行求解；GPS 网平差是为了消除各观测值(基线向量)之间的不符值，同时 GPS 基线向量解算结果是 WGS-84 下的，在矿区一般采用国家控制网基准，因此 GPS 网平差的另一目的是实现坐标系的转换。以上两项工作可通过微机软件自动处理，最后输出控制网结果。

二、验收测量

露天矿验收测量每月都要对多个采矿场的矿岩剥离量进行验收。采用常规验收方法，需要先在采场周围设置导线控制点，并且要保持点间通视，有时还要引测到采场内部，然后进行碎部测量，测量验收的现场工作量大。而且由于爆破及边坡的影响，常常会导致控制点被破坏，每次工作前都要对控制点进行检核，才能保证验收精度。

（一）系统构成及其原理

GPS 验收测量属动态定位测量，系统主要由差分基准站、移动工作站、内业处理系统三部分组成。其工作原理与控制测量原理基本相同，即首先在已知坐标值的控制点上设立 GPS 差分基准站，基准站可设在办公楼附近易于保存、操作方便的位置；然后工作人员沿需验收的各生产水平的上下沿移动移动站获得实时点位数据，两采区各生产水平的验收可同时进行；最后应用内业处理系统进行解算，输出煤、岩量及平面图。为了保证精度，基准站和移动站必须同时工作，依据工作方式的不同，基准站和移动站之间可通信或不通信。

（二）系统内业处理方法

内业工作主要是实现测量算量和绘图的自动化。总的开发原则是：以两采区各水平开采模型为基础，通过对前后两次测量数据的处理，确定出矿岩（煤）的采、剥、排闭合体，在此基础上进行采、剥岩（煤）量及运距的计算，并绘制采剥工程平剖面图。

（三）运用效果

与传统的测量方法相比，GPS 测量验收优势十分明显，主要体现在：

（1）机动性与灵活性强，测量操作时无需通视，基准站开通后各移动站一个人既可工作，不受天气、气候的影响。

（2）测量精度可达厘米级，误差积累小，基本不存在人为误差。

（3）工作效率高，野外测量数据采集速度快，可以连续测点，存储能力强，与计算机数据通信简单快捷。

三、边坡监测

GPS 边坡监测是对固定帮上布置的固定点位实施连续监测的系统，其组成、工作原理与 GPS 控制测量相同，属静态定位测量，需要开发研制专门的边坡监测内业处理软件。但 GPS 边坡监测系统与 GPS 控制测量系统在工作方式上有所不同，边坡监测系统固定安装在室外，需要在无人值守的情况下长期连续监测，因此需要固定、供电、防寒、防盗等安装防护措施。而 GPS 控制测量由测量人员随身携带和使用，间断性地测量。

四、露天采场境界线的施工放样

常规方法是设计人员在地形图上定线后，需将境界线及里程桩在地面上标定出来。采用 GPS -RTK 测量技术，只需要将境界线各拐点的坐标输入 GPS 手簿中，采用线放样或点放样功能系统即可同时完成境界线及里程桩的标定工作。由于每个点的测量都是独立完成的，不会产生累积误差，各点放样精度趋于一致，同时在标定过程中进行实测，标定结束后落到设计图上进行检核，确保标定位置正确。

复习题

1. 露天矿山测量的主要任务是什么？

2. 露天矿山控制测量建立的意义和方法是什么？

3. 我国一些露天矿为何采用后方交会法建立Ⅱ级工作控制网？对Ⅱ级工作控制点有何要求？

4. 露天矿山测量图的种类和它们的主要内容是什么？

参考文献

[1] 张国良.矿山测量学[M].徐州:中国矿业大学出版社,2006.
[2] 白裕良.矿山测量[M].北京:煤炭工业出版社,1990.
[3] 吴贵才.工程测量学[M].徐州:中国矿业大学出版社,2011.
[4] 孙金礼,冯大福.生产矿井测量[M].北京:煤炭工业出版社,2007.
[5] 冯耀挺,闫光准.矿图[M].北京:煤炭工业出版社,2005.
[6] 中华人民共和国能源部.煤矿测量规程[S].北京:煤炭工业出版社,2011.
[7] 李天和,王文光.矿山测量[M].北京:煤炭工业出版社,2004.
[8] 周建郑.工程测量[M].郑州:黄河水利出版社,2006.
[9] 邵自修.工程测量[M].北京:冶金工业出版社,1990.
[10] 阜新矿业学院.控制测量学[M].北京:煤炭工业出版社,1981.
[11] 汪莉萍.GPS-RTK 技术在露天测量中的应用[J].铜业工程,2011(4):50-52.